Werden Sie aktiv! Üben Sie mithilfe der Aufgaben auf den **NEWTON AKTIV**-Seiten Ihr neu erworbenes Wissen und wenden Sie es an. Die Aufträge sind mit leicht □, mittel ◪ oder schwer ■ gekennzeichnet.

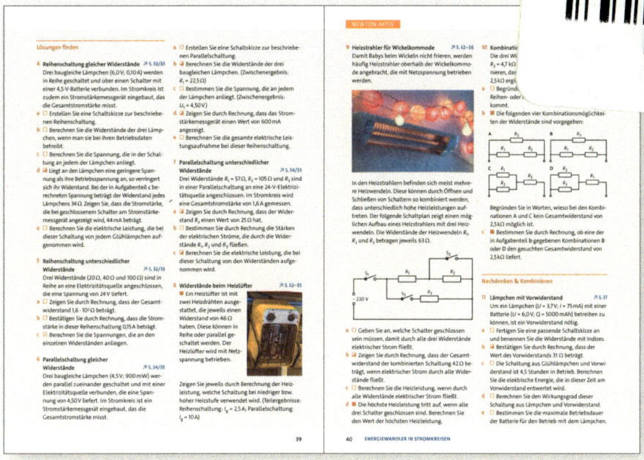

Die unterschiedlichen Kategorien zeigen Ihnen, worauf es bei den Aufgaben ankommt.

Experimentieren
Führen Sie Experimente durch und werten Sie sie aus.

Lösungen finden
Wenden Sie Ihr neu erworbenes Wissen an, um Rechen- oder Konstruktionsaufgaben zu lösen.

Nachdenken & Kombinieren
Erkennen Sie Zusammenhänge und bearbeiten Sie die Aufgaben mit dem erworbenen Fachwissen oder den erlernten Lösungsstrategien.

In Worte fassen
Üben Sie sich darin, physikalische Vorgänge fachsprachlich richtig und verständlich zu beschreiben oder zu erklären.

Bewerten
Nehmen Sie Stellung zu Aussagen und begründen Sie diese mit den im Physikunterricht gewonnenen Erkenntnissen.

Recherchieren
Recherchieren Sie in verschiedenen Quellen nach neuen Informationen zu einem Sachverhalt.

Projekt
Arbeiten Sie in einem Team an einem Thema mit einer physikalischen Fragestellung und stellen Sie ein Produkt her.

Einfach lernen
Geben Sie die neu gelernten Fachbegriffe und Informationen wieder.

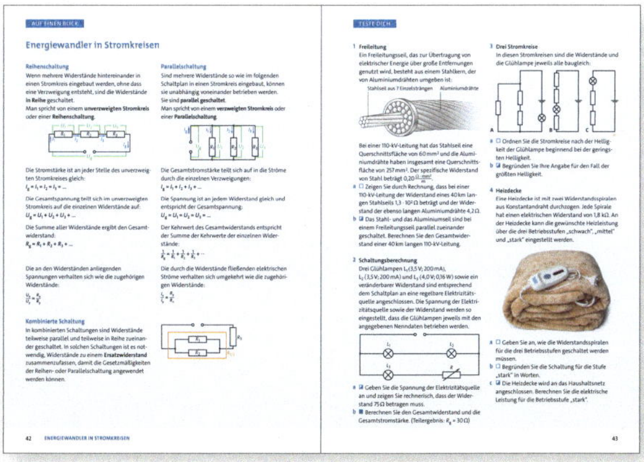

Am Ende des Kapitels finden Sie die wichtigsten Lerninhalte übersichtlich **AUF EINEN BLICK**.

Testen Sie sich auf den **TESTE DICH**-Seiten, indem Sie die neuen Inhalte und Fähigkeiten üben und vertiefen. Überprüfen Sie Ihr Wissen mit den Lösungen im Anhang.

Im **Anhang** finden Sie eine **Wiederholung der wichtigsten Methoden** aus den Jahrgangsstufen 8 und 9 auf den Seiten 144–148.

10 II/III

Newton PLUS

Realschule Bayern
Physik

Erarbeitet von
Martina Flierl-Biederer (Baldham)
Bernd Götzelmann (Höchberg)
Johannes Haller (Gauting)
Markus Volke (München)
Martin Zimmer (Höchberg)

Cornelsen

Newton PLUS

Autorinnen und Autoren: Martina Flierl-Biederer (Baldham),
Bernd Götzelmann (Höchberg), Johannes Haller (Gauting), Markus Volke (München),
Martin Zimmer (Höchberg)
Berater: Andreas Gredel

Redaktion: Stefanie Pfeifer, Heidi Witte-Gaedecke
Illustration und Grafik: Hannes von Goessel, Gregor Mecklenburg, Matthias Pflügner
Walther-Maria Scheid, Detlef Seidensticker
Technische Umsetzung Umschlag: Klein & Halm Grafikdesign, Berlin
Umschlaggestaltung: Corinna Babylon
Layout: Studio SYBERG
Technische Umsetzung: Straive

www.cornelsen.de

Dieses Werk enthält Vorschläge und Anleitungen für Untersuchungen und Experimente. Vor jedem Experiment sind mögliche Gefahrenquellen zu besprechen.
Beim Experimentieren sind die Richtlinien zur Sicherheit im Unterricht einzuhalten.

1. Auflage, 1. Druck 2022

Alle Drucke dieser Auflage sind inhaltlich unverändert und können im Unterricht nebeneinander verwendet werden.

Druck: Mohn Media Mohndruck, Gütersloh

ISBN 978-3-637-00123-7 (Schülerbuch)
ISBN 978-3-637-02454-0 (E-Book)

PEFC
PEFC/04-31-1033

PEFC zertifiziert
Dieses Produkt stammt aus nachhaltig bewirtschafteten Wäldern und kontrollierten Quellen.

www.pefc.de

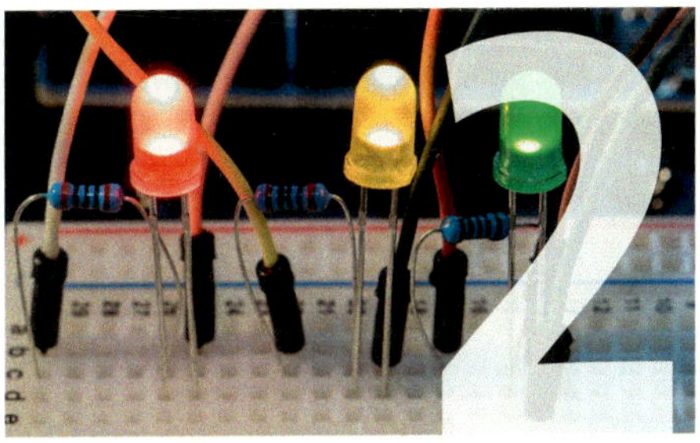

5

1 Bewegung

Bewegungen können sehr vielseitig sein und begegnen Ihnen im Alltag überall.

In diesem Kapitel lernen Sie

- *verschiedene Arten von Bewegungen kennen.*
- *die Durchschnitts- von der Momentangeschwindigkeit abzugrenzen.*
- *wie man Bewegungsabläufe mithilfe von Diagrammen beschreiben kann.*
- *wie man die kinetische Energie von bewegten Objekten ermitteln kann.*
- *eine neue physikalische Größe kennen, den Impuls.*

Bei einem Laufwettkampf gewinnt derjenige, der auf der gesamten Strecke im Durchschnitt die größte Geschwindigkeit hat. Bei Geschwindigkeitskontrollen im Straßenverkehr wird möglichst genau ermittelt, welche Geschwindigkeit ein Auto in einem bestimmten Moment hat.
Wie unterscheiden sich die Geschwindigkeitsmessungen in diesen beiden Fällen?

1.1 Durchschnitts- und Momentangeschwindigkeit

Versuch: Geschwindigkeitsmessungen

Wir untersuchen die Bewegung eines Wagens auf einer schiefen Ebene. Dazu bauen wir eine leicht geneigte Fahrbahn mit einer Steigung von etwa 5° bis 10° auf. Am oberen Ende markieren wir eine Stelle A, in der Mitte eine Stelle B und am unteren Ende eine Stelle C. Wir verbinden eine Lichtschranke L_1 mit der Startbuchse und eine Lichtschranke L_2 mit der Stoppbuchse einer elektronischen Stoppuhr. Sobald der Wagen Lichtschranke L_1 verdunkelt, startet sie die Zeitmessung und Lichtschranke L_2 stoppt diese, sobald der Wagen ihren Lichtweg unterbricht. Wir lassen den Wagen für die folgenden Fälle **a** – **d** von Startposition A die schiefe Ebene herabrollen und messen jeweils die Länge des Streckenabschnitts Δs zwischen den beiden Lichtschranken.

Notieren Sie jeweils den gemessenen Streckenabschnitt Δs und die gemessene Zeit Δt für das Durchfahren dieses Abschnitts.

- **a** Wir positionieren die Lichtschranke L_1 an der Stelle A, sodass die Messung beginnt, sobald der Wagen losgelassen wird. Lichtschranke L_2 stellen wir an die Stelle C.
- **b** Wir verändern die Position der Lichtschranke L_1 nicht und schieben Lichtschranke L_2 an die Stelle B.
- **c** Wir stellen Lichtschranke L_2 wieder an die Position C und schieben Lichtschranke L_1 an die Stelle B.
- **d** Wir positionieren beide Lichtschranken so, dass sie sich berühren und jeweils gleich weit von der Stelle B entfernt sind.

Berechnen Sie für die Fälle **a** – **d** die Geschwindigkeit des Wagens, indem Sie die jeweiligen Streckenabschnitte Δs durch die zugehörigen Zeitspannen Δt dividieren: $v = \frac{\Delta s}{\Delta t}$.

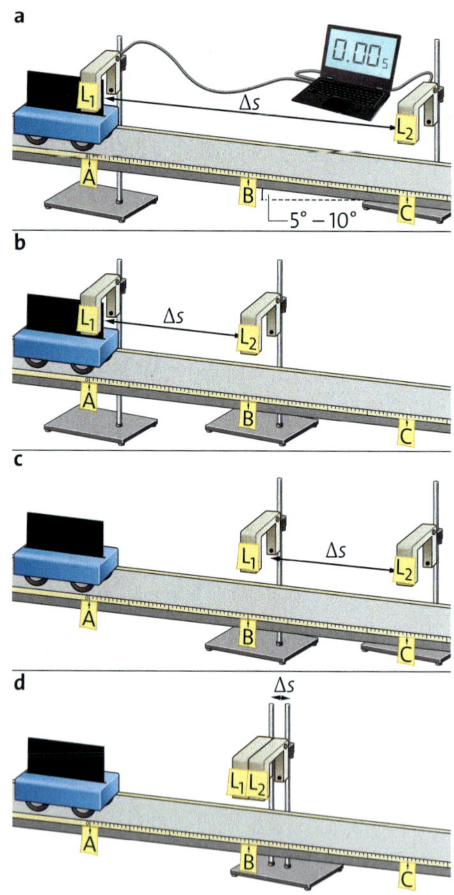

1 *Geschwindigkeitsmessungen mit zwei Lichtschranken für einen Wagen auf einer schiefen Ebene*

Wir sehen:
Wir erhalten für die Messungen **a – d** jeweils unterschiedliche Geschwindigkeiten. ↗ 2 Der Wagen führt also keine gleichförmige Bewegung aus.

Wenn wir die Geschwindigkeit für die gesamte zurückgelegte Strecke oder einen Streckenabschnitt berechnen, sprechen wir von der **Durchschnittsgeschwindigkeit v_D**. Im Fall **d** ist der Streckenabschnitt Δs so klein, dass sich die Geschwindigkeit innerhalb des Abschnitts nur sehr wenig ändert. In diesem Fall entspricht die gemessene Geschwindigkeit im Prinzip der tatsächlichen Geschwindigkeit des Wagens an der Stelle B. Man spricht von der **Momentangeschwindigkeit v_M**. ↗ 3

Bei einer gleichförmigen Bewegung ist die Geschwindigkeit konstant. Deshalb entspricht bei gleichförmigen Bewegungen jede gemessene Durchschnittsgeschwindigkeit auch der Momentangeschwindigkeit. ↗ 4

Ergebnis:

Für jede Bewegung kann die **Durchschnittsgeschwindigkeit** aus dem zurückgelegten Streckenabschnitt Δs und der dazu benötigten Zeit Δt berechnet werden:

$$v_D = \frac{\Delta s}{\Delta t} = \frac{s_2 - s_1}{t_2 - t_1}$$

Die gemessene Geschwindigkeit entspricht der **Momentangeschwindigkeit v_M** an einer Messstelle, wenn der Streckenabschnitt Δs mit der Messstelle als Mittelpunkt sehr klein ist oder wenn die Bewegung gleichförmig ist.

Für Geschwindigkeitsmessungen wie in den Fällen **a** und **b**, bei denen die Zeitmessung beim Start beginnt ($t_1 = 0, s_1 = 0$), kann die Gleichung für die Durchschnittsgeschwindigkeit vereinfacht werden:

$$v_D = \frac{\Delta s}{\Delta t};\ v_D = \frac{s_2 - s_1}{t_2 - t_1} \xrightarrow{t_1 = 0,\, s_1 = 0} v_D = \frac{s}{t}$$

- **Die Durchschnittsgeschwindigkeit v_D ist die Geschwindigkeit, die sich ergibt, wenn ein Objekt unabhängig von der Art der Bewegung einen Streckenabschnitt Δs in einer Zeitspanne Δt durchläuft.**
- **Die Momentangeschwindigkeit v_M ist die Durchschnittsgeschwindigkeit an einer Messstelle, wenn der Streckenabschnitt mit der Messstelle als Mittelpunkt sehr klein ist.**
- **Die Durchschnittsgeschwindigkeit entspricht an jeder Stelle der Momentangeschwindigkeit des Objekts, wenn die Bewegung gleichförmig ist.**

	Δs in cm	Δt in s	$v_D = \frac{\Delta s}{\Delta t}$ in $\frac{m}{s}$
a	80	1,185	0,68
b	40	0,829	0,48
c	40	0,351	1,1
d	3,0	0,031	0,97

2 *Streckenabschnitte und dafür benötigte Zeitspannen*

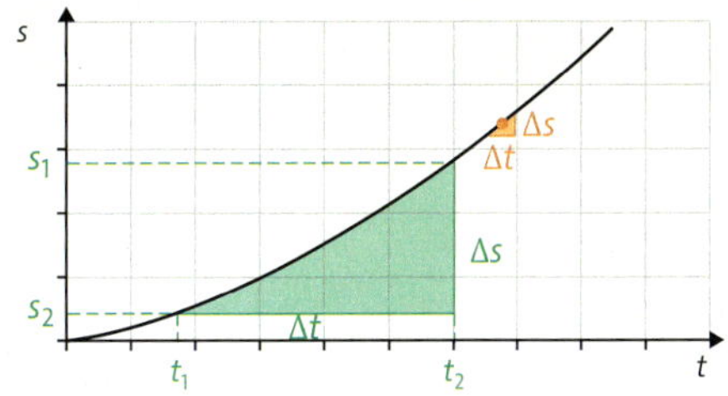

Durchschnittsgeschwindigkeit $v_D = \frac{\Delta s}{\Delta t} = \frac{s_2 - s_1}{t_2 - t_1}$

Momentangeschwindigkeit $v_D \xrightarrow{\text{mit } \Delta s \text{ sehr klein}} v_M$

3 *Durchschnitts- und Momentangeschwindigkeit bei einer ungleichförmigen Bewegung*

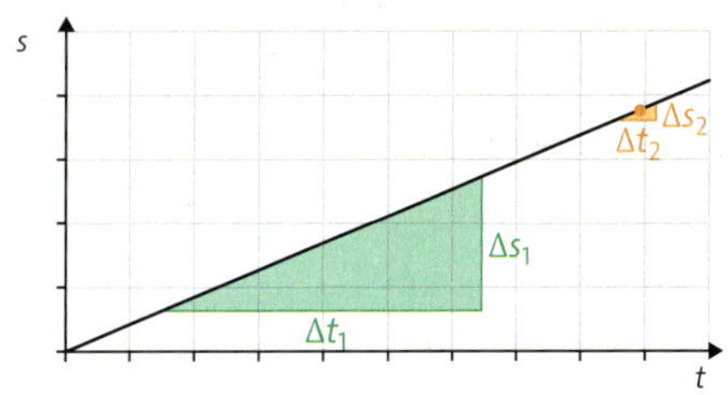

$\frac{\Delta s_1}{\Delta t_1} = \frac{\Delta s_2}{\Delta t_2}$ $v_D = v_M$

4 *Bei einer gleichförmigen Bewegung entspricht jede gemessene Geschwindigkeit der Momentangeschwindigkeit.*

In einer Achterbahn werden die Wagen durch Kräfte immer wieder beschleunigt oder abgebremst. Rollt der Wagen eine schiefe Ebene herab, wirkt auf ihn eine konstante Kraft.
Welche Bewegung führen Körper aus, die mit konstanter Kraft beschleunigt werden?

1.2 Beschleunigung mit konstanter Kraft

Versuch 1: Strecke und Zeit

Wir befestigen auf einer 1 m langen, leicht geneigten schiefen Ebene eine U-förmige Rinne. Lassen wir eine Metallkugel ($d \approx 2{,}5$ cm) auf den Kanten reibungsarm herunterrollen, so wird sie mit einer konstanten Kraft beschleunigt. Zwei Lichtschranken L_1 und L_2 verbinden wir mit einer Stoppuhr. Mit ihnen messen wir die Zeit t, die die zu Beginn ruhende Kugel für das Durchrollen verschiedener Strecken s benötigt. Die Messwerte tragen wir in ein $s(t)$-Diagramm ein.

Wir sehen:
Die Messwerte liegen im Diagramm auf einer Kurve, bei der es sich um einen Parabelast handeln könnte. ↗ 2 Wir ermitteln daher die Quotienten $\frac{s}{t^2}$ für zusammengehörige Messwertpaare. Diese sind im Rahmen der Messgenauigkeit gleich. ↗ 3

Ergebnis:
Die Strecke ist direkt proportional zum Quadrat der Zeit: $s \sim t^2$.

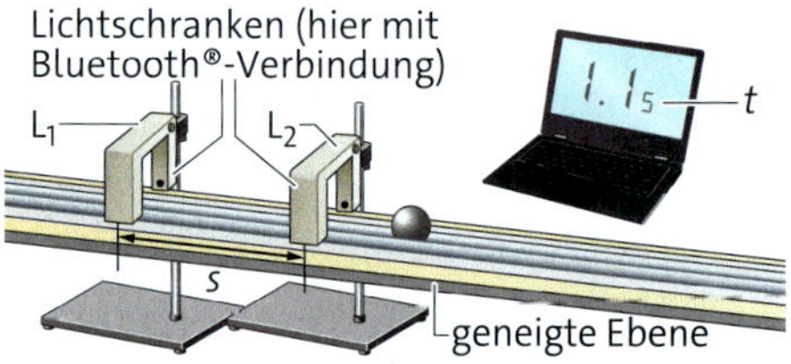

1 *Beschleunigung mit konstanter Kraft*

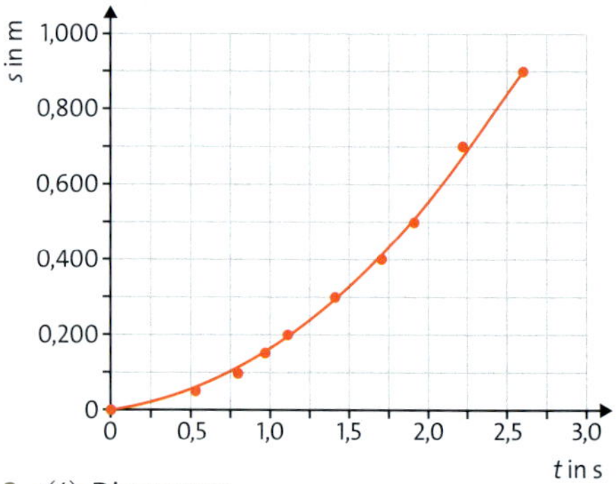

2 *s(t)-Diagramm*

s in m	t in s	t^2 in s^2	$\frac{s}{t^2}$ in $\frac{m}{s^2}$
0	0	0	–
0,050	0,53	0,28	0,18
0,100	0,79	0,62	0,16
0,150	0,96	0,92	0,16
0,200	1,1	1,2	0,17
...	...	...	...

3 *Auszug aus der Messtabelle mit Auswertung*

Versuch 2: Geschwindigkeit und Zeit

Wir nutzen den Aufbau von Versuch 1 mit einer Lichtschranke L_2, die die Momentangeschwindigkeit der Kugel automatisch ermitteln kann. Sie startet die Zeitmessung, sobald sie verdunkelt wird, und stoppt diese, wenn der Lichtweg nicht mehr unterbrochen ist. Die Dauer der Verdunklung wird durch Ausdehnung und Geschwindigkeit der Kugel bestimmt. Bei bekanntem Durchmesser der Kugel kann somit die Momentangeschwindigkeit ermittelt werden.
Hinweis: Um die Sprechweise zu vereinfachen, bezeichnen wir fortan die Momentangeschwindigkeit v_M verkürzt als Geschwindigkeit v.

Die Lichtschranke L_2 stellen wir jeweils an die gleichen Positionen wie in Versuch 1. So können wir die Geschwindigkeit v der Kugel für die Zeiten t aus der ersten Messreihe messen. Wir werten diese Messreihe grafisch und rechnerisch aus.

Wir sehen:
Die Bildpunkte der Messwerte liegen im $v(t)$-Diagramm annähernd auf einer Ursprungsstrecke. ↗ 5 Die Quotienten $\frac{v}{t}$ sind im Rahmen der Messgenauigkeit konstant. ↗ 4 Die Abnahme kann mit bewegungshemmenden Kräften erklärt werden.

Ergebnis:
Die Geschwindigkeit ist direkt proportional zur Zeit: $v \sim t$.

Wird ein Körper durch eine **konstante Kraft** beschleunigt, gilt: $s \sim t^2$ und $v \sim t$. Eine Bewegung, bei der diese Zusammenhänge gelten, nennt man **gleichmäßig beschleunigte** Bewegung. Dabei ändert sich die Geschwindigkeit in gleichen Zeitspannen Δt jeweils um den gleichen Betrag Δv. ↗ 5 Somit ist der Quotient $\frac{\Delta v}{\Delta t}$ konstant. Je stärker ein Körper beschleunigt wird, umso größer ist die Änderung der Geschwindigkeit in einer bestimmten Zeitspanne und damit auch der Quotient $\frac{\Delta v}{\Delta t}$. Mit ihm lässt sich somit der Betrag der Beschleunigung sinnvoll angeben:

$$\text{Beschleunigung} = \frac{\text{Änderung der Geschwindigkeit}}{\text{Zeitspanne}}; \quad a = \frac{\Delta v}{\Delta t}$$

$$\text{Einheit: } [a] = 1\frac{\frac{m}{s}}{s}; \quad [a] = 1\frac{m}{s^2}$$

Daraus ergibt sich für die Berechnung der Geschwindigkeit bei einer gleichmäßig beschleunigten Bewegung die folgende Gleichung:

$$\boldsymbol{v = a \cdot t} \quad (\text{Anfangsgeschwindigkeit } v_0 = 0)$$

Die Quotienten $\frac{s}{t^2}$ sind im Rahmen der Messgenauigkeit etwa halb so groß wie die zugehörigen Quotienten $\frac{v}{t}$. ↗ 3, 4 Sie haben zudem dieselbe Einheit. Daraus lässt sich folgende Beziehung formulieren: ↗ 6

$$\boldsymbol{s = \frac{1}{2} \cdot a \cdot t^2} \quad (\text{Anfangsstrecke } s_0 = 0)$$

- **Die Beschleunigung gibt an, wie sich die Geschwindigkeit in einer bestimmten Zeitspanne ändert. Es gilt: $a = \frac{\Delta v}{\Delta t}$.**
- **Wird ein Körper durch eine konstante Kraft beschleunigt, führt er eine gleichmäßig beschleunigte Bewegung aus. Dabei gilt: Die zurückgelegte Strecke ist direkt proportional zum Quadrat der Zeit: $s = \frac{1}{2} \cdot a \cdot t^2$. Die Geschwindigkeit ist direkt proportional zur Zeit: $v = a \cdot t$.**

t in s	v in $\frac{m}{s}$	$\frac{v}{t}$ in $\frac{m}{s^2}$
0	0	–
0,53	0,17	0,32
0,79	0,24	0,30
0,96	0,29	0,30
1,1	0,33	0,30
1,4	0,40	0,29
1,7	0,46	0,27
1,9	0,51	0,27
2,2	0,59	0,27
2,6	0,66	0,25

4 *Zusammenhang zwischen der Geschwindigkeit und der Zeit*

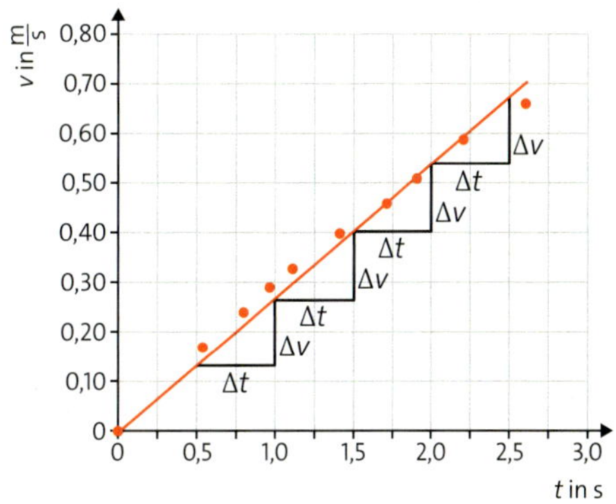

5 *$v(t)$-Diagramm für die gleichmäßig beschleunigte Bewegung der Kugel: In gleichen Zeitspannen Δt ist die Änderung der Geschwindigkeit Δv gleich groß.*
$\frac{\Delta v}{\Delta t}$ = konstant → $\frac{v}{t}$ = konstant

$\frac{s}{t^2} = \frac{1}{2} \cdot \frac{v}{t}$ mit $\frac{v}{t} = a$ folgt:

$\frac{s}{t^2} = \frac{1}{2} \cdot a$ umgestellt:

$s = \frac{1}{2} \cdot a \cdot t^2$

6 *Herleitung der Beziehung zwischen Strecke und Zeit bei einer gleichmäßig beschleunigten Bewegung*

Bewegungen in Diagrammen

Bewegungen kann man mithilfe von Zeit-Weg- und Zeit-Geschwindigkeits-Diagrammen beschreiben. Im Folgenden lernen Sie Diagramme für besondere Bewegungen kennen und wie man diese mathematisch interpretieren kann.

Geradlinige gleichförmige Bewegung

$s(t)$-Diagramm

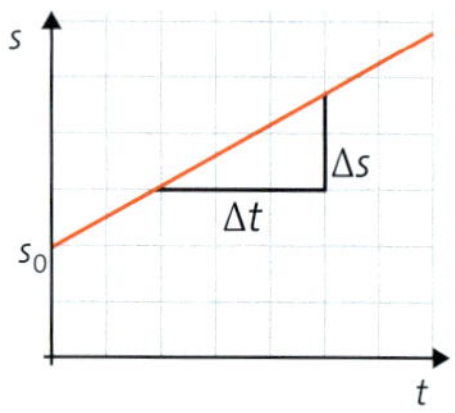

$v(t)$-Diagramm

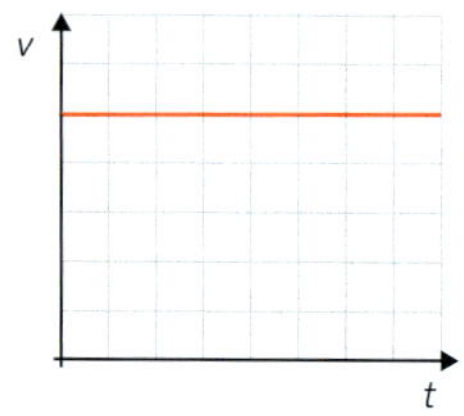

$s = v \cdot t + s_0$

s_0: Strecke für $t = 0$

Die Steigung entspricht der Geschwindigkeit:

$v = \frac{\Delta s}{\Delta t}$

$v = \text{konstant}$

$v_M = v_D$

Weitere $s(t)$-Diagramme:

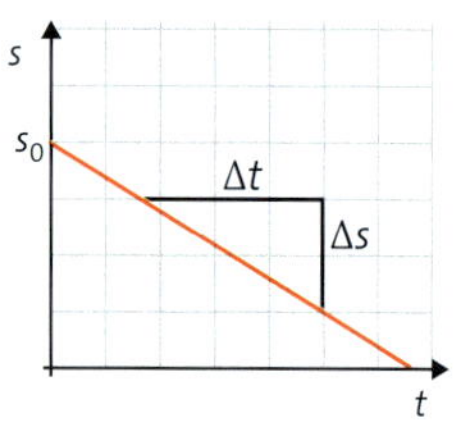

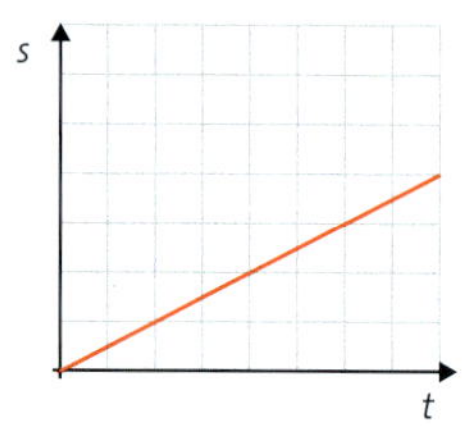

$s = -v \cdot t + s_0$

Steigung und Geschwindigkeit sind negativ.

→ Der Körper bewegt sich zurück zum Bezugspunkt.

$s = v \cdot t$

Ursprungsstrecke

→ Zu Beginn der Zeitmessung wurde noch keine Strecke zurückgelegt ($s_0 = 0$).

Geradlinige gleichmäßig beschleunigte Bewegung

$s(t)$-Diagramm

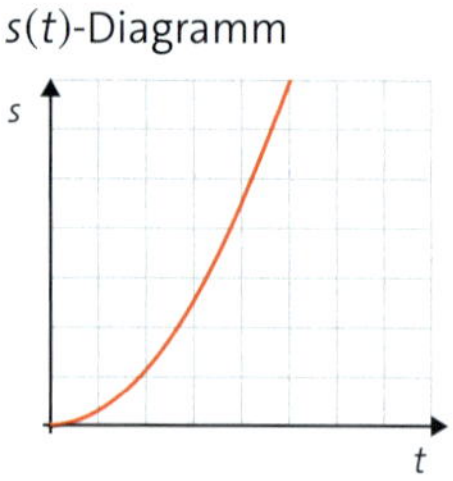

$v(t)$-Diagramm

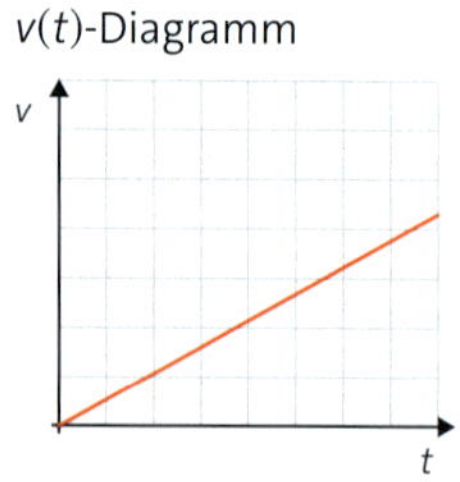

$s = \frac{1}{2} a \cdot t^2$

Parabelast mit Scheitelpunkt im Ursprung ($s_0 = 0$)

$v = a \cdot t$

Ursprungsstrecke

Die Steigung entspricht der Beschleunigung: $a = \frac{\Delta v}{\Delta t}$.

Mehrere Bewegungen in einem Diagramm

In ein $s(t)$-Diagramm kann die Bewegung von mehreren Körpern eingetragen werden. Im Folgenden werden ein paar Beispiele beschrieben.

1. Zwei Körper bewegen sich gleichförmig mit der gleichen Geschwindigkeit in die gleiche Richtung:

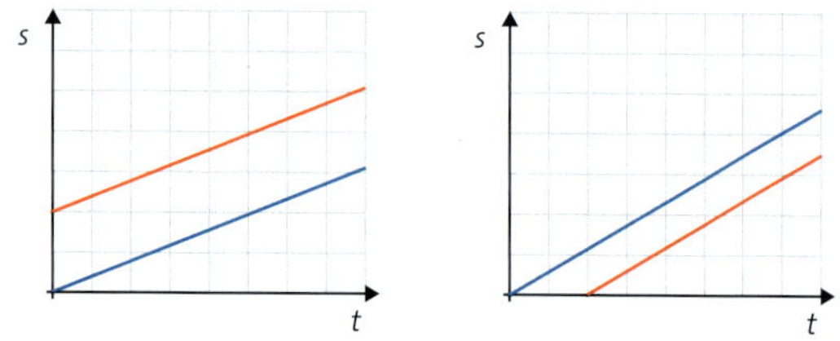

2. Zwei Körper bewegen sich gleichförmig mit unterschiedlichen Geschwindigkeiten:

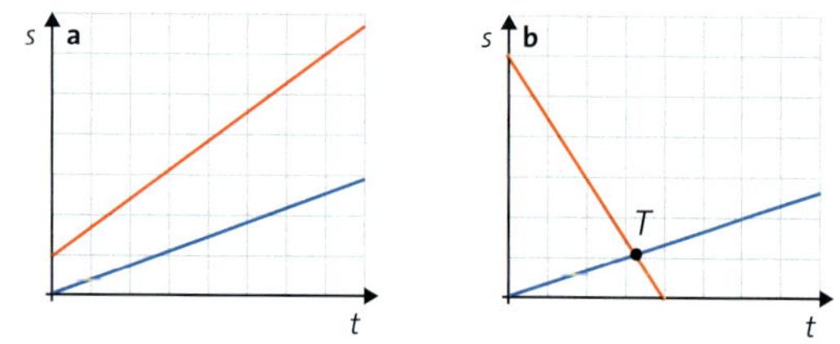

Im Fall **a** bewegen sich die Körper in die gleiche Richtung, im Fall **b** in die entgegengesetzte. Wenn sich zwei Graphen wie im Fall **b** im $s(t)$-Diagramm kreuzen, dann begegnen sich die Körper. Dem Schnittpunkt T der Graphen kann man Zeit- und Ortskoordinate des Treffpunkts entnehmen. Hier stoßen die Körper nicht zusammen, was man daran erkennt, dass sie sich jeweils mit gleicher Geschwindigkeit weiterbewegen wie zuvor.

3. Ein Körper 1 bewegt sich gleichförmig und ein Körper 2 gleichmäßig beschleunigt in dieselbe Richtung.

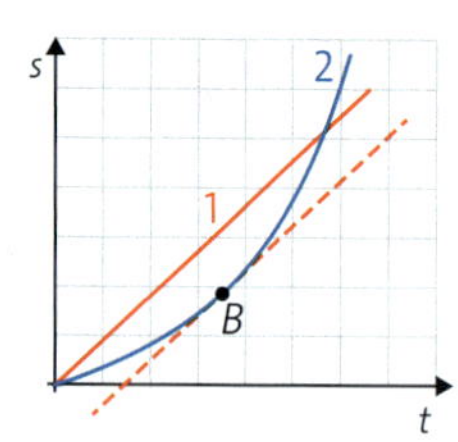

Im Diagramm wurde die Strecke für die gleichförmige Bewegung von Körper 1 parallel so verschoben, dass sie den Parabelast der gleichmäßig beschleunigten Bewegung von Körper 2 berührt (und nicht kreuzt). In dem Berührungspunkt B ist dann die Momentangeschwindigkeit von Körper 2 gleich der Geschwindigkeit von Körper 1.

Komplexere Bewegungsabläufe

Bei Bewegungen können verschiedene Bewegungsarten aufeinanderfolgen. Das trifft zum Beispiel auf die Fahrt mit der Gondel eines Freefall-Towers zu.

Bild 1 zeigt das **$s(t)$-Diagramm** für die Bewegung der Gondel. Mit dem Beginn der Zeitmessung bewegt sie sich von ihrem Startort weg. Zwischen 2 und 9 Sekunden ist die Bewegung gleichförmig. Die Gondel bleibt in 60 m Höhe eine gewisse Zeit stehen. Danach kehrt sie mit einem kurzen Zwischenstopp zum Startort zurück. Dabei bewegt sie sich in bestimmten Zeitabschnitten nahezu gleichförmig.

Das Diagramm gibt nicht nur Auskunft über Zeit und Ort, sondern auch über die Geschwindigkeit. Der Betrag der Geschwindigkeit ist umso größer, je steiler der Graph verläuft. Die Gondel bewegt sich nicht nur unterschiedlich schnell, sondern auch in unterschiedliche Richtungen. Die Geschwindigkeit ist eine gerichtete Größe. Wenn die Steigung des Graphen im $s(t)$-Diagramm positiv ist, ist auch das Vorzeichen der Geschwindigkeit positiv. Bei einer negativen Steigung hat die Geschwindigkeit entsprechend ein negatives Vorzeichen. Ändert sich das Vorzeichen der Geschwindigkeit, bedeutet dies, dass sich die Gondel in die entgegengesetzte Richtung zu vorher bewegt.

Während die Bildpunkte im Diagramm die tatsächlichen Messwerte für die Gondelbewegung zeigen, stellen die eingezeichneten Strecken die Bewegung idealisiert dar. Wenn die Zeit zwischen aufeinanderfolgenden Messwerten relativ groß gewählt wird, dann können im $s(t)$-Diagramm Knicke erscheinen. Diese würden bei kleineren Zeiteinheiten nicht auftreten, da ein Körper seine Geschwindigkeit nicht schlagartig, sondern immer nur in einer bestimmten Zeitspanne ändern kann.

Bild 2 zeigt das **$v(t)$-Diagramm** für die Bewegung der Gondel des Freefall-Towers. Es gibt nicht nur Auskunft über die Geschwindigkeit im Verlauf der Zeit, sondern auch über die Beschleunigung a. Der Betrag der Beschleunigung ist umso größer, je steiler der Graph verläuft. Auch die Beschleunigung ist eine gerichtete Größe. Wenn der Betrag der Geschwindigkeit zunimmt, die Gondel also schneller wird, ist die Beschleunigung positiv. Nimmt der Betrag ab, wird die Gondel also langsamer, ist die Beschleunigung negativ.

Die eingezeichneten Strecken im $v(t)$-Diagramm stellen die Bewegung idealisiert dar. Die Sprünge würden bedeuten, dass sich die Geschwindigkeit der Gondel schlagartig ändert. Da für die Änderung der Geschwindigkeit immer eine bestimmte Zeit erforderlich ist, verlaufen die tatsächlichen Messwerte bei ausreichend zeitlicher Auflösung immer in Kurven.

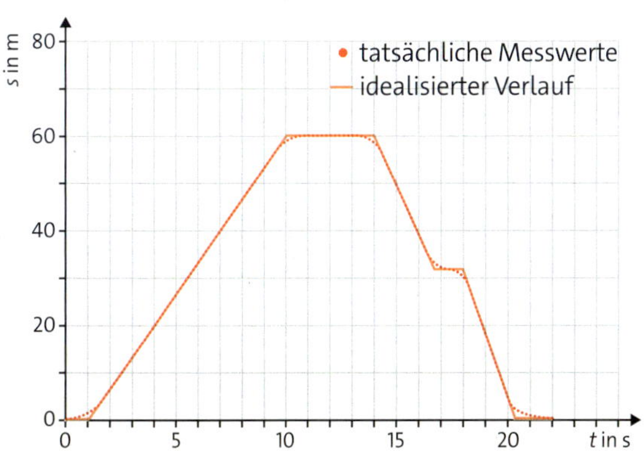

1 $s(t)$-*Diagramm zur Fahrt mit einem Freefall-Tower*

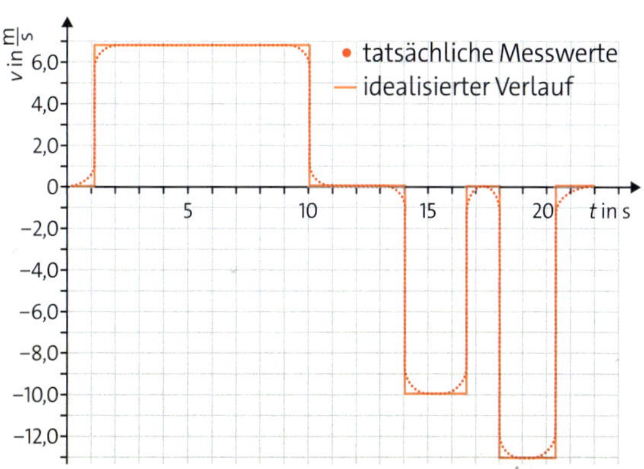

2 $v(t)$-*Diagramm zur Fahrt mit einem Freefall-Tower*

↗ **NEWTON AKTIV** Seite 14/15 Aufgabe 1–4, 6

In Worte fassen

1 Bewegungsgeschichten ↗ S. 8/9, S. 12/13

a ☐ Ordnen Sie den Bewegungen jeweils das passende $s(t)$-Diagramm und $v(t)$-Diagramm zu:

- **i** U-Bahnfahrt mit zwei Haltestellen
- **ii** Schlittenfahrt am Hang mit Auslauf
- **iii** Steinwurf senkrecht nach oben, der dann wieder herunterfällt

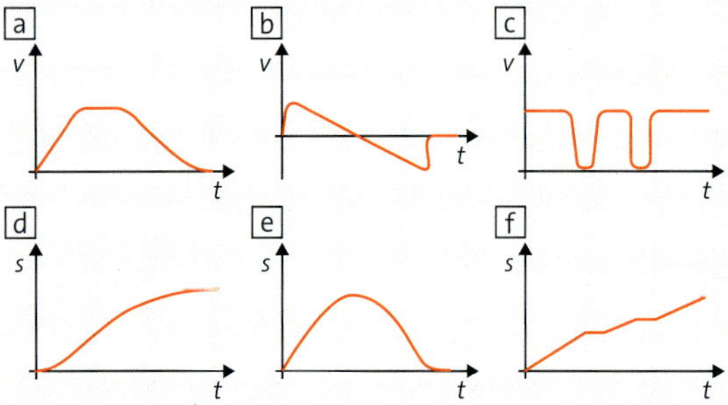

b ◪ Ein Zug bremst nach Betätigung der Notbremse. Erstellen Sie das zugehörige $s(t)$-Diagramm.

2 Bildfahrplan ↗ S. 8/9, S. 12/13

Bildfahrpläne sind Hilfsmittel zur Planung des Betriebs auf einer Eisenbahnstrecke. Der folgende Bildfahrplan stellt alle Regionalexpress-Fahrten dar, die zwischen 14:30 Uhr und 17:00 Uhr zwischen Würzburg und Nürnberg stattfinden:

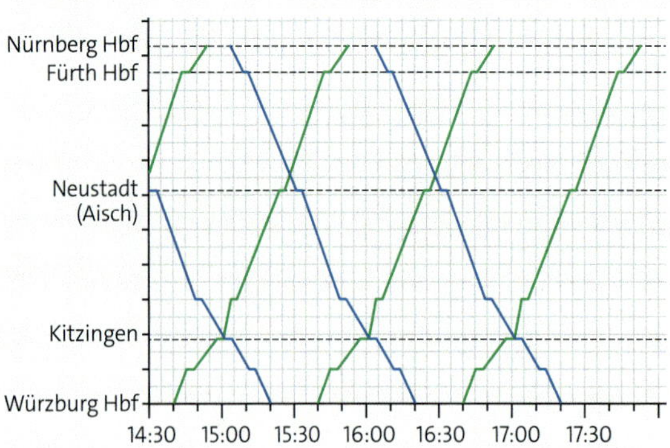

a ☐ Erläutern Sie, woran man erkennt, ob ein Zug in Richtung Nürnberg oder Würzburg fährt.

b ☐ Geben Sie an, welche Regionalexpresszüge einem Fahrgast auf der Fahrt von Würzburg nach Nürnberg entgegenkommen.

c ◪ Geben Sie den Takt an, in dem die Züge zwischen Nürnberg und Würzburg verkehren und begründen Sie Ihre Aussage.

3 Bus- und Radfahrt ↗ S. 8/9, S. 12/13

a ☐ Beschreiben Sie die Bewegung der Fahrzeuge im jeweils angegebenen Zeitraum.

Busfahrt

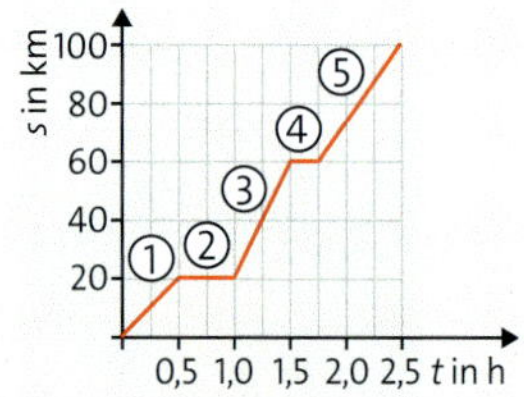

Fahrt mit dem Rennrad

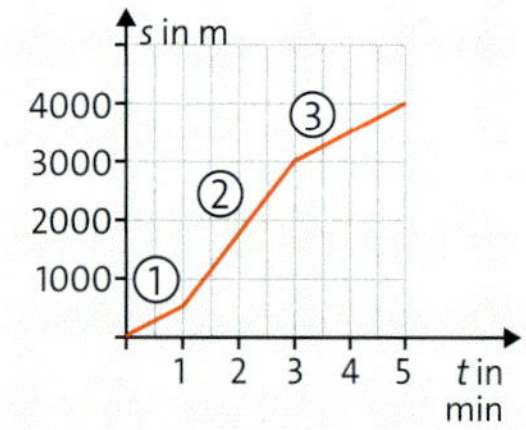

b ☐ Berechnen Sie die Geschwindigkeiten in den verschiedenen Abschnitten.

c ☐ Entscheiden Sie durch Rechnung, welches der beiden Fahrzeuge die höhere Durchschnittsgeschwindigkeit hat.

Nachdenken & Kombinieren

4 Ampelfahrt ↗ S. 8/9, S. 12/13

Auf manchen Stadtrouten kann man an jeder Ampel ein grünes Signal haben, wenn man seine Fahrweise anpasst. Man spricht dann von einer grünen Welle. Das Diagramm zeigt die Schaltphasen von 5 Ampeln, die auf einer 1000 m langen Strecke verteilt sind. Ein Fahrzeug X kommt bei zwei Ampeln 10 s zu früh an und muss auf das grüne Signal warten.

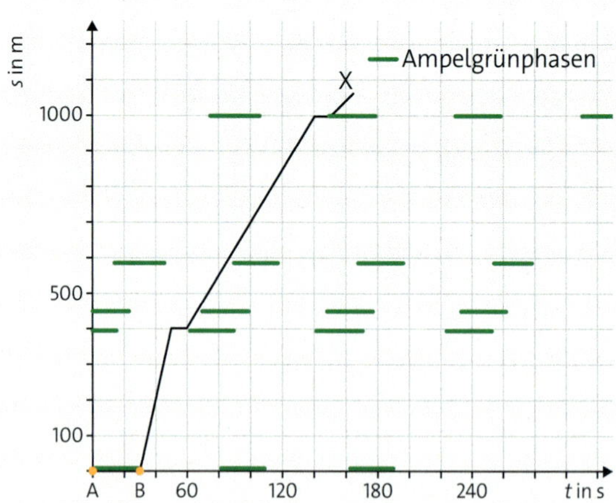

a ☐ Übertragen Sie das Diagramm in Ihr Heft und tragen Sie die Graphen für mögliche Grüne-Welle-Fahrten ein, wenn der Fahrer zu den Zeitpunkten A bzw. B an der ersten Ampel startet.

b ■ Zeigen Sie rechnerisch, dass die maximal mögliche Durchschnittsgeschwindigkeit für eine Fahrt mit grüner Welle über die gesamte angegebene Fahrtstrecke $30\,\frac{km}{h}$ beträgt.

c ◪ Berechnen Sie die Durchschnittsgeschwindigkeit von Fahrzeug X und vergleichen Sie diese mit der in Aufgabenteil **b** berechneten.

d ◪ Zeigen Sie zeichnerisch, dass ein langsamerer Radfahrer im gegebenen Streckenabschnitt eine grüne Welle haben kann. Berechnen Sie seine Durchschnittsgeschwindigkeit.

5 Wagenbeschleunigung ↗ S. 10/11

In einem Versuch wird ein reibungsarm gelagerter Wagen über eine Umlenkrolle mithilfe eines Massestücks beschleunigt. Der Wagen ist mit Sensoren ausgestattet, die gleichzeitig die zurückgelegte Strecke s und die Momentangeschwindigkeit v_M in Abhängigkeit von der Zeit t erfassen und ihre Messdaten an einen Computer übermitteln. Dabei ergibt sich die folgende Messwerttabelle:

Zeit (s)	Strecke (m)	Geschwindigkeit (m/s)
0,000	0,000	0,00
0,200	0,010	0,12
0,400	0,043	0,22
0,600	0,098	0,33
0,800	0,174	0,43
1,000	0,272	0,54
1,200	0,391	0,64
1,400	0,530	0,75

a □ Stellen Sie in einer neuen Tabelle die Strecke s in Abhängigkeit vom Quadrat der Zeit t^2 dar und werten Sie diesen Zusammenhang in einem $s(t^2)$-Diagramm aus. Formulieren Sie das Ergebnis.

b □ Aus der Betrachtung zusammengehöriger t-v_M-Messwertpaare ergibt sich die Vermutung, dass die Geschwindigkeit direkt proportional zur Zeit zunimmt. Bestätigen Sie dies durch eine entsprechende rechnerische Auswertung.

c □ Geben Sie an, welche Art der Bewegung der Wagen ausführt, und begründen Sie dies. Erläutern Sie die Bedeutung des Zahlenwerts, der sich bei der rechnerischen Auswertung in Aufgabenteil **b** ergeben hat.

6 Verkehrsbeobachtung ↗ S. 8/9, S. 12

Bei einer Verkehrsbeobachtung wurde die Bewegung zweier Fahrzeuge mit einer Kamera mit einer Bildrate von 1,0 fps (frames per second) aufgenommen. Das nachfolgende Bild zeigt die Position der Fahrzeuge über einen Zeitraum von 8,0 s:

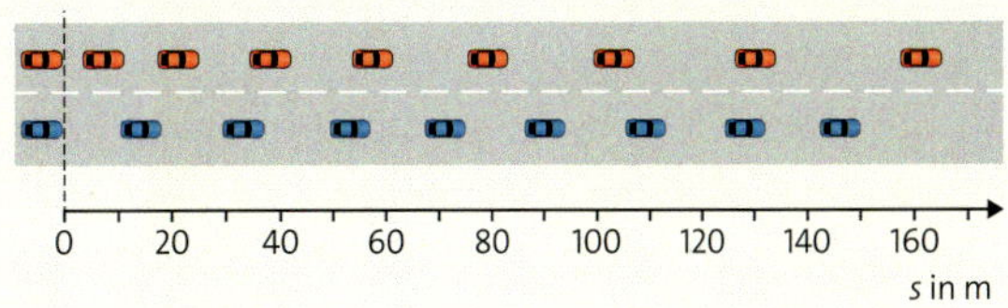

a □ Erstellen Sie die $s(t)$-Wertetabelle für beide Fahrzeuge.

b □ Stellen Sie die Bewegung der Fahrzeuge in einem $s(t)$-Diagramm dar.

c □ Beschreiben Sie, welche Art von Bewegung der blaue und der rote Wagen jeweils ausführen, und begründen Sie Ihre Aussage.

d □ Berechnen Sie mit geeigneten Werten die Durchschnittsgeschwindigkeiten der beiden Fahrzeuge und geben Sie diese in der Einheit $\frac{km}{h}$ an.

Einfach lernen

7 Durchschnitts- und Momentangeschwindigkeit ↗ S. 8/9

a Was versteht man unter der Durchschnittsgeschwindigkeit und wie kann man sie berechnen?

b Was versteht man unter der Momentangeschwindigkeit und wie kann man sie berechnen?

8 Gleichmäßig beschleunigte Bewegung ↗ S. 10/11

a Was versteht man unter einer gleichmäßig beschleunigten Bewegung?

b Welche Graphen ergeben sich bei gleichmäßig beschleunigten Bewegungen im $s(t)$- und im $v(t)$-Diagramm?

METHODE

Rechnen mit den Bewegungsgleichungen

Aufgabenstellung

Sie sollen eine Aufgabe zu einer gleichmäßig beschleunigten Bewegung rechnerisch lösen.

Erinnern Sie sich

Für die gleichmäßig beschleunigte Bewegung gelten die beiden Bewegungsgleichungen $\Delta s = \frac{1}{2} \cdot a \cdot \Delta t^2$ und $a = \frac{\Delta v}{\Delta t}$.

Vorüberlegungen

In den meisten Aufgabenstellungen ist die Anfangs- oder die Endgeschwindigkeit null. Wenn dies der Fall ist, kann das „Δ" in den Gleichungen weggelassen werden.
Wenn die Endgeschwindigkeit null ist, handelt es sich um eine Bewegung mit negativer Beschleunigung. Man nennt dies auch eine verzögerte Bewegung. Beim Rechnen genügt es, den Betrag der Beschleunigung zu berechnen und das negative Vorzeichen gegebenenfalls im Ergebnis anzugeben.

Gleichungen umstellen

Die gesuchte Größe lässt sich berechnen, indem die Grundform der jeweiligen Bewegungsgleichung nach ihr umgeformt wird. Hier gibt es die folgenden vier Möglichkeiten:

- Geg.: a, t; Ges.: $s, v \rightarrow s = \frac{1}{2} \cdot a \cdot t^2; v = a \cdot t$
- Geg.: a, s; Ges.: $t, v \rightarrow t = \sqrt{\frac{2s}{a}}; v = a \cdot t$
- Geg.: v, t; Ges.: $a, s \rightarrow a = \frac{v}{t}; s = \frac{1}{2} \cdot a \cdot t^2$
- Geg.: s, t; Ges.: $a, v \rightarrow a = \frac{2s}{t^2}; v = a \cdot t$

Beispielrechnungen

1 Ein Autofahrer bremst sein Fahrzeug mit $9{,}0\,\frac{m}{s^2}$ mit konstanter Kraft ab und kommt nach 25 m zum Stehen. Berechnen Sie die Bremszeit.

Geg.: $a = 9{,}0\,\frac{m}{s^2}$; $s = 25$ m; Ges.: t

$s = \frac{1}{2} \cdot a \cdot t^2; t = \sqrt{\frac{2s}{a}}; t = \sqrt{\frac{2 \cdot 25\,m}{9{,}0\,\frac{m}{s^2}}}; t = 2{,}4\,s$

2 Ein Elektromotorrad wird auf einer Strecke von 25 m mit einer Beschleunigung von $30\,\frac{m}{s^2}$ beschleunigt. Berechnen Sie die Geschwindigkeit nach 25 m.

Geg.: $a = \frac{30\,m}{s^2}$; $s = 25$ m; Ges.: v

$v = a \cdot t$

$s = \frac{1}{2} \cdot a \cdot t^2; t = \sqrt{\frac{2s}{a}}; t = \sqrt{\frac{2 \cdot 25\,m}{30\,\frac{m}{s^2}}}; t = 1{,}3\,s$

$v = 30\,\frac{m}{s^2} \cdot 1{,}3\,s; v = 39\,\frac{m}{s}$

3 Ein Zug hat aus der Ruhe nach einer Zeit von 10 s eine Geschwindigkeit von $7{,}0\,\frac{m}{s}$ erreicht. Berechnen Sie die zurückgelegte Strecke.

Geg.: $t = 10$ s; $v = 7{,}0\,\frac{m}{s}$; Ges.: s

$s = \frac{1}{2} \cdot a \cdot t^2$

$v = a \cdot t; a = \frac{v}{t}; a = \frac{7{,}0\,\frac{m}{s}}{10\,s}; a = 0{,}7\,\frac{m}{s^2}$

$s = \frac{1}{2} \cdot 0{,}7\,\frac{m}{s^2} \cdot (10\,s)^2; s = 35\,m$

4 Ein Bahnfahrer, der aus dem Stand gleichmäßig beschleunigt, hat nach 5,0 s eine Strecke von 35 m zurückgelegt. Berechnen Sie die Beschleunigung.

Geg.: $t = 5{,}0$ s; $s = 35$ m; Ges.: a

$s = \frac{1}{2} \cdot a \cdot t^2; a = \frac{2s}{t^2}; a = \frac{2 \cdot 35\,m}{(5{,}0\,s)^2}; a = 2{,}8\,\frac{m}{s^2}$

5 Ein zunächst ruhendes Ruderboot wird gleichmäßig beschleunigt und hat nach 30 s eine Strecke von 50 m zurückgelegt. Berechnen Sie die Geschwindigkeit, die das Boot nach 30 s hat.

Geg.: $t = 30$ s; $s = 50$ m; Ges.: v

$v = a \cdot t$

$s = \frac{1}{2} \cdot a \cdot t^2; a = \frac{2s}{t^2}; a = \frac{2 \cdot 50\,m}{(3{,}0\,s)^2}; a = 0{,}11\,\frac{m}{s^2}$

$v = 0{,}11\,\frac{m}{s^2} \cdot 30\,s; v = 3{,}3\,\frac{m}{s}$

Der freie Fall

Neben vielen anderen Fragestellungen ging der Naturgelehrte Galileo Galilei (1564–1641) der Frage nach, ob alle Körper unabhängig von ihrer Masse gleich schnell auf die Erde fallen. Dass er zur Klärung zwei unterschiedlich schwere Kanonenkugeln vom Schiefen Turm in Pisa fallen ließ, ist eine nette Legende. ↗1 Tatsächlich wäre der entsprechende Versuch viel zu ungenau gewesen.

Lässt man gleichzeitig ein Blatt Papier und eine Stahlkugel aus derselben Höhe fallen, wird die Kugel schneller am Boden auftreffen. Wiederholt man das Vorgehen mit zuvor zusammengeknülltem Papier, treffen beide Körper nahezu gleichzeitig auf den Boden. Dies legt die Vermutung nahe, dass Körper unabhängig von ihrer Masse gleich schnell fallen und die geringere Fallgeschwindigkeit mit dem Luftwiderstand zu erklären ist. Tatsächlich kann man experimentell feststellen, dass Körper im luftleeren Raum gleich schnell fallen. ↗2

1 *Legende vom Experiment zum freien Fall*

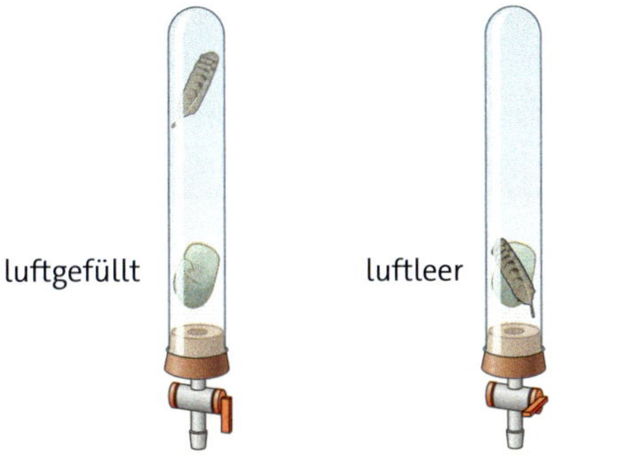

2 *Fallen im luftgefüllten und im luftleeren Raum*

Die Körper fallen dann allein unter dem Einfluss der Gewichtskraft F_G, die von der Erde auf die Körper ausgeübt wird und die senkrecht in Richtung des Erdmittelpunkts wirkt. Diese Fallbewegung nennt man **freien Fall**. Da die beschleunigende Kraft konstant ist, führen Körper im freien Fall eine gleichmäßig beschleunigte Bewegung aus. Die Beschleunigung, die fallende Körper erfahren, ist wie die Gewichtskraft abhängig vom Ort. Sie beträgt an einem Normort 45° nördlicher Breite 9,81 $\frac{m}{s^2}$. Der Zahlenwert ist identisch zum Ortsfaktor g und wird in diesem Zusammenhang auch als **Erdbeschleunigung** bezeichnet.

Beim freien Fall eines Körpers gilt für die Höhe h, die der Körper in der Zeit t durchfällt, und die Geschwindigkeit v nach der Fallzeit t:

$$\boldsymbol{h = \frac{1}{2} \cdot g \cdot t^2}$$
$$\boldsymbol{v = g \cdot t} \qquad \text{mit } g = 9{,}81\,\frac{m}{s^2}$$

Aus diesen Beziehungen lässt sich für den freien Fall auch eine Gleichung herleiten, in der die Geschwindigkeit v in Abhängigkeit von der Fallhöhe h beschrieben wird:

Aus $h = \frac{1}{2} \cdot g \cdot t^2$ und $t = \frac{v}{g}$ folgt:

$h = \frac{1}{2} \cdot g \cdot \left(\frac{v}{g}\right)^2$; $h = \frac{1}{2} \cdot g \cdot \frac{v^2}{g^2}$; $h = \frac{1}{2} \cdot \frac{v^2}{g}$;

$v^2 = 2 \cdot g \cdot h$;

$$\boldsymbol{v(h) = \sqrt{2 \cdot g \cdot h}}$$

Sämtliche Beziehungen können näherungsweise auch für den Fall von Körpern in Luft angenommen werden, wenn die Luftwiderstandskraft gegenüber der Gewichtskraft des Körpers gering ist. Dies ist immer dann der Fall, wenn der fallende Körper relativ schwer ist, eine strömungsgünstige Form besitzt und seine Geschwindigkeit relativ gering ist. Dies gilt etwa für Stahlkugeln oder Steine, wenn deren Fallzeiten gering sind.

↗ **NEWTON AKTIV** Seite 18/19 Aufgabe 1, 5–7, 9, 10

Experimentieren

1 Fallschnurexperimente ↗ S. 10/11, S. 17
Material: 3 m lange, dünne, stabile Schnur, Klebeband, 6 Schraubenmuttern aus Stahl, Metallplatte, Audiosoftware auf dem Handy

a ☐ Kleben Sie die erste Mutter an ein Ende der Schnur und die anderen in gleichen Abständen von 0,50 m zueinander. Halten Sie die Schnur von einem etwa 3 m hohen Standort so über die Metallplatte, dass die erste Mutter gerade den Boden berührt. Lassen Sie die Schnur fallen und zeichnen Sie das Aufprallen der Muttern mit der Audiosoftware auf. Beschreiben Sie das Audiosignal.

b ☐ Verschieben Sie die Muttern längs der Schnur, sodass die Abstände 10 cm, 40 cm, 90 cm, 160 cm und 250 cm zur ersten Mutter betragen. Wiederholen Sie Versuchsteil **a** und beschreiben Sie das Signal wieder in Worten.

c ■ Erklären Sie die Beobachtung in Teil **b**.

d ◪ Bei einer Fallschnur mit sechs Schraubenmuttern sollen die beiden äußersten Muttern 5,0 m voneinander entfernt sein. Wenn die Schnur wieder wie zuvor fallen gelassen wird, sollen die Muttern nach gleichen Zeitspannen auf dem Boden auftreffen. Geben Sie die Abstände der Muttern zur ersten an.

Lösungen finden

2 Rechenübung ↗ S. 10/11, S. 16
☐ Berechnen Sie die fehlenden Größen in der folgenden Tabelle unter der Annahme, dass die Bewegungen gleichmäßig beschleunigt erfolgen.

	s	*v*	*a*	*t*
a	?	?	$6{,}0\,\frac{\text{m}}{\text{s}^2}$	10 s
b	100 m	?	$8{,}0\,\frac{\text{m}}{\text{s}^2}$	?
c	?	$60\,\frac{\text{km}}{\text{h}}$	?	3,0 min
d	400 m	?	?	56 s

3 Sportlich ↗ S. 10/11, S. 16

a ☐ Ein Sportwagen beschleunigt in 2,5 Sekunden gleichmäßig von 0 auf $100\,\frac{\text{km}}{\text{h}}$. Berechnen Sie die zurückgelegte Strecke und die Beschleunigung.

b ☐ Die gleichmäßige Beschleunigung eines anderen Sportwagens beträgt $7{,}2\,\frac{\text{m}}{\text{s}^2}$ und dauert 12 Sekunden. Berechnen Sie den zurückgelegten Weg sowie die erreichte Geschwindigkeit in $\frac{\text{km}}{\text{h}}$.

c ◪ Ein Sprinter beschleunigte bei einem 100-Meter-Lauf durchschnittlich mit $3{,}0\,\frac{\text{m}}{\text{s}^2}$. Nach etwa 15 Metern erreichte er seine maximale Geschwindigkeit. Ermitteln Sie rechnerisch die Beschleunigungszeit sowie die erreichte Maximalgeschwindigkeit.

4 Anhalteweg ↗ S. 10/11, S. 16
Von Autofahrern werden Anhaltewege immer wieder unterschätzt. Ein Pkw hat eine Geschwindigkeit von $50\,\frac{\text{km}}{\text{h}}$, als der Fahrer 25 m vor sich ein Kind hinter einem Ball auf die Straße laufen sieht. Tritt der Autofahrer voll auf die Bremse, wird der Wagen mit konstanter Kraft gebremst und kann nach 3,0 s zum Stehen kommen.

a ☐ Zeigen Sie rechnerisch, dass bei den angegebenen Annahmen der Bremsweg 21 m beträgt.

b ◪ Den tatsächlichen Anhalteweg erhält man, indem man auch die Reaktionszeit berücksichtigt. Berechnen Sie, wie groß die Reaktionszeit maximal sein darf, damit der Unfall gerade noch vermieden wird. Bewerten Sie damit die geschilderte Gefahrensituation.

5 Brunnentiefe ↗ S. 10/11, S. 17
Hasti und Georg lassen einen Stein in einen mit Wasser gefüllten Brunnen fallen. Sie stoppen mit ihrem Handy 5,626 74 s zwischen dem Loslassen und Hören des Aufpralls auf der Wasseroberfläche.

a ☐ Berechnen Sie die Brunnentiefe. Achten Sie darauf, keine unsinnige Genauigkeit vorzutäuschen.

b ◪ Geben Sie an, ob die tatsächliche Tiefe in Wirklichkeit größer oder kleiner ist. Begründen Sie Ihre Aussage mit mindestens zwei Einflussgrößen auf die Messung.

6 Reaktionszeit ↗ S. 10/11, S. 17

Pelda und Cem messen die Reaktionszeit von Cem. Pelda hält ein Lineal so, dass die Nullmarke zwischen Zeigefinger und Daumen von Cem liegt. Sie lässt es fallen und Cem versucht, das Lineal so schnell wie möglich festzuhalten.

a □ Berechnen Sie die Fallstrecke bei einer Reaktionszeit von 0,32 s.

b ◩ Bei einem Versuch hält Cem das Lineal bei der Markierung 28 cm. Berechnen Sie die Reaktionszeit in diesem Fall.

7 Ballschuss nach oben ↗ S. 10/11, S. 17

Ein Ball wurde vom Boden aus senkrecht nach oben gekickt und kommt nach 2,4 s wieder auf.

a ◩ Zeigen Sie rechnerisch, dass der Ball eine maximale Höhe von 7,1 m erreicht. Beurteilen Sie die berechnete Höhe kritisch.

b ◩ Berechnen Sie die Abschussgeschwindigkeit.

c ◩ Geben Sie an, mit welcher Geschwindigkeit der Ball wieder auf dem Boden auftrifft. Begründen Sie Ihre Angabe.

Nachdenken & Kombinieren

8 Gleichmäßige Beschleunigung ↗ S. 10/11

Die Tabelle zeigt ideale (berechnete) Messwertpaare bei einer gleichmäßig beschleunigten Bewegung:

t in s	0	1,0	2,0	3,0	4,0	?	7,0
s in m	0	1,2	4,8	?	19	43	?

a ◩ Vervollständigen Sie die Tabelle in Ihrem Heft.

b ◩ Begründen Sie Ihre Angaben in Aufgabenteil **a** in Worten.

c □ Ermitteln Sie rechnerisch die Beschleunigung des Körpers.

9 Fallschnur ↗ S. 10/11, S. 17

Jerôme hat für einen Fallschnurversuch sechs Metallstücke wie im Bild an einer Schnur angebracht. Er lässt sie fallen und nimmt das Auftreffen der Metallstücke auf den Boden mit einer Audiosoftware auf. Er erhält die nachfolgenden Signale, nachdem er die Schnur bei einer Zeit von 0,05 s losgelassen hat:

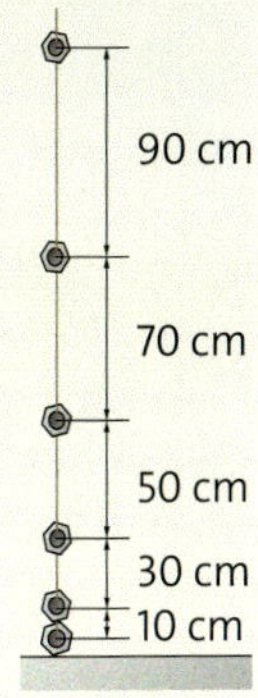

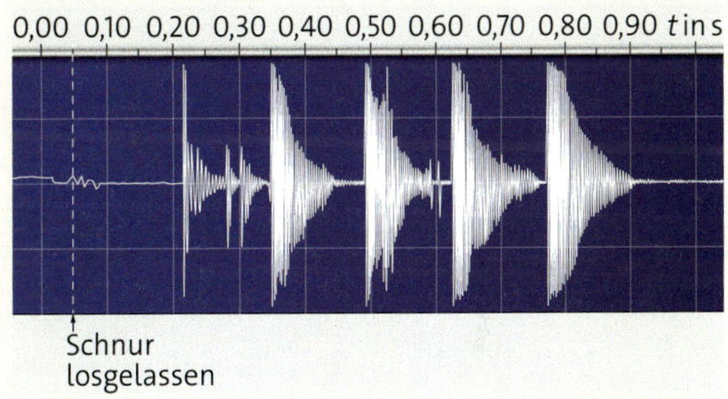

a ◩ Erstellen Sie mithilfe des Diagramms eine Wertetabelle mit insgesamt vier Zeilen. Tragen Sie in die ersten beiden Zeilen die zurückgelegte Strecke des jeweiligen Metallstücks in Abhängigkeit von der Zeit ein. Beachten Sie dabei den tatsächlichen Startzeitpunkt.

b □ Berechnen Sie die Quadrate der Zeiten und tragen Sie diese in die dritte Zeile der Wertetabelle ein.

c ◩ Bestätigen Sie rechnerisch, dass die Strecke direkt proportional zum Quadrat der Zeit ist, indem Sie die zugehörigen Zahlen in die vierte Zeile der Tabelle eintragen.

d ◩ Erläutern Sie die physikalische Bedeutung der Konstanten, die sich in Aufgabenteil **c** ergibt.

e ■ Im Diagramm werden die Signalbalken immer dicker. Geben Sie hierfür eine Erklärung.

Einfach lernen

10 Freier Fall ↗ S. 17

a Was versteht man unter dem freien Fall?

b Wie groß ist die Erdbeschleunigung?

c Wie lauten die Bewegungsgleichungen zur Beschreibung des freien Falls?

Ein Radfahrer kann aufgrund seiner geringeren Masse beim Start stärker beschleunigen als ein Auto, obwohl die beschleunigende Kraft geringer ist als die beschleunigende Kraft, die das Auto durch den Motor erfährt. Welcher Zusammenhang besteht zwischen der Beschleunigung, die ein Körper erfährt, der beschleunigenden Kraft und seiner Masse?

1.3 Kraft und Beschleunigung

Versuch 1: Beschleunigung und beschleunigende Kraft

Wir messen die Beschleunigung a eines Wagens mit Beschleunigungssensor in Abhängigkeit von der beschleunigenden Kraft F. In den Wagen mit der Masse m_W legen wir vier Massestücke mit jeweils gleicher Masse m_K. Wir positionieren den Wagen am Ende einer horizontal ausgerichteten Fahrbahn und befestigten an ihm eine Schnur, die wir über eine Umlenkrolle führen. Am Ende der Schnur ist eine Halterung für die Masse m_B, die den Wagen beschleunigt. Zunächst befestigen wir dort ein Massestück, das ebenfalls die Masse m_K besitzt. Für die beschleunigende Kraft F gilt dann: $F = m_K \cdot g$. ↗ 1

Die Software zum Beschleunigungssensor bereiten wir so vor, dass die Beschleunigung a in Abhängigkeit von der Zeit t grafisch dargestellt wird. Wir lassen den Wagen beschleunigen und starten sofort die Messung. Den Wert für die Beschleunigung entnehmen wir dem $a(t)$-Diagramm. ↗ 2

Für die weiteren Messungen erhöhen wir die beschleunigende Kraft F, indem wir für jeden Durchgang eines der Massestücke dem Wagen entnehmen und es auf die Halterung der Schnur setzen. Die beschleunigende Kraft F ergibt sich jeweils durch: $F = n \cdot m_K \cdot g$. Durch diese Vorgehensweise ändert sich die beschleunigte Gesamtmasse $m = m_W + 5\,m_K$ nicht.

Wir sehen:

Aus den Messwerten ergibt sich die Vermutung, dass die Beschleunigung a direkt proportional zur beschleunigenden Kraft F sein könnte. Bilden wir die Quotienten $\frac{a}{F}$, so sind diese im Rahmen der Messgenauigkeit konstant. ↗ 3

Ergebnis:

Die Beschleunigung ist direkt proportional zur beschleunigenden Kraft: $\boldsymbol{a \sim F}$.

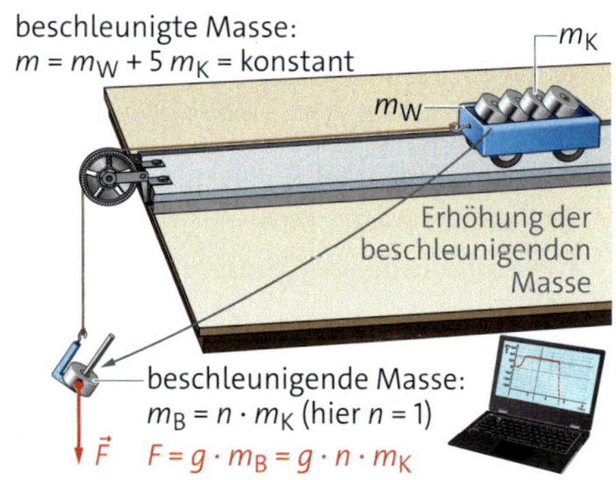

1 Messung der Beschleunigung in Abhängigkeit von der beschleunigenden Kraft

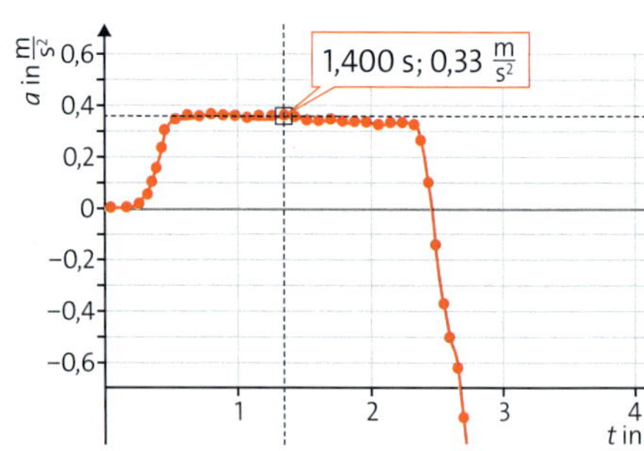

2 Bestimmung der Beschleunigung a

m_B in g	10	20	30	40
F in N	0,098	0,20	0,29	0,39
a in $\frac{m}{s^2}$	0,33	0,64	0,94	1,24
$\frac{a}{F}$ in $\frac{m/s^2}{N}$	3,4	3,2	3,2	3,2

3 Beschleunigende Kraft und Beschleunigung bei konstanter beschleunigter Masse von $m = 300\,g$ ($m_W = 250\,g$, $m_K = 10\,g$)

Versuch 2: Beschleunigung und beschleunigte Masse

Wir messen die Beschleunigung a in Abhängigkeit von der beschleunigten Masse m. Dazu nutzen wir den Aufbau von Versuch 1 und beschleunigen den Wagen jeweils mit derselben Kraft F. Die beschleunigende Masse m_B bleibt also konstant. Wir erhöhen stufenweise die beschleunigte Masse m, indem wir vor jeder Messung ein Massestück der Masse m_K dem Wagen hinzufügen. ↗ 4

Wir sehen:
Aus den Messwerten ergibt sich die Vermutung, dass die Beschleunigung a indirekt proportional zur beschleunigten Masse m ist. Bilden wir die Produkte $m \cdot a$, sind diese im Rahmen der Messgenauigkeit konstant. ↗ 5

Ergebnis:
Die Beschleunigung ist indirekt proportional zur beschleunigten Masse: $\boldsymbol{a \sim \frac{1}{m}}$.

Die Ergebnisse aus Versuch 1 und 2 können wir zu einer Größengleichung zusammenfassen:

$$\left.\begin{matrix} a \sim F \\ a \sim \frac{1}{m} \end{matrix}\right\} \quad a \sim F \cdot \frac{1}{m} \quad \text{bzw.} \quad \frac{a}{F \cdot \frac{1}{m}} = \frac{a \cdot m}{F} = c = \text{konstant}$$

Im zweiten Versuch erkennt man, dass der Betrag der beschleunigenden Kraft F = 0,29 N in etwa den Produkten $a \cdot m$ entspricht. ↗ 5 Diesen Zusammenhang können wir anhand der Messwerte aus Versuch 1 bestätigen. ↗ 6 Die Abweichungen können mit Messfehlern erklärt werden. Es ist somit sinnvoll, der Konstanten c den Wert 1 zuzuordnen.

Grundgleichung der Mechanik: Die beschleunigende Kraft F ist gleich dem Produkt aus Masse m des beschleunigten Körpers und seiner Beschleunigung a.
$F = m \cdot a \qquad [F] = 1\,\text{N} = 1\,\frac{\text{kg} \cdot \text{m}}{\text{s}^2}$

Wenn ein Körper mit der Masse 1 kg durch eine Kraft von 1 N beschleunigt wird, dann erfolgt die Beschleunigung mit $1\,\frac{\text{m}}{\text{s}^2}$. Werden zwei Körper mit der gleichen Kraft beschleunigt, dann ist die Beschleunigung umso größer, je kleiner die Masse des Körpers ist. ↗ 7 Soll ein Auto ebenso stark beschleunigt werden wie ein Fahrrad, dann ist dazu eine dem Massenverhältnis entsprechende größere Kraft erforderlich. Ist dies nicht der Fall, kann das Fahrrad stärker beschleunigt werden, auch wenn die beschleunigende Kraft, die auf das Auto wirkt, größer ist.

- **Die Grundgleichung der Mechanik lautet: $F = m \cdot a$.**
- **Die physikalische Größe Kraft kann in den folgenden Einheiten angegeben werden: $[F] = 1\,\text{N} = 1\,\frac{\text{kg} \cdot \text{m}}{\text{s}^2}$.**

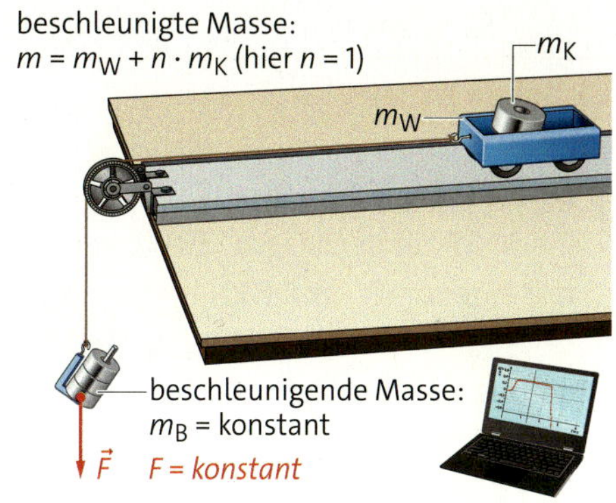

4 *Messung der Beschleunigung in Abhängigkeit von der beschleunigten Masse*

m in kg	0,300	0,350	0,400	0,450
a in $\frac{\text{m}}{\text{s}^2}$	0,98	0,82	0,70	0,64
$m \cdot a$ in $\text{kg}\frac{\text{m}}{\text{s}^2}$	0,29	0,29	0,28	0,29

5 *Beschleunigte Masse und Beschleunigung bei einer konstanten beschleunigenden Kraft von F = 0,29 N (m_B = 30 g, m_K = 50 g, m_w = 250 g)*

m_B in g	10	20	30	40
F in N	**0,098**	**0,20**	**0,29**	**0,39**
m in kg	0,299	0,299	0,299	0,299
a in $\frac{\text{m}}{\text{s}^2}$	0,33	0,64	0,94	1,24
$m \cdot a$ in $\text{kg}\frac{\text{m}}{\text{s}^2}$	**0,099**	**0,19**	**0,28**	**0,37**

6 *Ermittlung der Konstanten c mithilfe der Messwerte aus Versuch 1*

7 *Bei gleicher Kraft ist die Beschleunigung umso größer, je kleiner die Masse des zu beschleunigenden Körpers ist.*

Lösungen finden

1 Einfach beschleunigen ↗ S. 10/11, S. 20/21

Ein Auto mit der Masse 1250 kg wird 5,0 s lang mit einer Kraft von 1,6 kN beschleunigt.

a □ Zeigen Sie durch Rechnung, dass die Beschleunigung $1{,}3\,\frac{\text{m}}{\text{s}^2}$ beträgt.

b □ Berechnen Sie die Strecke, die das Auto nach 5,0 s zurückgelegt hat, sowie die Geschwindigkeit nach dieser Beschleunigungszeit.

2 Abheben ↗ S. 10/11, S. 20/21

Ein Flugzeug hat eine Basisbetriebsmasse von 46 200 kg. Neben den Windverhältnissen beeinflusst auch die Masse der Zuladung die Startgeschwindigkeit. Nehmen Sie an, dass das konstant beschleunigte Flugzeug nach 30 s und einer Strecke von 1,40 km von der Fahrbahn abhebt.

a ■ Berechnen Sie die Geschwindigkeit des Flugzeugs beim Abheben.

b □ Zeigen Sie rechnerisch, dass das Flugzeug mit $3{,}1\,\frac{\text{m}}{\text{s}^2}$ und mit einer Kraft von 0,14 MN beschleunigt wurde.

c □ Die maximale Startmasse des Flugzeugs beträgt 78 000 kg. Zeigen Sie rechnerisch, dass das Flugzeug mit $1{,}8\,\frac{\text{m}}{\text{s}^2}$ beschleunigt wird, wenn es die gleiche Antriebskraft von 0,14 MN erfährt.

d ◪ Berechnen Sie die auf der Startbahn zurückgelegte Strecke für den in Teil **c** beschriebenen Fall, wenn das Flugzeug mit der gleichen Geschwindigkeit von $340\,\frac{\text{km}}{\text{h}}$ abhebt. (Teilergebnis: $t = 52\,\text{s}$)

3 Frontalaufprall ↗ S. 20/21

Wenn ein Auto beim Aufprall auf ein stehendes Hindernis von der Geschwindigkeit $50\,\frac{\text{km}}{\text{h}}$ auf 0 abgebremst wird, erfährt ein angeschnallter Mitfahrer eine Bremsbeschleunigung von etwa $60\,\frac{\text{m}}{\text{s}^2}$.

a □ Berechnen Sie die Bremskraft, die auf einen 75 kg schweren Mitfahrer ausgeübt wird.

b □ Berechnen Sie zunächst die Masse eines Körpers, dessen Gewichtskraft 4,5 kN beträgt. Beurteilen Sie dann mithilfe des Ergebnisses die Folgen des Aufpralls.

4 Raumschiff ↗ S. 20/21

Das wiederverwendbare Raumschiff Dragon wird mit einer Trägerrakete ins All gebracht, die eine Bodenschubkraft von 4940 kN aufbringt. Das Raumschiff und die Rakete haben zusammen eine Masse von 333 t.

a □ Berechnen Sie die Beschleunigung, mit der Raumschiff und Rakete in Bewegung gesetzt werden können.

b □ Berechnen Sie die Kraft, die auf einen 90 kg schweren Passagier im Raumschiff ausgeübt wird.

5 Höhenmessung ↗ S. 10/11, S. 20/21

Konsti und Alia messen die Höhe eines mit einem Fahrstuhl befahrbaren Turms mithilfe einer Waage und einer Stoppuhr. Dazu steht Konsti die ganze Fahrt über auf der Waage. Sie notieren die angezeigten Massen für bestimmte Zeitspannen:

	Vor dem Start:	*52 kg*
①	*für 5,1 s :*	*62 kg*
②	*für 20,3 s :*	*52 kg*
③	*für 5,2 s :*	*42 kg*

a □ Beschreiben Sie die Bewegung des Fahrstuhls in den Phasen 1 – 3.

b ◪ Der Fahrstuhl wird mit einer konstanten Kraft beschleunigt. Zeigen Sie rechnerisch, dass die Kraft 98 N beträgt und daraus eine Beschleunigung von etwa $1{,}9\,\frac{\text{m}}{\text{s}^2}$ resultiert.

c ◪ Berechnen Sie die Höhe, die der Fahrstuhl während Phase 1 zurücklegt.

d □ Zeigen Sie rechnerisch, dass der Fahrstuhl in Phase 2 mit einer Geschwindigkeit von $9{,}7\,\frac{\text{m}}{\text{s}}$ nach oben fährt.

e ◪ Begründen Sie ohne ausführliche Rechnung, dass der Fahrstuhl beim Abbremsen die gleiche Strecke nach oben fährt wie während der Beschleunigungsphase zu Beginn der Fahrt.

f ◪ Berechnen Sie die Höhe des Aufzugs.

6 Fußballschuss ↗ S. 10/11, S. 20/21

Mithilfe von Hochgeschwindigkeitskameras lassen sich auch sehr schnelle Bewegungen analysieren. Die Analyse eines Fußballschusses, der mit 1000 fps (frames per second) aufgenommen wurde, ergab, dass zwischen dem ersten Kontakt mit einem ruhenden Ball und dem Ende des Kontakts 32 Bilder liegen. Weitere 50 Bilder später zeigt sich, dass er die zuvor abgesteckte 80 cm lange Strecke zurückgelegt hat.

Die Masse des Balls beträgt 0,432 kg.

a ◪ Zeigen Sie rechnerisch, dass der Ball die 80 cm lange Strecke mit einer Geschwindigkeit von $16\,\frac{m}{s}$ zurückgelegt hat. Nehmen Sie an, dass seine Geschwindigkeit in dieser Phase konstant war.

b ◪ Berechnen Sie die Kraft, mit der der Ball beschleunigt wurde. (Teilergebnis: $a = 5{,}0 \cdot 10^2\,\frac{m}{s^2}$)

Nachdenken & Kombinieren

7 Kraft und Beschleunigung ↗ S. 20/21

In einem Experiment mit einem Wagen, der mit einem Kraftsensor und mit einem Beschleunigungssensor ausgestattet ist, wurde der Zusammenhang zwischen der beschleunigenden Kraft und der Beschleunigung untersucht. Der Wagen wurde dazu mehrmals hin- und hergeschoben. Mithilfe eines Computers wurden die Messwerte in einem $a(F)$-Diagramm dargestellt:

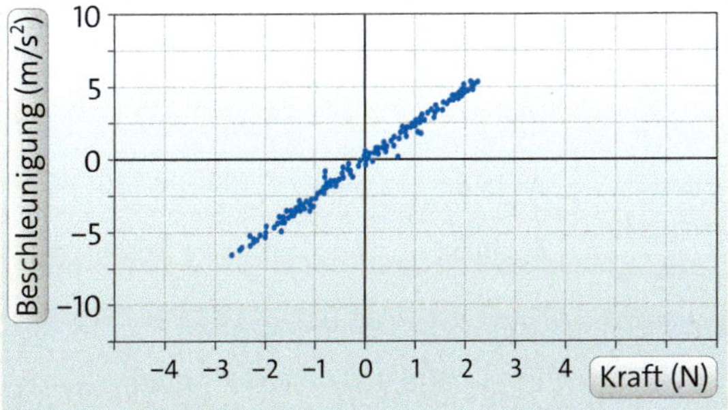

a □ Formulieren Sie den Zusammenhang zwischen Kraft und Beschleunigung, der sich aus diesem Versuch ergibt.

b □ Berechnen Sie mit einem geeigneten Messwertpaar die Masse des Wagens.

c ■ In einer weiteren Versuchsreihe ergaben sich die folgenden Diagramme:

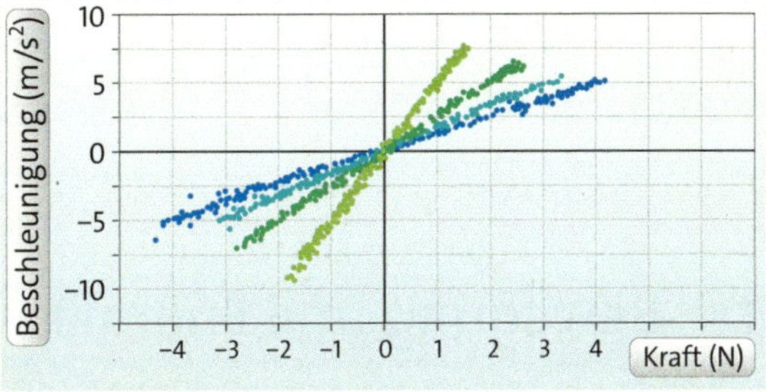

Beschreiben Sie den zugehörigen Versuch und geben Sie das Ergebnis an.

In Worte fassen

8 Grundgleichung der Mechanik ↗ S. 20/21

◪ Ein unbeladener Kombi erreicht bei Vollgas in 9,3 s ein Tempo von $100\,\frac{km}{h}$. Voll beladen erreicht er in der gleichen Zeit, ebenfalls bei Vollgas, nur $75\,\frac{km}{h}$.

Erklären Sie diesen Sachverhalt mit der Grundgleichung der Mechanik.

Einfach lernen

9 Kraft und Beschleunigung ↗ S. 20/21

a Welcher Zusammenhang besteht bei einer gleichmäßig beschleunigten Bewegung zwischen der Beschleunigung und der beschleunigenden Kraft?

b Welcher Zusammenhang besteht bei einer gleichmäßig beschleunigten Bewegung zwischen der Beschleunigung und der Masse des beschleunigten Körpers?

c Wie lautet die Grundgleichung der Mechanik?

Die kinetische Energie des hin- und herschwingenden Trapezartisten muss am tiefsten Punkt so groß sein, dass er ausreichend hoch schwingt, um seinen Kollegen fangen zu können. Welcher Zusammenhang besteht zwischen der Masse eines Körpers, seiner Geschwindigkeit und seiner kinetischen Energie?

1.4 Bewegung und Energie

Wir untersuchen den Zusammenhang zwischen der kinetischen Energie eines Körpers, der an einer Schnur schwingt, seiner Geschwindigkeit und seiner Masse. ↗1 Der Körper wird um die Höhendifferenz Δh aus der Ruhelage angehoben und durchschwingt diese nach dem Loslassen. Gehen wir zur Vereinfachung davon aus, dass dabei keine innere Energie an die Umgebung abgegeben wird, dann entspricht laut **Energieerhaltungssatz** die potenzielle Energie des Körpers am Startpunkt seiner kinetischen Energie beim Durchschwingen der Ruhelage: $E_{pot} = E_{kin}$. Mit einer Lichtschranke messen wir über die Verdunklungsdauer die Momentangeschwindigkeit des Körpers beim Durchgang durch die Ruhelage. Zur Vereinfachung sprechen wir fortan immer von der Geschwindigkeit, wenn wir die Momentangeschwindigkeit meinen.

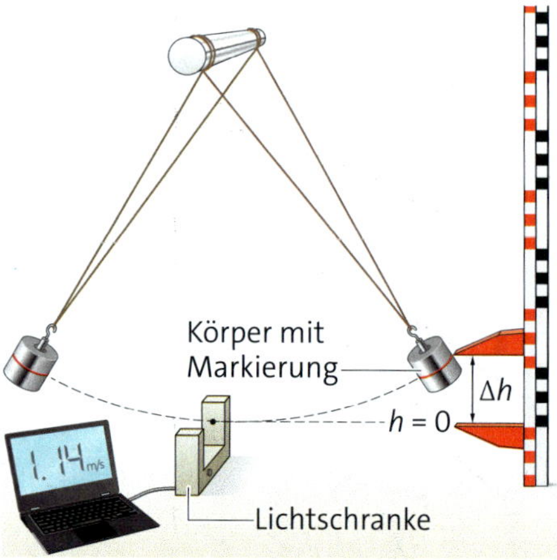

1 *Kinetische Energie in Abhängigkeit von der Geschwindigkeit und der Masse*

Versuch 1: Kinetische Energie und Geschwindigkeit

Hängen Sie einen Körper mit der Masse m, an dessen Seite Sie mittig eine Markierung angebracht haben, an einer insgesamt 150 cm langen Schnur auf. ↗1 Positionieren Sie die Lichtschranke so, dass sie ausgelöst wird, wenn der Körper auf Höhe der Markierung durch seine Ruhelage schwingt. Wir ordnen der Höhe, auf der die Lichtschranke ihr Lichtsignal aussendet, das Nullniveau $h = 0$ zu. Heben Sie den Körper um zunehmende Höhendifferenzen Δh an und messen Sie jeweils seine Geschwindigkeit. Berechnen Sie mit der Höhendifferenz Δh jeweils die potenzielle Energie $E_{pot} = m \cdot g \cdot \Delta h$, die nach unseren Annahmen der kinetischen Energie E_{kin} beim Durchgang durch die Ruhelage entspricht. Notieren Sie die kinetische Energie in Abhängigkeit von der gemessenen Geschwindigkeit v und stellen Sie E_{kin} in Abhängigkeit von v grafisch dar. ↗2,3

v in $\frac{m}{s}$	0	0,67	0,94	1,14
Δh in m	0	0,020	0,040	0,060
E_{kin} in mJ	0	9,8	20	29
v in $\frac{m}{s}$	1,30	1,48	1,61	1,69
Δh in m	0,080	0,100	0,120	0,140
E_{kin} in mJ	39	49,1	58,9	68,7

2 *Kinetische Energie (entspricht $E_{pot} = m \cdot g \cdot \Delta h$, mit $m = 50\,g$) und Geschwindigkeit*

Wir sehen:
Aus der Auswertung ergibt sich die Vermutung, dass die kinetische Energie direkt proportional zum Quadrat der Geschwindigkeit ist. ↗ 3 Bilden wir die Quotienten $\frac{E_{kin}}{v^2}$ für zusammengehörige Messwertpaare, so sind diese annähernd konstant. ↗ 4

Ergebnis:
Die kinetische Energie E_{kin} ist direkt proportional zum Quadrat der Geschwindigkeit v^2: $\boldsymbol{E_{kin} \sim v^2}$.

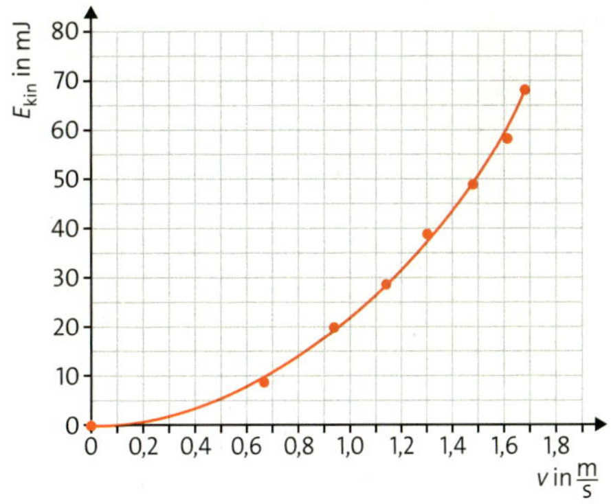

3 $E_{kin}(v)$-Diagramm

v^2 in $\frac{m}{s}$	0	0,45	0,88	1,30
E_{kin} in mJ	0	9,8	20	29
$\frac{E_{kin}}{v^2}$ in $\frac{mJ}{\frac{m^2}{s^2}}$	–	22	23	22

v^2 in $\frac{m}{s}$	1,69	2,19	2,59	2,86
E_{kin} in mJ	39	49,1	58,9	68,7
$\frac{E_{kin}}{v^2}$ in $\frac{mJ}{\frac{m^2}{s^2}}$	23	22,4	22,7	24,0

4 *Zusammenhang zwischen kinetischer Energie und Quadrat der Geschwindigkeit*

Versuch 2: Kinetische Energie und Masse

Um den Zusammenhang zwischen der kinetischen Energie und der Masse zu untersuchen, kann man die Masse des Körpers schrittweise erhöhen. Bei gleicher Starthöhe Δh nimmt die potenzielle Energie des Körpers und damit auch seine kinetische Energie dann in gleichem Maße zu, also direkt proportional. Wenn die Geschwindigkeit des Körpers beim Durchschwingen der Ruhelage jedes Mal gleich ist, ist die kinetische Energie des Körpers direkt proportional zu seiner Masse.
Überprüfen Sie dies, indem Sie den Körper immer um dieselbe Höhendifferenz Δh auslenken und bei jedem Durchgang seine Masse m erhöhen.

Wir sehen:
Die Geschwindigkeit beim Durchgang durch die Ruhelage ist im Rahmen der Messgenauigkeit immer gleich. ↗ 5

Ergebnis:
Die kinetische Energie ist direkt proportional zur Masse:
$\boldsymbol{E_{kin} \sim m}$.

Die Ergebnisse können wir zu einer Größengleichung zusammenfassen:

$$\left.\begin{matrix} E_{kin} \sim v^2 \\ E_{kin} \sim m \end{matrix}\right\} \quad E_{kin} \sim m \cdot v^2 \text{ bzw. } \frac{E_{kin}}{m \cdot v^2} = c = \text{konstant}$$

Berechnen wir die Konstante c mit den Messwerten aus Versuch 1, so ergibt sich ein Mittelwert von $0{,}46 \frac{J}{kg \cdot \frac{m^2}{s^2}}$. ↗ 6 Sehr genaue Messungen ergeben den Wert $0{,}50 \frac{J}{kg \cdot \frac{m^2}{s^2}}$. Die Konstante hat außerdem keine Einheit, da sich sämtliche Einheiten kürzen lassen. ↗ 7

Für die **kinetische Energie E_{kin}** eines Körpers mit der Masse m und der Geschwindigkeit v gilt daher: $\boldsymbol{E_{kin} = \frac{1}{2} \cdot m \cdot v^2}$.

- **Die kinetische Energie eines Körpers ist direkt proportional zur Masse und direkt proportional zum Quadrat der Geschwindigkeit.**

m in g	50	100	150	200	250
v in $\frac{m}{s}$	1,14	1,11	1,11	1,11	1,12

5 *Geschwindigkeit bei zunehmender Masse (Δh = 0,060 m)*

v in $\frac{m}{s^2}$	0	0,67	0,94	1,14
E_{kin} in J	0	0,0098	0,020	0,029
$\frac{E_{kin}}{m \cdot v^2}$	–	0,44	0,45	0,45

v in $\frac{m}{s^2}$	1,30	1,48	1,61	1,69
E_{kin} in J	0,039	0,0491	0,0589	0,0687
$\frac{E_{kin}}{m \cdot v^2}$	0,46	0,45	0,45	0,48

6 *Berechnung der Konstanten c (m = 0,050 kg)*

$$1 \frac{J}{kg \cdot \frac{m^2}{s^2}} = \frac{Nm}{kg \cdot \frac{m^2}{s^2}} = 1 \frac{N}{kg \cdot \frac{m}{s^2}} = 1 \frac{N}{N} = 1$$

7 *Einheitenbetrachtung für die Konstante c*

Experimentieren

1 Katapult I ↗ S. 24/25

Material: 30-cm-Lineal, Stift, zwei gleiche Münzen, zwei 200-cm-Lineale

Legen Sie den Stift unter die 10-cm-Marke des Lineals und positionieren Sie beides vor einer Wand wie im Bild gezeigt. Legen Sie Münze 1 auf die 20-cm- und Münze 2 auf die 30-cm-Marke. Lehnen Sie die 200-cm-Lineale so an die Wand, dass Sie die Flughöhe der Münzen ablesen können.

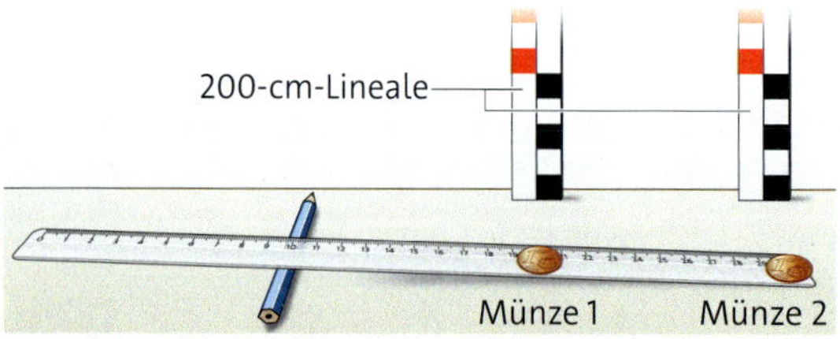

a ◪ Katapultieren Sie die beiden Münzen mit einem kräftigen Schlag auf die 0-cm-Marke nach oben und lesen Sie näherungsweise die maximale Flughöhe der Münzen ab.

b ◪ Formulieren Sie eine Aussage zum Vergleich der Flughöhen, indem Sie die Satzanfänge ergänzen: *Münze 2 fliegt nicht nur ..., Münze 2 fliegt ...*

Lösungen finden

2 Rechenübung ↗ S. 24/25

☐ Berechnen Sie die fehlenden Werte in der ßfolgenden Tabelle:

	E_{kin}	m	v
a	... MJ	5,0 t	60 $\frac{km}{h}$
b	100 J	... kg	5,0 $\frac{m}{s}$
c	2,0 kJ	4,0 kg	... $\frac{m}{s}$

3 Viererbobstart ↗ S. 24/25

Beim Viererbob darf die maximale Gesamtmasse von Bob und Athleten maximal 630 kg betragen. Bei einem Start beschleunigen die Athleten diese Masse in 6,1 s auf 40 $\frac{km}{h}$.

a ☐ Die Beschleunigungsarbeit W_{Beschl}, die die Athleten am Bob verrichten, wird im Bob als kinetische Energie gespeichert. Zeigen Sie rechnerisch, dass die Sportler bei maximaler Gesamtmasse eine Beschleunigungsarbeit von 39 kJ verrichten.

b ◪ Berechnen Sie die durchschnittliche Leistung eines Sportlers. Vernachlässigen Sie die geringe Reibung des Bobschlittens dabei.

4 Stabhochsprung ↗ S. 24/25

Beim Stabhochsprung sprintet der Sportler mit einem knapp 5 m langen Stab in den Händen auf die Absprungstelle zu. Nach dem Einstich des Stabs in den Einstichkasten biegt sich der Stab und der Sportler nutzt die dann im Stab gespeicherte Energie, um damit seinen Körperschwerpunkt so weit wie möglich in die Höhe zu katapultieren. Nach dem Überqueren der Latte fällt er nach unten auf eine Matte.

a ◪ Stellen Sie die Energieumwandlungen bei allen beschriebenen Schritten eines Stabhochsprungs in einer Energieumwandlungskette dar.

b ◪ Berechnen Sie die kinetische Energie einer 63 kg schweren Stabhochspringerin, wenn deren maximale Geschwindigkeit 8,0 $\frac{m}{s}$ betragen hat. Geben Sie die Energie in der Einheit kJ an.

c ◪ Berechnen Sie die maximale Sprunghöhe, die die Sportlerin alleine durch ihren Anlauf erreichen kann, wenn ihr Körperschwerpunkt bei 1,1 m liegt.

5 Katapult II ↗ S. 24/25; S. 10/11

Das Experiment aus Aufgabe 1 wird mit einer 5,74 g schweren Münze durchgeführt, die auf die 30-cm-Marke des Lineals gelegt wird. Bei einer Beschleunigungsstrecke von 2,1 cm fliegt sie 1,7 m hoch.

a □ Zeigen Sie rechnerisch, dass die maximale potenzielle Energie der Münze 0,096 Nm betragen hat.

b ◪ Zeigen Sie rechnerisch, dass die maximale Geschwindigkeit der Münze mindestens $5{,}8\,\frac{m}{s}$ betragen haben muss und geben Sie an, warum die Geschwindigkeit tatsächlich größer war.

Nachdenken & Kombinieren

6 Notfallspur ↗ S. 24/25

Notfallspuren sollen bei Straßen mit starkem Gefälle Verkehrsunfälle verhindern, die vor allem durch ausfallende Bremssysteme bei Lkws auftreten können. Die Lkws werden dann auf der Notfallspur aufgrund der Steigung abgebremst.

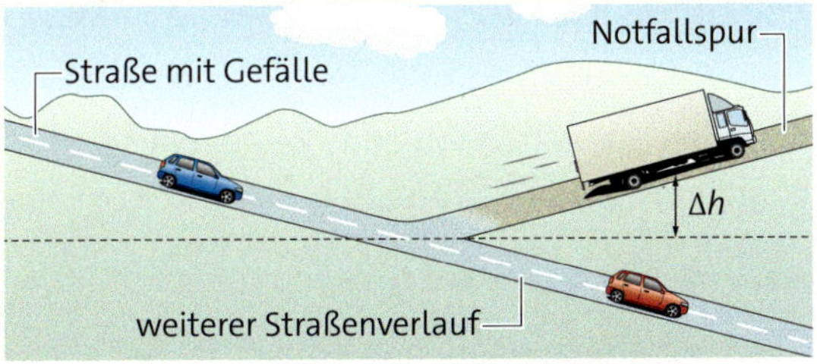

a □ Berechnen Sie die kinetische Energie eines 44-t-Lkw, der am Anfang der Notfallspur eine Geschwindigkeit von $72\,\frac{km}{h}$ hat.

b ◪ Zeigen Sie durch Rechnung, dass der Lkw auf der Notfallspur um eine Höhendifferenz von 20 m angehoben werden muss, damit er vollständig abgebremst wird, wenn man alle weiteren Kräfte vernachlässigt.

c ■ Begründen Sie in Worten, dass die Notfallspur bei den gemachten Annahmen und bei doppelter Geschwindigkeit des Lkw 80 m hoch sein müsste, damit er vollständig abbremsen kann.

d □ Nennen Sie zwei Gründe dafür, dass die tatsächliche Höhendifferenz kleiner sein kann.

7 Katapult III ↗ S. 24/25

Im Experiment aus Aufgabe 1 würde Münze 2 von der 30-cm-Marke viermal so hoch fliegen wie Münze 1 von der 20-cm-Marke, wenn man den Luftwiderstand nicht berücksichtigt.

a □ Machen Sie Aussagen über die potenziellen und kinetischen Energien der beiden Münzen, die sich aus dieser Beobachtung ergeben.

b ◪ Erklären Sie, wieso die Münze 2 eine etwa doppelt so große Abfluggeschwindigkeit besitzt wie Münze 1.

c ■ Begründen Sie mit dem Energieerhaltungssatz, dass die Flughöhe direkt proportional zum Quadrat der Geschwindigkeit ist, wenn der Luftwiderstand nicht berücksichtigt wird.

In Worte fassen

8 Fortsetzung ↗ S. 24/25

□ Ergänzen Sie die folgenden Aussagen physikalisch richtig.

a Wenn die Masse eines Körpers bei gleicher Geschwindigkeit 2-, 3-, ... mal so groß ist, dann ist die kinetische Energie des Körpers ...

b Wenn die Geschwindigkeit eines Körpers bestimmter Masse 2-, 3-, ... mal so groß ist, dann ist die kinetische Energie des Körpers ...

Einfach lernen

9 Energie und Bewegung ↗ S. 24/25

a Welcher Zusammenhang besteht zwischen der kinetischen Energie eines Körpers und seiner Masse bzw. seiner Geschwindigkeit?

b Wie lautet eine Größengleichung zur Berechnung der kinetischen Energie?

c Wie lauten die möglichen Einheiten, in denen die kinetische Energie eines Körpers angegeben sein kann?

Bewegung

Geschwindigkeit und Beschleunigung

Die **Geschwindigkeit** ist eine gerichtete Größe. Sie hat einen Betrag und eine Richtung.

Für jede Bewegung kann der Betrag der **Durchschnittsgeschwindigkeit** v_D aus dem zurückgelegten Streckenabschnitt Δs und der dazu benötigten Zeit Δt wie folgt berechnet werden:

$$v_D = \frac{\Delta s}{\Delta t} = \frac{s_2 - s_1}{t_2 - t_1}$$

Die **Momentangeschwindigkeit v_M** ist die Durchschnittsgeschwindigkeit an einer Messstelle, wenn der Streckenabschnitt mit der Messstelle als Mittelpunkt sehr klein ist.

Die **Beschleunigung** gibt an, wie sich die Geschwindigkeit in einer bestimmten Zeit ändert:

$$a = \frac{\Delta v}{\Delta t} = \frac{v_2 - v_1}{t_2 - t_1}$$

Eine negative Beschleunigung bedeutet, dass der bewegte Körper langsamer wird.

Geradlinig gleichförmige Bewegung

In gleichen Zeiten Δt werden gleiche Strecken Δs zurückgelegt.

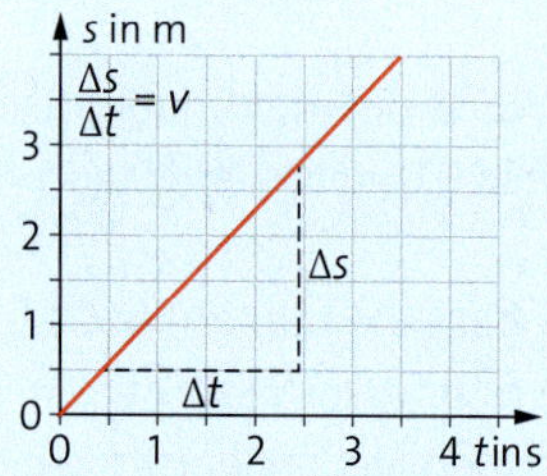

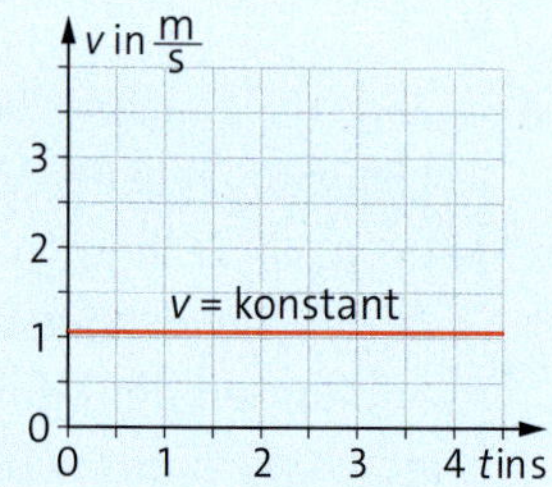

Geradlinig gleichmäßig beschleunigte Bewegung

Wirkt auf einen beweglichen Körper eine konstante Kraft, ändert sich dessen Geschwindigkeit in gleichen Zeiten Δt um den gleichen Betrag Δv.

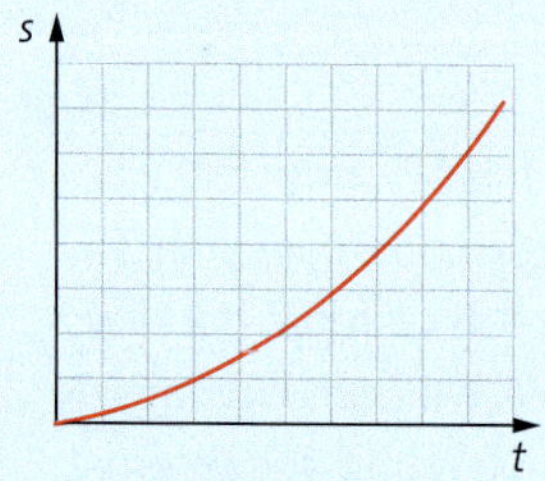

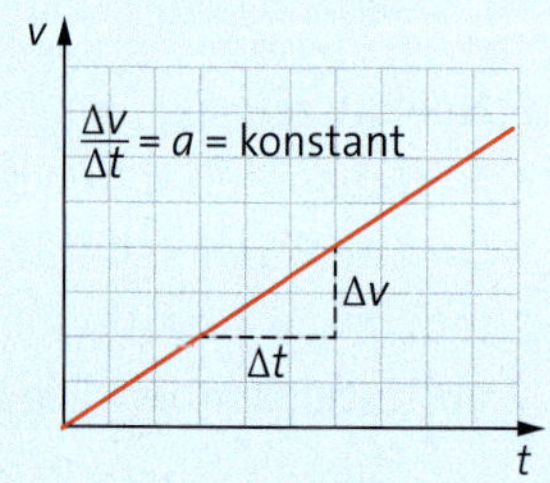

$s = \frac{1}{2} \cdot a \cdot t^2 \quad (s_0 = 0)$ $\qquad v = a \cdot t \quad (v_0 = 0)$

Freier Fall

Unter dem freien Fall versteht man den Fall eines Körpers nur unter dem Einfluss der Erdanziehungskraft. Da die beschleunigende Kraft dabei konstant ist, führen Körper im freien Fall eine gleichmäßig beschleunigte Bewegung aus.

Im freien Fall gelten folgende Bewegungsgleichungen:

$h = \frac{1}{2} \cdot g \cdot t^2 \qquad v = g \cdot t$

mit der Erdbeschleunigung $g = 9{,}81\ \frac{m}{s^2}$

Kraft und Energie

Die **beschleunigende Kraft F** ist gleich dem Produkt aus Masse m des beschleunigten Körpers und seiner Beschleunigung a:

$F = m \cdot a$; $[F] = 1\ N = 1\ \frac{kg \cdot m}{s^2}$

Für die **kinetische Energie E_{kin}** eines Körpers mit der Masse m und der Geschwindigkeit v gilt:

$E_{kin} = \frac{1}{2} \cdot m \cdot v^2$;
$[E] = 1\ J = 1\ Nm = 1\ \frac{kg \cdot m^2}{s^2}$

Die Geschwindigkeit, die Beschleunigung und die Kraft sind **gerichtete Größen**. Sie haben einen Betrag und eine Richtung.

Radfahrerin bremst und wird langsamer

1 Fallschnur

An einer Schnur wurden sechs Metallstücke im Abstand von jeweils 40 cm befestigt. Sie wurde zur Zeit $t = 0$ fallen gelassen und das Auftreffen der Metallstücke mit einer Audiosoftware aufgezeichnet. Es ergab sich die folgende Signalabfolge:

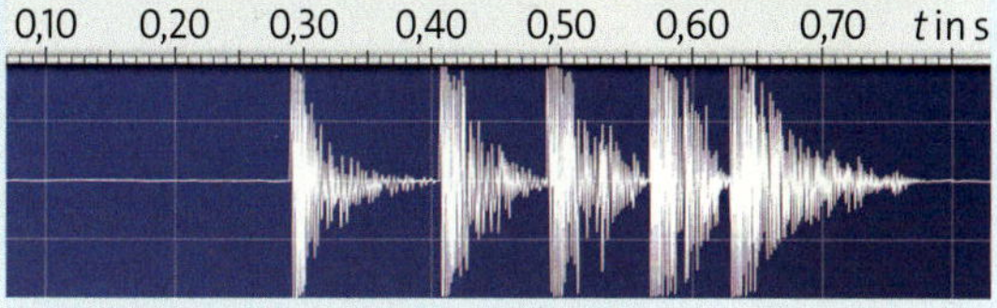

a □ Erstellen Sie eine Messwerttabelle, in der Sie die zurückgelegten Strecken der Metallstücke in Abhängigkeit von der Zeit eintragen. Bilden Sie sodann die Quadrate der Zeiten.

b □ Geben Sie an, welche Vermutung sich aus der Betrachtung der s-t^2-Messwertpaare ergibt, und überprüfen Sie diese rechnerisch.

c ◩ Berechnen Sie mithilfe der Messwertpaare den Ortsfaktor.

2 Fallschirmsprung

Bei einem Fallschirmsprung ergibt sich vereinfacht ein $s(t)$-Diagramm wie das folgende:

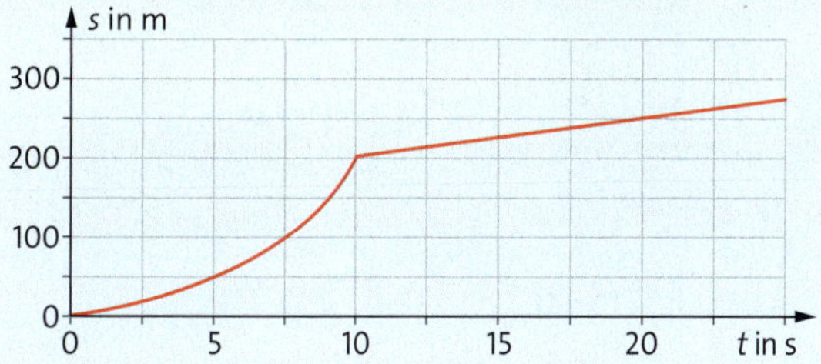

a □ Interpretieren Sie das Diagramm hinsichtlich der Bewegung des Fallschirmspringers.

b □ Berechnen Sie mithilfe geeigneter Daten aus dem Diagramm die Sinkgeschwindigkeit, nachdem sich der Fallschirm geöffnet hat.

3 Wahrzeichen

Der Jet d'eau ist ein 140 m hoher Springbrunnen im Genfer See. Im Internet ist zu lesen, dass dieser Springbrunnen pro Sekunde 500 l Seewasser mit einer Geschwindigkeit von 200 $\frac{km}{h}$ in die Höhe spritzt und dabei von zwei Pumpen mit einer Gesamtleistung von 1000 kW angetrieben wird.

a ◩ Zeigen Sie rechnerisch, dass das in einer Sekunde auf 140 m Höhe hoch gespritzte Wasser eine potenzielle Energie von 0,69 MJ besitzt.

b ◩ Zeigen Sie rechnerisch, dass theoretisch nur eine Geschwindigkeit von 189 $\frac{km}{h}$ erforderlich ist, um die angegebene Höhe zu erreichen. Begründen Sie diesen Unterschied.

c ◩ Berechnen Sie den Wirkungsgrad der Pumpen.

4 Bogenschießen

Ein Bogenschütze wurde mit einem Smartphone gefilmt, dessen Bildfrequenzrate auf 250 Bilder pro Sekunde eingestellt war. Mithilfe einer Videoanalysesoftware wurde in jedem Bild die Position des Pfeilendes markiert.

a □ Begründen Sie anhand des Bildes, dass sich der Pfeil bis zum Verlassen der Sehne beschleunigt bewegt.

b ◩ Bei der Auswertung der Bewegung des Pfeils unmittelbar nach Verlassen der Sehne ergibt sich folgende Messwerttabelle für die Flugphase:

t in s	0	0,0040	0,0080	0,0120	0,0160
s in m	0	0,19	0,37	0,57	0,75

Begründen Sie durch geeignete Auswertung der Messwerttabelle die Art der Bewegung des Pfeils in dieser Phase.

c ■ Berechnen Sie unter der Voraussetzung, dass keine weiteren Kräfte auf den Pfeil wirken, die theoretisch erreichbare Flughöhe eines 30 g schweren Pfeils, wenn dieser senkrecht nach oben geschossen wird und er die Sehne mit 47 $\frac{m}{s}$ verlässt.

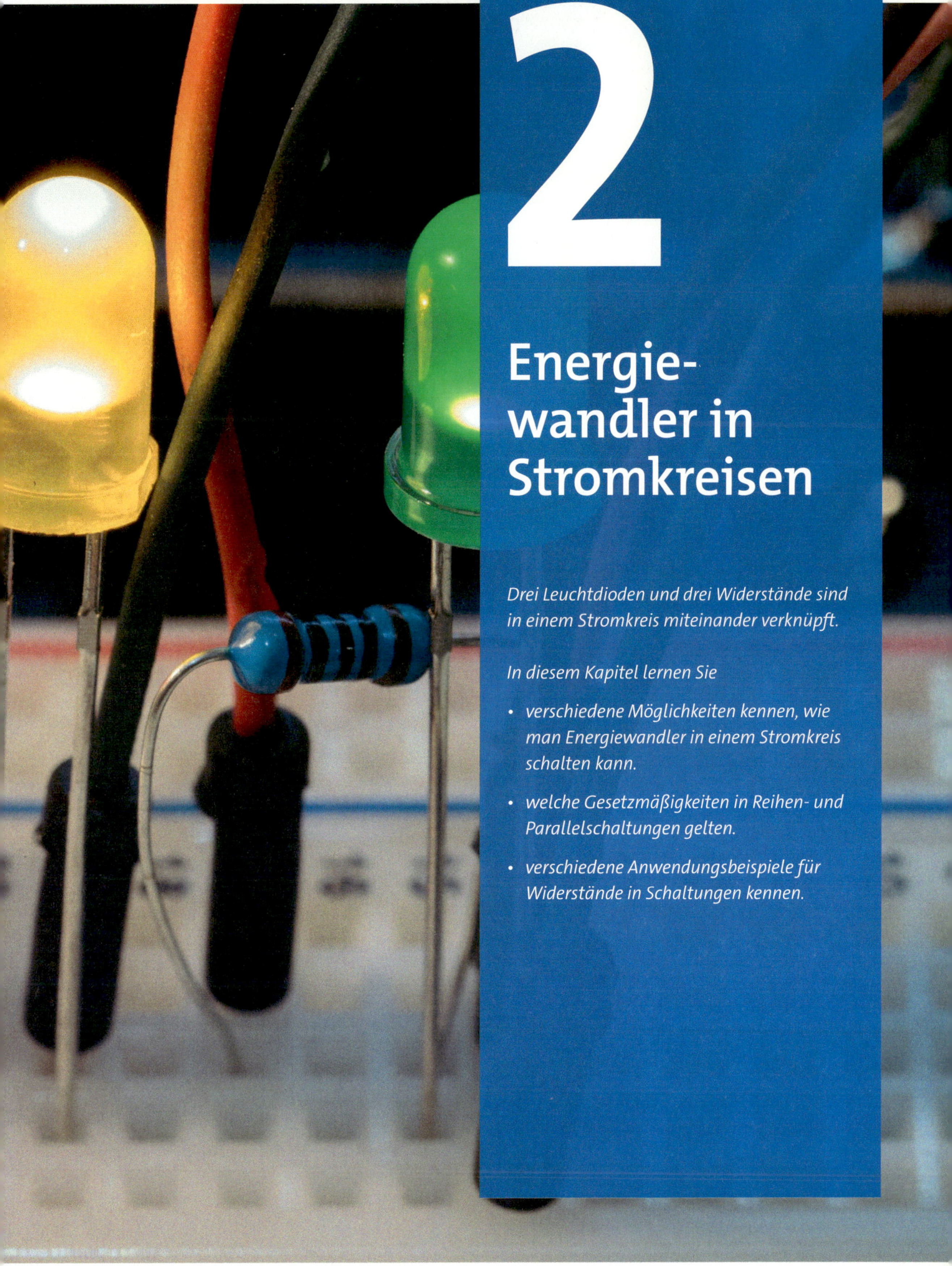

2

Energiewandler in Stromkreisen

Drei Leuchtdioden und drei Widerstände sind in einem Stromkreis miteinander verknüpft.

In diesem Kapitel lernen Sie

- *verschiedene Möglichkeiten kennen, wie man Energiewandler in einem Stromkreis schalten kann.*
- *welche Gesetzmäßigkeiten in Reihen- und Parallelschaltungen gelten.*
- *verschiedene Anwendungsbeispiele für Widerstände in Schaltungen kennen.*

Dieser Christbaum ist mit einer Lichterkette aus „elektrischen Kerzen“ geschmückt. Sie lässt sich aus- und wieder einschalten, indem man eine beliebige Glühlampe aus ihrer Fassung heraus- bzw. wieder hineinschraubt. Wie sind die Glühlampen dieser Lichterkette miteinander verbunden?

2.1 Unverzweigter Stromkreis

Versuch 1: Mehrere Lämpchen im unverzweigten Stromkreis

Bauen Sie einen einfachen Stromkreis aus einer 4,5-V-Flachbatterie, einem Schalter und einem Lämpchen (6,0 V; 0,1 A) auf. Schließen Sie den Schalter.

a Öffnen Sie den Schalter und fügen Sie ein weiteres baugleiches Lämpchen wie in Bild 1 ein. Schließen Sie den Schalter. Wiederholen Sie das Vorgehen mit einem dritten Lämpchen. ↗ 2

b Schrauben Sie eines der Lämpchen aus seiner Fassung.

Wir sehen:

a Wird ein zusätzliches Lämpchen in den Stromkreis eingebaut, so leuchten alle Lämpchen weniger hell als zuvor.

b Alle Lämpchen sind erloschen.

Erklärung:

a Je mehr Energiewandler, also Widerstände, auf diese Weise in einen Stromkreis eingebaut werden, desto geringer wird bei gleichbleibender Spannung die Stromstärke im Stromkreis.

b Wenn der Stromkreis an einer Stelle unterbrochen wird, fließt kein Strom.

Ergebnis:

Werden mehrere Widerstände hintereinander in einen Stromkreis eingebaut, ohne dass eine Verzweigung entsteht, erhält man einen **unverzweigten Stromkreis**. Man spricht dann von einer **Reihenschaltung** oder auch **Serienschaltung**.

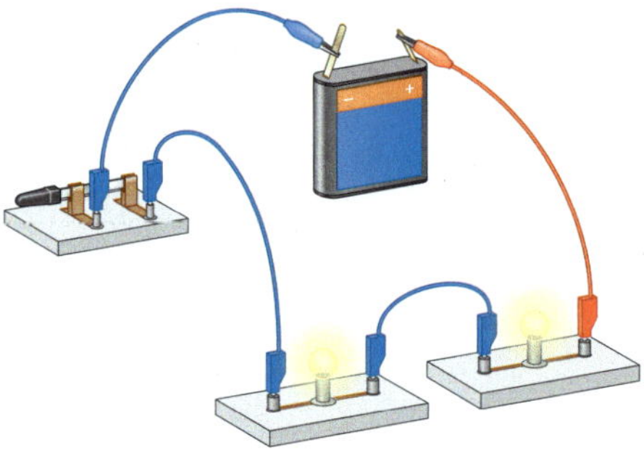

1 *Zwei Lämpchen im unverzweigten Stromkreis*

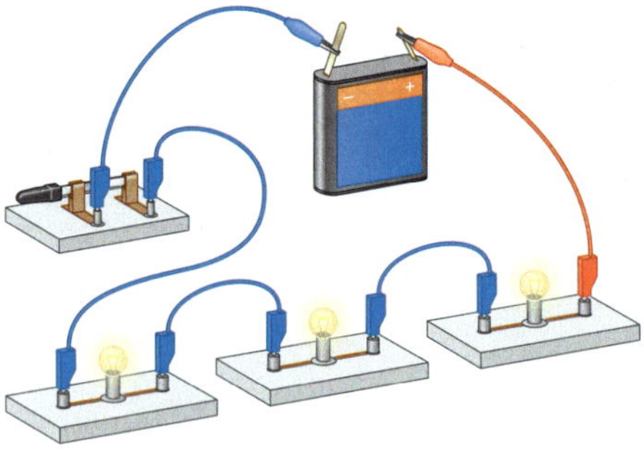

2 *Drei Lämpchen im unverzweigten Stromkreis*

Versuch 2: Zusammenhänge bei der Reihenschaltung

Wir bauen eine Reihenschaltung mit drei Widerständen unterschiedlichen Wertes (z. B. $R_1 = 10\,\Omega$, $R_2 = 22\,\Omega$, $R_3 = 56\,\Omega$) wie in Bild 3 auf. Wir stellen die regelbare Elektrizitätsquelle auf 3,5 V.

a Wir messen mit einem Stromstärkemessgerät nacheinander an den vier im Schaltplan markierten Stellen die Stromstärken I_1, I_2, I_3 und die Gesamtstromstärke I_g. ↗ 4

b Wir messen mit einem Spannungsmessgerät, wie im Schaltplan gezeigt, nacheinander die Spannungen U_1, U_2 und U_3 sowie die Gesamtspannung U_g. ↗ 5

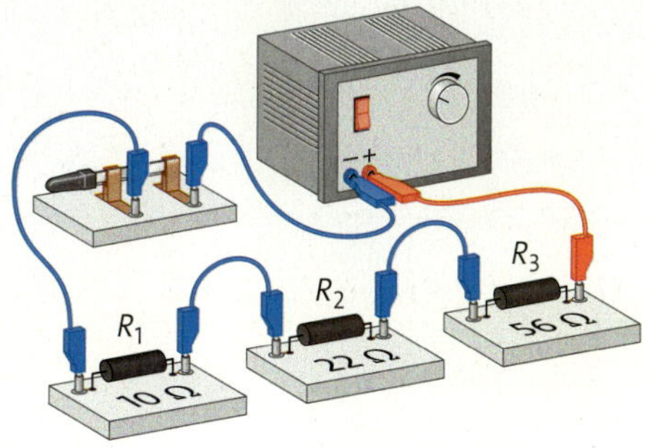

3 *Reihenschaltung von Widerständen*

Wir sehen:

Die Stromstärken sind an jeder Messstelle gleich. ↗ 6

Die Summe aller an den Widerständen anliegenden Spannungen U_1, U_2 und U_3 ergibt die Gesamtspannung U_g.

Die Spannung ist am Widerstand mit dem geringsten Wert am kleinsten und an dem mit dem größten Wert am größten. ↗ 6

Betrachten wir beispielsweise die Spannungen $U_1 = 0{,}41\,V$ und $U_2 = 0{,}89\,V$ sowie die zugehörigen Widerstände $R_1 = 10\,\Omega$ und $R_2 = 22\,\Omega$, so sehen wir, dass bei ungefähr doppelt so großem Widerstand auch die Spannung annähernd doppelt so groß ist. Wir bilden daher die Quotienten der Spannungen und vergleichen diese mit den Quotienten der zugehörigen Widerstände. ↗ 7

Berechnen wir den Gesamtwiderstand $R_g = \frac{U_g}{I_g}$, so stellen wir fest, dass er der Summe der einzelnen Widerstände entspricht.

Ergebnis:

Bei einer **Reihenschaltung** gelten folgende Zusammenhänge:

1 Die Stromstärke ist an jeder Stelle des unverzweigten Stromkreises gleich: $I_g = I_1 = I_2 = I_3 = \ldots$

2 Für die Gesamtspannung gilt: $U_g = U_1 + U_2 + U_3 + \ldots$

3 Für den Gesamtwiderstand gilt: $R_g = R_1 + R_2 + R_3 + \ldots$

4 Die an den Widerständen anliegenden Spannungen verhalten sich wie die zugehörigen Widerstände:
$\frac{U_1}{U_2} = \frac{R_1}{R_2}$ und $\frac{U_2}{U_3} = \frac{R_2}{R_3}$ und $\frac{U_3}{U_1} = \frac{R_3}{R_1}$ (allgemein $\frac{U_x}{U_y} = \frac{R_x}{R_y}$)

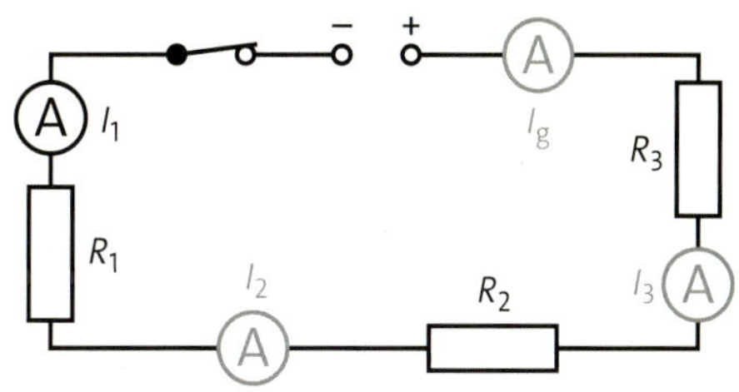

4 *Schaltplan zur Stromstärkemessung*

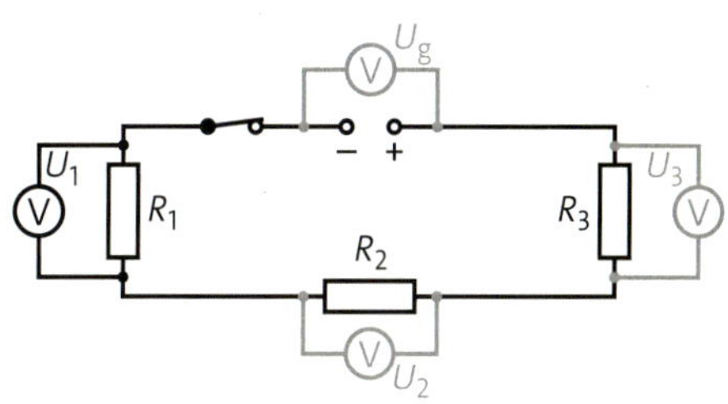

5 *Schaltplan zur Spannungsmessung*

↗ METHODE Elektrische Spannung und Stromstärke messen, S. 148

I_g in A	I_1 in A	I_2 in A	I_3 in A
0,041	0,041	0,041	0,041
U_g in V	U_1 in V	U_2 in V	U_3 in V
3,59	0,41	0,89	2,29
$R_g = \frac{U_g}{I_g}$ in Ω	R_1 in Ω	R_2 in Ω	R_3 in Ω
88	10	22	56

6 *Stromstärken, Spannungen und Widerstände bei einer Reihenschaltung*

$\frac{U_1}{U_2} = 0{,}46$ $\frac{U_2}{U_3} = 0{,}39$ $\frac{U_3}{U_1} = 5{,}6$

$\frac{R_1}{R_2} = 0{,}45$ $\frac{R_2}{R_3} = 0{,}39$ $\frac{R_3}{R_1} = 5{,}6$

7 *Spannungs- und Widerstandsverhältnisse*

Bei einer Reihenschaltung von Widerständen gilt:

- **Die Stromstärke ist überall gleich.**
- **Die Gesamtspannung teilt sich auf die einzelnen Widerstände auf.**
- **Der Gesamtwiderstand ist die Summe aller Widerstände.**
- **Die Spannungen verhalten sich wie die zugehörigen Widerstände.**

Ein Lichtermeer aus vielen kleinen Lämpchen bringt diesen Christbaum zum Leuchten. Wenn ein Lämpchen kaputt geht, leuchten alle anderen dennoch weiter.
Wie sind diese viele Lämpchen miteinander verbunden?

2.2 Verzweigter Stromkreis

Versuch 1: Mehrere Lämpchen im verzweigten Stromkreis

Bauen Sie einen einfachen Stromkreis aus einer 4,5-V-Flachbatterie, Schalter und Lämpchen (6,0 V; 0,1 A) auf.

a Öffnen Sie den Schalter und fügen Sie ein weiteres, baugleiches Lämpchen so ein, dass der vorherige Stromkreis nicht unterbrochen wird. ↗ 1 Schließen Sie den Schalter wieder. Wiederholen Sie das Vorgehen mit einem dritten Lämpchen. ↗ 2

b Schrauben Sie ein Lämpchen aus seiner Fassung.

Wir sehen:

a Alle Lämpchen leuchten weiterhin gleich hell.

b Alle anderen Lämpchen leuchten weiter.

Erklärung:

a Je mehr Widerstände in der beschriebenen Weise zum bestehenden Stromkreis zugefügt werden, desto größer wird bei gleichbleibender Spannung die Stromstärke.

b Jedes Lämpchen wird hier mit beiden Anschlussstellen wieder an die Elektrizitätsquelle angeschlossen.

Ergebnis:

Wenn man einen weiteren Widerstand in einen Stromkreis einbaut, ohne diesen zu unterbrechen, und im Widerstand anschließend ein elektrischer Strom fließt, erhält man einen **verzweigten Stromkreis**. In solchen Stromkreisen können Energiewandler unabhängig voneinander betrieben werden. Man sagt, sie sind **parallel** geschaltet. Die Schaltung wird **Parallelschaltung** genannt.

Versuch 2: Zusammenhänge bei der Parallelschaltung

Wir bauen eine Parallelschaltung mit drei Widerständen unterschiedlichen Wertes (z. B. $R_1 = 10\,\Omega$, $R_2 = 22\,\Omega$, $R_3 = 56\,\Omega$) wie

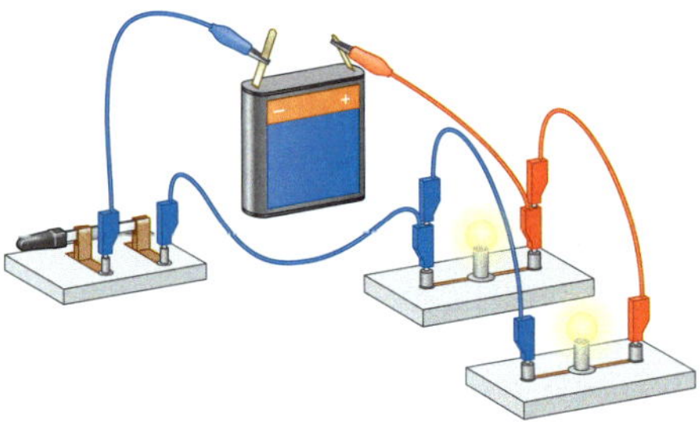

1 *Zwei Lämpchen im verzweigten Stromkreis*

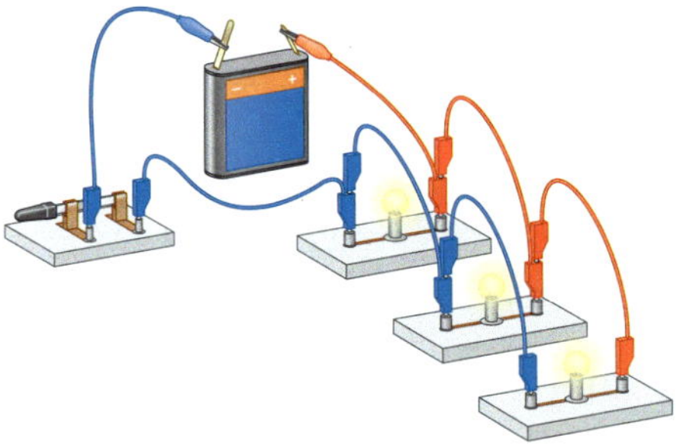

2 *Drei Lämpchen im verzweigten Stromkreis*

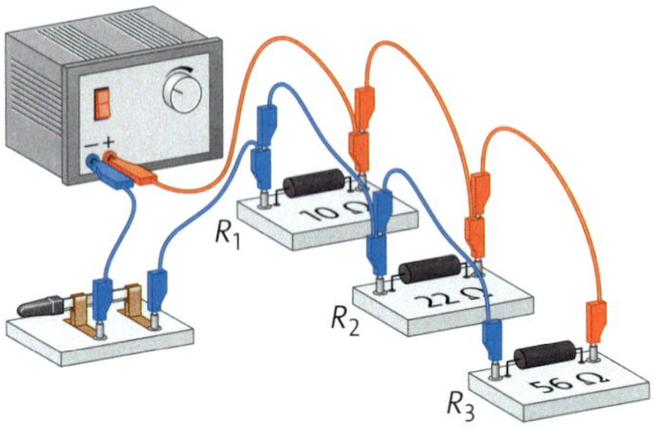

3 *Parallelschaltung von Widerständen*

in Bild 3 auf. Wir stellen die Spannung der regelbaren Elektrizitätsquelle auf 3,5 V.

a Wir messen mit einem Spannungsmessgerät, wie im Schaltplan gezeigt, nacheinander die Spannungen U_1, U_2 und U_3 sowie die Gesamtspannung U_g. ↗ 4

b Wir messen mit einem Stromstärkemessgerät nacheinander an den vier im Schaltplan markierten Stellen die Stromstärken I_1, I_2, I_3 und die Gesamtstromstärke I_g. ↗ 5

Wir sehen:

Die Spannungen sind an jeder Messstelle gleich. ↗ 6

Die Summe der Stromstärken I_1, I_2 und I_3 ergibt die Gesamtstromstärke I_g. Die Stromstärke ist beim kleinsten Widerstand am größten und beim größten Widerstand am kleinsten. ↗ 6

Bilden wir die Quotienten aus den Stromstärken und vergleichen diese mit den Quotienten der zugehörigen Widerstände, so stellen wir fest, dass sich die Stromstärken umgekehrt wie die zugehörigen Widerstände verhalten. ↗ 7

Berechnen wir den Gesamtwiderstand $R_g = \frac{U_g}{I_g}$, so ist dieser kleiner als der kleinste eingebaute Widerstand. ↗ 6 Formen wir die Gleichung $I_g = I_1 + I_2 + I_3$ wie in Bild 8 gezeigt um, so stellen wir fest, dass der Kehrwert des Gesamtwiderstands gleich der Summe der Kehrwerte der einzelnen Widerstände ist.

Ergebnis:

Bei einer **Parallelschaltung** gelten folgende Zusammenhänge:

1 Für die Gesamtstromstärke gilt: $I_g = I_1 + I_2 + I_3 + \ldots$

2 Die Spannung ist an jedem Widerstand gleich und entspricht der Gesamtspannung: $U_g = U_1 = U_2 = U_3 = \ldots$

3 Für den Gesamtwiderstand gilt: $\frac{1}{R_g} = \frac{1}{R_1} + \frac{1}{R_2} + \frac{1}{R_3} + \ldots$

4 Die durch die Widerstände fließenden elektrischen Ströme verhalten sich umgekehrt wie die zugehörigen Widerstände:
$\frac{I_1}{I_2} = \frac{R_2}{R_1}$ und $\frac{I_2}{I_3} = \frac{R_3}{R_2}$ und $\frac{I_3}{I_1} = \frac{R_1}{R_3}$ (allgemein $\frac{I_x}{I_y} = \frac{R_y}{R_x}$)

Bei einer Parallelschaltung von Widerständen gilt:

- **Die Gesamtstromstärke teilt sich auf in die Ströme durch die einzelnen Verzweigungen.**
- **Die Spannung ist überall gleich.**
- **Der Kehrwert des Gesamtwiderstands entspricht der Summe der Kehrwerte der einzelnen Widerstände.**
- **Die Stromstärken verhalten sich umgekehrt wie die zugehörigen Widerstände.**

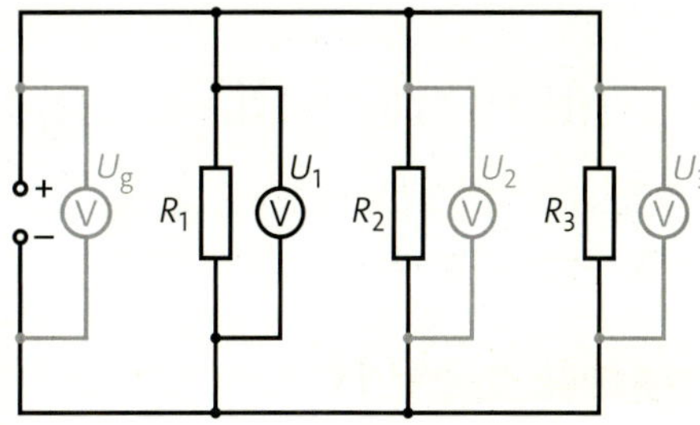

4 *Schaltplan zur Spannungsmessung*

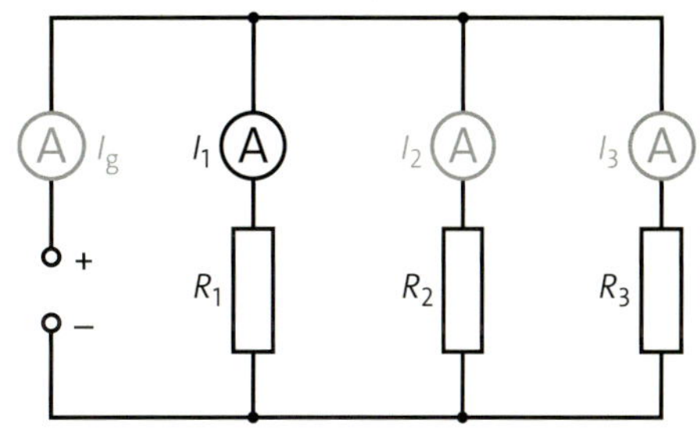

5 *Schaltplan zur Stromstärkemessung*

U_g in V	U_1 in V	U_2 in V	U_3 in V
3,5	3,5	3,5	3,5
I_g in A	I_1 in A	I_2 in A	I_3 in A
0,57	0,36	0,15	0,061
$R_g = \frac{U_g}{I_g}$ in Ω	R_1 in Ω	R_2 in Ω	R_3 in Ω
6,1	10	22	56
$\frac{1}{R_g}$ in $\frac{1}{\Omega}$	$\frac{1}{R_1}$ in $\frac{1}{\Omega}$	$\frac{1}{R_2}$ in $\frac{1}{\Omega}$	$\frac{1}{R_3}$ in $\frac{1}{\Omega}$
0,16	0,10	0,045	0,018

6 *Spannungen, Stromstärken und Widerstände bei einer Parallelschaltung*

$\frac{I_1}{I_2} = 2{,}4 \quad \frac{I_2}{I_3} = 2{,}5 \quad \frac{I_3}{I_1} = 0{,}17$

$\frac{R_2}{R_1} = 2{,}2 \quad \frac{R_3}{R_2} = 2{,}5 \quad \frac{R_1}{R_3} = 0{,}18$

7 *Stromstärken- und Widerstandsverhältnisse*

$I_g = I_1 + I_2 + I_3$ mit $I = \frac{U}{R}$ gilt:

$\frac{U_g}{R_g} = \frac{U_1}{R_1} + \frac{U_2}{R_2} + \frac{U_3}{R_3}$ mit $U_g = U_1 = U_2 = U_3$ gilt:

$\frac{U_g}{R_g} = \frac{U_g}{R_1} + \frac{U_g}{R_2} + \frac{U_g}{R_3}$ $\quad | : U_g$

$\frac{1}{R_g} = \frac{1}{R_1} + \frac{1}{R_2} + \frac{1}{R_3}$

8 *Zusammenhang zwischen den Widerständen*

Kombinierte Schaltungen – Ersatzwiderstand berechnen

Aufgabenstellung

Sie sollen eine Aufgabe zu einer **kombinierten Schaltung** lösen. Dabei sind mehrere Widerstände teilweise parallel und teilweise in Reihe geschaltet.

Beispiel: Die Kochplatte eines Elektroherds wird mit einer Netzspannung von 230 V betrieben. Unter der Kochplatte befinden sich drei Heizwendeln mit den Widerstandswerten $R_1 = 64\,\Omega$, $R_2 = 97\,\Omega$ und $R_3 = 0{,}15\,\text{k}\Omega$. Je nach gewünschter Leistungsstufe werden die Heizwendeln unterschiedlich geschaltet. Bei einer Leistungsstufe sind die Widerstände R_1 und R_2 parallel geschaltet und Widerstand R_3 ist in Reihe zu den beiden anderen geschaltet. Berechnen Sie die bei dieser Kombination von Widerständen aufgenommene Leistung der Kochplatte.

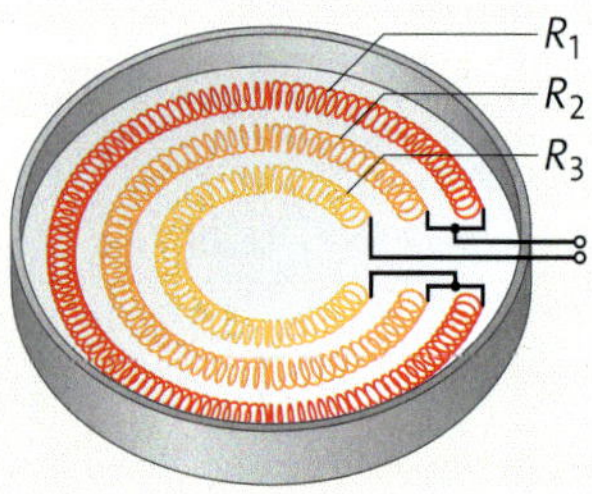

Erinnern Sie sich

Bei komplexeren Rechenaufgaben müssen neben dem Hauptproblem weitere Teilprobleme gelöst werden. (S. 144)

Vorgehensweise

Bei Aufgaben zu elektrischen Schaltungen ist es hilfreich, einen Schaltplan anzufertigen. Die gegebenen Größen werden den einzelnen Widerständen bzw. der Elektrizitätsquelle zugeordnet.
Bei kombinierten Schaltungen ist es notwendig, Widerstände zu einem **Ersatzwiderstand** zusammenzufassen, so dass die bekannten Gesetzmäßigkeiten für Reihen- und Parallelschaltung verwendet werden können. In diesem Beispiel bietet es sich an, die parallel geschalteten Widerstände R_1 und R_2 zu einem Ersatzwiderstand $R_{1/2}$ zusammenzufassen.

Lösung der Beispielaufgabe:

Schaltplan mit gegebenen Größen:

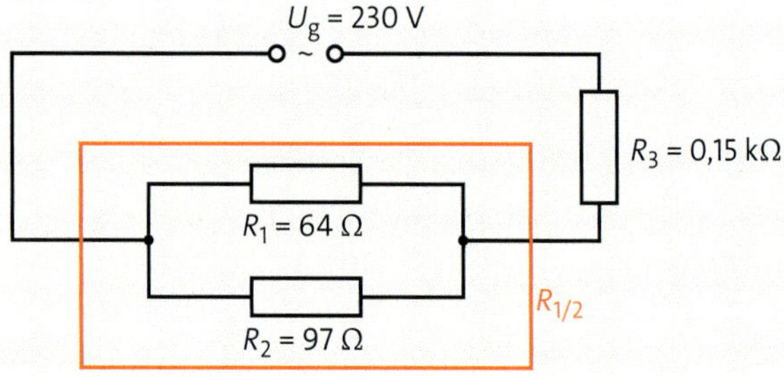

Ges.: P_{el}

Gleichung für das Hauptproblem:

$$P_{el} = U_g \cdot I_g$$

Gleichung für das 1. Teilproblem:

$$R_g = \frac{U_g}{I_g};\ I_g = \frac{U_g}{R_g}$$

Gleichung für das 2. Teilproblem:

$$R_g = R_{1/2} + R_3 \quad \text{(Reihenschaltung)}$$

Gleichung für das 3. Teilproblem – Berechnen des Ersatzwiderstands:

$$\frac{1}{R_{1/2}} = \frac{1}{R_1} + \frac{1}{R_2} \quad \text{(Parallelschaltung)}$$

$$\frac{1}{R_{1/2}} = \frac{1}{64\,\Omega} + \frac{1}{97\,\Omega};\ R_{1/2} = 39\,\Omega$$

$$R_g = 39\,\Omega + 0{,}15 \cdot 10^3\,\Omega;\ R_g = 0{,}19\,\text{k}\Omega$$

$$I_g = \frac{230\,\text{V}}{0{,}19 \cdot 10^3\,\Omega};\ I_g = 1{,}2\,\text{A}$$

$$P_{el} = 230\,\text{V} \cdot 1{,}2\,\text{A};\ P_{el} = 0{,}28\,\text{kW}$$

Vorwiderstände beim Betrieb einer LED

Farbe	grün
Betriebsspannung max.	2,80 V
Betriebsstrom	20 mA
Verpackungsgewicht	0,4 g

1 *Auszug aus dem Datenblatt einer LED*

Im Unterschied zu Glühlampen müssen LEDs aufgrund ihrer Funktionsweise bei ganz bestimmten Spannungen betrieben werden. ↗ 1 Ist die anliegende Spannung geringer als ihre Schleusenspannung, fließt nahezu kein Strom durch die LED und sie leuchtet nicht. Ist die Spannung geringfügig höher als die Schleusenspannung, steigt die Stromstärke in der LED stark an, wodurch diese beschädigt werden kann. Nur wenn die angegebene Betriebsspannung an der LED anliegt, funktioniert sie, ohne beschädigt zu werden.
Indem ein passender Widerstand in Reihe zur LED geschaltet wird, kann diese auch bei einer Spannung betrieben werden, die von der Betriebsspannung abweicht. Dieser Widerstand wird als **Vorwiderstand** bezeichnet. Es ist jedoch egal, ob er vor oder nach der LED eingebaut wird, da die von der Elektrizitätsquelle zur Verfügung gestellte Spannung U_g sich entsprechend der Gesetzmäßigkeit der Reihenschaltung auf Vorwiderstand und LED aufteilt. ↗ 2

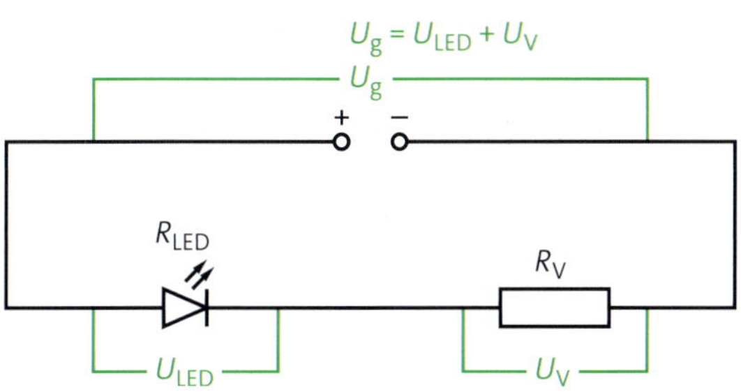

2 *Vorwiderstand einer LED*

Der Wert des Vorwiderstands wird so gewählt, dass an der LED eine Spannung anliegt, die exakt ihrer Betriebsspannung entspricht. Der Nachteil dabei ist, dass Energieentwertungen auftreten. Beim Betrieb erwärmt sich der Vorwiderstand und es kommt zur Wärmeabgabe an die Umgebung.

↗ **NEWTON AKTIV** Seite 40/41 Aufgabe 11, 12

Heißleiter zur Einschaltstrombegrenzung

Bei einem leistungsstarken elektrischen Gerät wie einem Elektromotor oder einem Transformator fließen im Betrieb elektrische Ströme mit hohen Stromstärken. Vor dem Einschalten hat das Gerät eine geringere Temperatur und damit auch einen geringeren Widerstand als im Betrieb, da die Kupferdrähte der eingebauten Spulen noch nicht durch den Stromfluss erwärmt wurden. Beim Einschaltvorgang treten dadurch kurzzeitig Stromstärken auf, die ein Vielfaches der Nennstromstärke betragen können. Dies kann zum Auslösen der Gerätesicherung oder einem Defekt führen. Um dies zu vermeiden, können Heißleiter (NTC-Widerstände) als Einschaltstrombegrenzer eingebaut werden. Sie werden in Reihe zum Gerät geschaltet.
Der Heißleiter hat bei niedrigen Temperaturen einen hohen elektrischen Widerstand. Wenn er sich durch Stromfluss erwärmt, verringert sich sein Widerstand. Beim Einschalten ist der Widerstand des Heißleiters im Vergleich zum Widerstand der noch kühlen Kupferdrähte groß. Die Stromstärke, die durch das Gerät fließt, ist relativ klein. Mit zunehmender Erwärmung nimmt der Widerstand des Heißleiters immer mehr ab, während der Widerstand der Kupferdrähte steigt. Die Stromstärke erhöht sich so lange, bis die Widerstandswerte von Heißleiter und Kupferspulen gleich sind. Das elektrische Gerät hat dann seine Nennstromstärke und Betriebstemperatur erreicht.

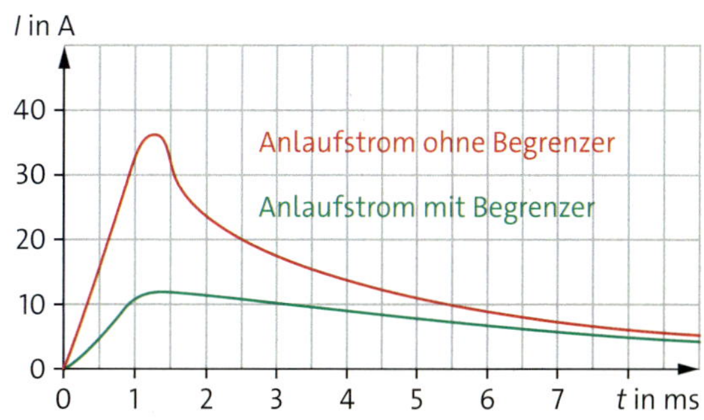

3 *Einschaltvorgang einer mit einem Elektromotor betriebenen Säge (Nennleistung 1500 W) mit und ohne eingebauten Anlaufstrombegrenzer*

↗ **NEWTON AKTIV** Seite 41 Aufgabe 13, 14

Experimentieren

1 Drei-Lampen-Versuch ↗ S. 32–35

Material: 10-V-Elektrizitätsquelle, 3 baugleiche Glühlämpchen (6 V; 0,5 A) mit Fassungen, Schalter, 6 Verbindungsleitungen, Multimeter

a □ Ihre Lehrkraft baut eine Reihenschaltung mit zwei Lämpchen L_1 und L_2 und offenem Schalter auf. Erstellen Sie eine Schaltskizze.

b ◪ Ihre Lehrkraft misst die Stromstärke I_g, die an den Glühlämpchen anliegenden Spannungen U_1, U_2 und die Gesamtspannung U_g. Notieren Sie die Messwerte.

c ◪ Ihre Lehrkaft will nun ein drittes Lämpchen L_3 parallel zu L_2 in den Stromkreis einbauen. Erstellen Sie den passenden Schaltplan zu dieser kombinierten Schaltung. Formulieren Sie schriftlich Ihre Vermutung, wie sich dies auf die beiden Lämpchen L_1 und L_2 auswirken wird, die sich bereits im Stromkreis befinden.

d □ Überprüfen Sie Ihre Vermutung nach dem Einbau von L_3 wie in Aufgabenteil **c** beschrieben. Formulieren Sie Ihre Beobachtung. Vergleichen Sie diese mit Ihrer Vermutung und notieren Sie gegebenenfalls die Unterschiede.

e ◪ Ihre Lehrkraft misst die Stromstärke I_g sowie die Stromstärken I_2 und I_3 durch die beiden parallel geschalteten Glühlämpchen. Sie misst zudem die Gesamtspannung U_g sowie die Spannungen U_1, U_2 und U_3, die an den Glühlämpchen anliegen. Notieren Sie die Messwerte.

f □ Vergleichen Sie die Messwerte der Reihenschaltung und der kombinierten Schaltungen. Fassen Sie in Worte, wie sich der Gesamtwiderstand durch das zusätzlich parallel geschaltete Lämpchen verändert hat.

g ◪ Berechnen Sie jeweils den Gesamtwiderstand der beiden Schaltungen und vergleichen Sie die Ergebnisse mit Ihrer Antwort zu Aufgabenteil **f**. Notieren Sie gegebenenfalls die Unterschiede.

Nachdenken & Kombinieren

2 Kombination von Glühlämpchen ↗ S. 32–35

Vier baugleiche Glühlämpchen sind entsprechend dem folgenden Schaltplan in einem Stromkreis geschaltet:

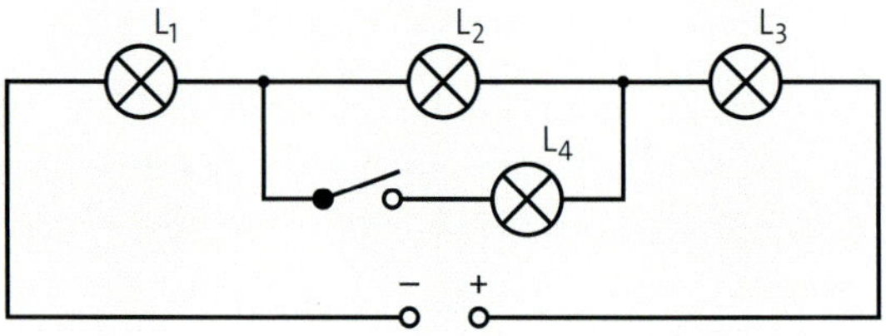

a ◪ Bei geöffnetem Schalter leuchten die Lämpchen L_1, L_2 und L_3 gleich hell. Begründen Sie dies.

b ◪ Geben Sie an, was über die Helligkeit der Lämpchen $L_1 – L_4$ ausgesagt werden kann, wenn der Schalter geschlossen wird.

c ■ Begründen Sie Ihre Angabe aus Aufgabenteil **b** ohne Rechnung, indem Sie mit der Gesamtstromstärke und dem Gesamtwiderstand der Lämpchen L_1, L_2, L_3 und L_4 argumentieren.

3 Haushaltsstromnetz ↗ S. 32–35

In Gebäuden werden elektrische Geräte durch Parallelschaltungen miteinander verbunden:

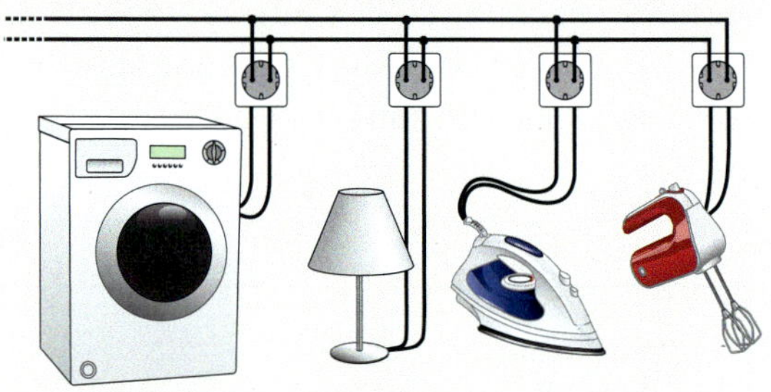

a ◪ Erklären Sie, wieso es nicht sinnvoll ist, die Geräte in einer Reihenschaltung zu verknüpfen. Argumentieren Sie mit dem Gesamtwiderstand.

b ◪ Beschreiben Sie, wie sich eine Reihenschaltung der Geräte auf ihre Funktion auswirken würde.

c ◪ Sicherungen schützen die Leitungen vor zu großen elektrischen Strömen. Erklären Sie, wieso diese Schutzfunktion notwendig ist.

d ◪ Erläutern Sie, wieso es bei einer Parallelschaltung elektrischer Geräte zur Überschreitung der maximal zulässigen Stromstärke kommen kann.

Lösungen finden

4 Reihenschaltung gleicher Widerstände ↗ S. 32/33

Drei baugleiche Lämpchen (6,0 V; 0,10 A) werden in Reihe geschaltet und über einen Schalter mit einer 4,5-V-Batterie verbunden. Im Stromkreis ist zudem ein Stromstärkemessgerät eingebaut, das die Gesamtstromstärke misst.

a ☐ Erstellen Sie eine Schaltskizze zur beschriebenen Reihenschaltung.

b ☐ Berechnen Sie die Widerstände der drei Lämpchen, wenn man sie bei ihren Betriebsdaten betreibt.

c ☐ Berechnen Sie die Spannung, die in der Schaltung an jedem der Lämpchen anliegt.

d ◪ Liegt an den Lämpchen eine geringere Spannung als ihre Betriebsspannung an, so verringert sich ihr Widerstand. Bei der in Aufgabenteil **c** berechneten Spannung beträgt der Widerstand jedes Lämpchens 34 Ω. Zeigen Sie, dass die Stromstärke, die bei geschlossenem Schalter am Stromstärkemessgerät angezeigt wird, 44 mA beträgt.

e ☐ Berechnen Sie die elektrische Leistung, die bei dieser Schaltung von jedem Glühlämpchen aufgenommen wird.

5 Reihenschaltung unterschiedlicher Widerstände ↗ S. 32/33

Drei Widerstände (20 Ω, 40 Ω und 100 Ω) sind in Reihe an eine Elektrizitätsquelle angeschlossen, die eine Spannung von 24 V liefert.

a ☐ Zeigen Sie durch Rechnung, dass der Gesamtwiderstand $1{,}6 \cdot 10^2\,\Omega$ beträgt.

b ☐ Bestätigen Sie durch Rechnung, dass die Stromstärke in dieser Reihenschaltung 0,15 A beträgt.

c ☐ Berechnen Sie die Spannungen, die an den einzelnen Widerständen anliegen.

6 Parallelschaltung gleicher Widerstände ↗ S. 34/35

Drei baugleiche Lämpchen (4,5 V; 900 mW) werden parallel zueinander geschaltet und mit einer Elektrizitätsquelle verbunden, die eine Spannung von 4,50 V liefert. Im Stromkreis ist ein Stromstärkemessgerät eingebaut, das die Gesamtstromstärke misst.

a ☐ Erstellen Sie eine Schaltskizze zur beschriebenen Parallelschaltung.

b ◪ Berechnen Sie die Widerstände der drei baugleichen Lämpchen. (Zwischenergebnis: $R_1 = 22{,}5\,\Omega$)

c ☐ Bestimmen Sie die Spannung, die an jedem der Lämpchen anliegt. (Zwischenergebnis: $U_1 = 4{,}50\,\text{V}$)

d ◪ Zeigen Sie durch Rechnung, dass das Stromstärkemessgerät einen Wert von 600 mA angezeigt.

e ☐ Berechnen Sie die gesamte elektrische Leistungsaufnahme bei dieser Reihenschaltung.

7 Parallelschaltung unterschiedlicher Widerstände ↗ S. 34/35

Drei Widerstände $R_1 = 57\,\Omega$, $R_2 = 105\,\Omega$ und R_3 sind in einer Parallelschaltung an eine 24-V-Elektrizitätsquelle angeschlossen. Im Stromkreis wird eine Gesamtstromstärke von 1,6 A gemessen.

a ◪ Zeigen Sie durch Rechnung, dass der Widerstand R_3 einen Wert von 25 Ω hat.

b ☐ Bestimmen Sie durch Rechnung die Stärken der elektrischen Ströme, die durch die Widerstände R_1, R_2 und R_3 fließen.

c ◪ Berechnen Sie die elektrische Leistung, die bei dieser Schaltung von den Widerständen aufgenommen wird.

8 Widerstände beim Heizlüfter ↗ S. 32–35

■ Ein Heizlüfter ist mit zwei Heizdrähten ausgestattet, die jeweils einen Widerstand von 46 Ω haben. Diese können in Reihe oder parallel geschaltet werden. Der Heizlüfter wird mit Netzspannung betrieben.

Zeigen Sie jeweils durch Berechnung der Heizleistung, welche Schaltung bei niedriger bzw. hoher Heizstufe verwendet wird. (Teilergebnisse: Reihenschaltung: $I_g = 2{,}5\,\text{A}$; Parallelschaltung: $I_g = 10\,\text{A}$)

9 Heizstrahler für Wickelkommode ↗ S. 32–36

Damit Babys beim Wickeln nicht frieren, werden häufig Heizstrahler oberhalb der Wickelkommode angebracht, die mit Netzspannung betrieben werden.

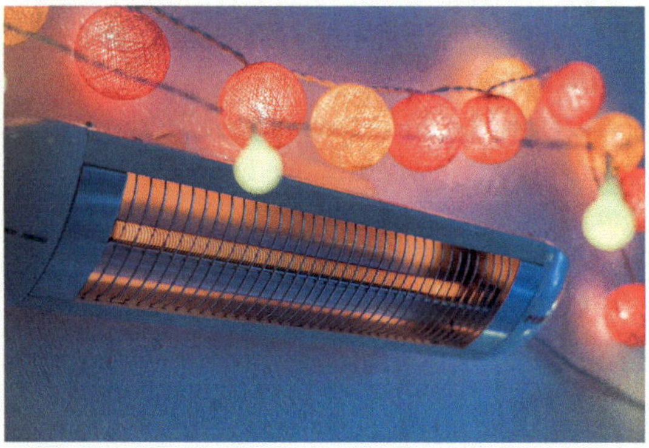

In den Heizstrahlern befinden sich meist mehrere Heizwendeln. Diese können durch Öffnen und Schließen von Schaltern so kombiniert werden, dass unterschiedlich hohe Heizleistungen auftreten. Der folgende Schaltplan zeigt einen möglichen Aufbau eines Heizstrahlers mit drei Heizwendeln. Die Widerstände der Heizwendeln R_1, R_2 und R_3 betragen jeweils 63 Ω.

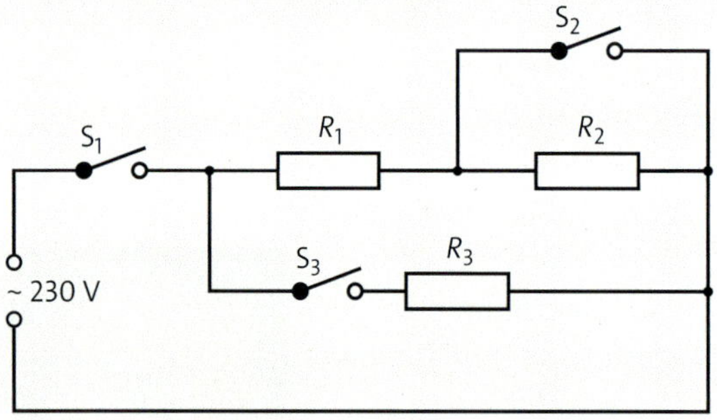

a □ Geben Sie an, welche Schalter geschlossen sein müssen, damit durch alle drei Widerstände elektrischer Strom fließt.

b ◪ Zeigen Sie durch Rechnung, dass der Gesamtwiderstand der kombinierten Schaltung 42 Ω beträgt, wenn elektrischer Strom durch alle Widerstände fließt.

c □ Berechnen Sie die Heizleistung, wenn durch alle Widerstände elektrischer Strom fließt.

d ■ Die höchste Heizleistung tritt auf, wenn alle drei Schalter geschlossen sind. Berechnen Sie den Wert der höchsten Heizleistung.

10 Kombinationen von Widerständen ↗ S. 32–36

Die drei Widerstände $R_1 = 1{,}0\,k\Omega$, $R_2 = 2{,}2\,k\Omega$ und $R_3 = 4{,}7\,k\Omega$ lassen sich so miteinander kombinieren, dass sich ein Gesamtwiderstand von 2,5 kΩ ergibt.

a □ Begründen Sie durch Rechnung, dass eine Reihen- oder Parallelschaltung nicht in Frage kommt.

b ■ Die folgenden vier Kombinationsmöglichkeiten der Widerstände sind vorgegeben:

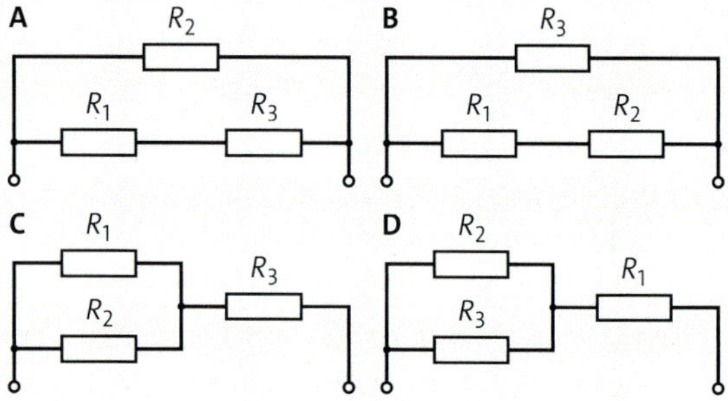

Begründen Sie in Worten, wieso bei den Kombinationen A und C kein Gesamtwiderstand von 2,5 kΩ möglich ist.

c ■ Bestimmen Sie durch Rechnung, ob eine der in Aufgabenteil **b** gegebenen Kombinationen **B** oder **D** den gesuchten Gesamtwiderstand von 2,5 kΩ liefert.

Nachdenken & Kombinieren

11 Lämpchen mit Vorwiderstand ↗ S. 37

Um ein Lämpchen ($U = 3{,}7\,V$; $I = 75\,mA$) mit einer Batterie ($U = 6{,}0\,V$; $Q = 5000\,mAh$) betreiben zu können, ist ein Vorwiderstand nötig.

a □ Fertigen Sie eine passende Schaltskizze an und benennen Sie die Widerstände mit Indizes.

b ◪ Bestätigen Sie durch Rechnung, dass der Wert des Vorwiderstands 31 Ω beträgt.

c □ Die Schaltung aus Glühlämpchen und Vorwiderstand ist 4,5 Stunden in Betrieb. Berechnen Sie die elektrische Energie, die in dieser Zeit am Vorwiderstand entwertet wird.

d □ Berechnen Sie den Wirkungsgrad dieser Schaltung aus Lämpchen und Vorwiderstand.

e □ Bestimmen Sie die maximale Betriebsdauer der Batterie für den Betrieb mit dem Lämpchen.

12 LED mit Vorwiderstand ↗ S. 37

Mathilda möchte eine rote LED (20 mA; 2,3 V) an einer Elektrizitätsquelle betreiben, die eine Spannung von 12 V zur Verfügung stellt.

a □ Zeigen Sie durch Rechnung, dass der Betriebswiderstand der LED 0,12 kΩ beträgt.

b □ Zeigen Sie durch Rechnung, dass der Wert des Vorwiderstands 0,49 kΩ betragen muss.

c ◪ Berechnen Sie den Wirkungsgrad dieser Schaltung und nennen Sie Möglichkeiten, diesen zu erhöhen.

d ■ Mathilda möchte einen Konstantandraht mit einem Durchmesser von 0,20 mm als Vorwiderstand verwenden. Bestimmen Sie, welche Länge dieser Konstantandraht haben müsste, und bewerten Sie das Vorhaben.

13 Einschaltstrombegrenzer ↗ S. 37

Durch Einbau eines Heißleiters in ein Computernetzteil kann das Auslösen der Gerätesicherung beim Einschalten verhindert werden.

a ◪ Entscheiden Sie, welche der beiden folgenden Einbaumöglichkeiten für den NTC-Widerstand gewählt werden muss. Begründen Sie dies.

Möglichkeit 1:

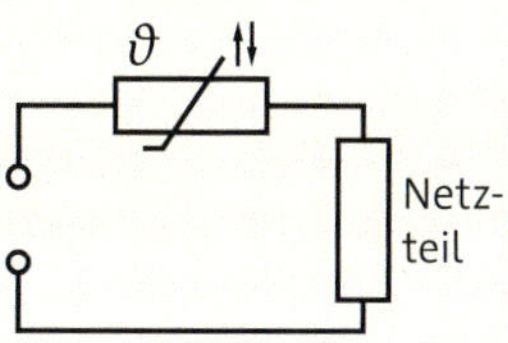

Möglichkeit 2:

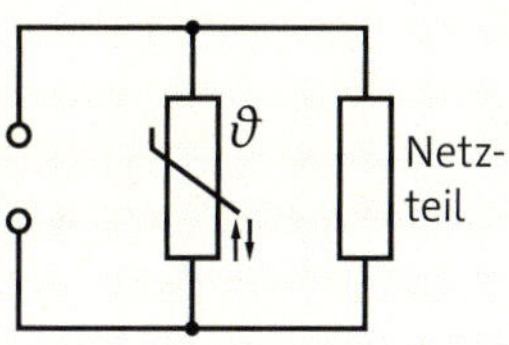

b ■ Erklären Sie, wie durch den Heißleiter möglich wird, den Stromfluss durch das Computernetzteil während des Einschaltvorgangs zu begrenzen und gleichzeitig die Stromstärke im Normalbetrieb nicht zu beeinflussen. Bilden Sie dazu aus den Wortgeländern fünf Sätze:

1 Beim Einschalten • Widerstand • Heißleiter • als • Widerstand • Netzteil
2 Reihe • geschaltet • erhöht sich • Gesamtwiderstand • begrenzt • Gesamtstromstärke
3 Stromfluss • Heißleiter • erwärmt • Widerstand • sinkt
4 Widerstand • Netzteil • steigt
5 Stromstärke • Widerstandswerte • Heißleiter • Netzteil • gleich

14 Christbaumbeleuchtung ↗ S. 37

Bei einer Christbaumbeleuchtung sind die Glühlämpchen in einer Reihenschaltung miteinander verbunden.

Damit beim Defekt der Glühwendel eines Lämpchens nicht die gesamte Lichterkette erlischt, ist ein Heißleiter (NTC-Widerstand) parallel zu jedem Lämpchen als Überbrückungswiderstand eingebaut. Dieser befindet sich im unteren, kühlen Teil des Lämpchens und hat einen relativ hohen Widerstandswert.

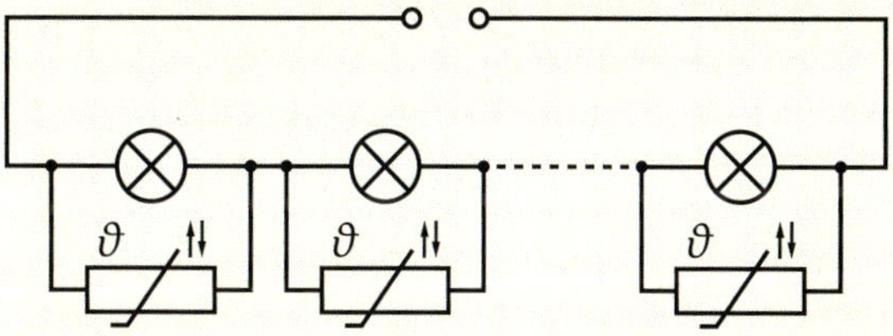

a ◪ Erläutern Sie, wieso es sinnvoll ist, als Überbrückungswiderstand einen Widerstand mit einem relativ hohen Wert zu verwenden.

b ■ Brennt die Glühwendel eines Lämpchens der Lichterkette durch, so erlöschen kurzzeitig alle Lämpchen. Sie leuchten aber schon bald wieder mit der gleichen Helligkeit wie zuvor weiter. Erklären Sie diesen Sachverhalt.

Einfach lernen

15 Reihenschaltung ↗ S. 32/33

a Wie sind die Widerstände bei einer Reihenschaltung miteinander verbunden?

b Welche Zusammenhänge zwischen Stromstärken, Spannungen und Widerständen gelten bei der Reihenschaltung?

16 Parallelschaltung ↗ S. 34/35

a Wie sind die Widerstände bei einer Parallelschaltung miteinander verbunden?

b Welche Zusammenhänge zwischen Stromstärken, Spannungen und Widerständen gelten bei der Parallelschaltung?

c Was können Sie über den Wert des Gesamtwiderstands verglichen mit den Widerstandswerten der einzelnen Widerstände aussagen?

Energiewandler in Stromkreisen

Reihenschaltung

Wenn mehrere Widerstände hintereinander in einen Stromkreis eingebaut werden, ohne dass eine Verzweigung entsteht, sind die Widerstände **in Reihe** geschaltet.
Man spricht von einem **unverzweigten Stromkreis** oder einer **Reihenschaltung**.

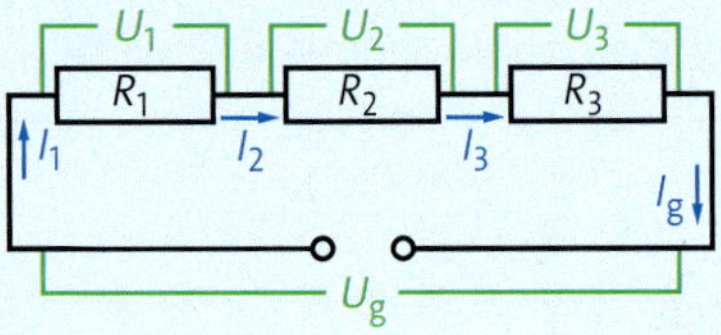

Die Stromstärke ist an jeder Stelle des unverzweigten Stromkreises gleich:

$I_g = I_1 = I_2 = I_3 = \ldots$

Die Gesamtspannung teilt sich im unverzweigten Stromkreis auf die einzelnen Widerstände auf:

$U_g = U_1 + U_2 + U_3 + \ldots$

Die Summe aller Widerstände ergibt den Gesamtwiderstand:

$R_g = R_1 + R_2 + R_3 + \ldots$

Die an den Widerständen anliegenden Spannungen verhalten sich wie die zugehörigen Widerstände:

$\frac{U_x}{U_y} = \frac{R_x}{R_y}$

Parallelschaltung

Sind mehrere Widerstände so wie im folgenden Schaltplan in einen Stromkreis eingebaut, können sie unabhängig voneinander betrieben werden.
Sie sind **parallel geschaltet**.
Man spricht von einem **verzweigten Stromkreis** oder einer **Parallelschaltung**.

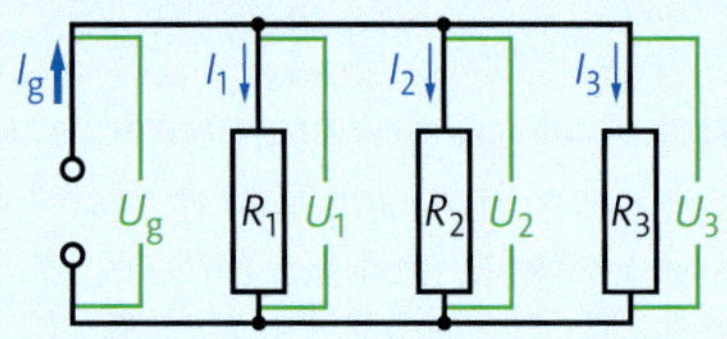

Die Gesamtstromstärke teilt sich auf in die Ströme durch die einzelnen Verzweigungen:

$I_g = I_1 + I_2 + I_3 + \ldots$

Die Spannung ist an jedem Widerstand gleich und entspricht der Gesamtspannung:

$U_g = U_1 = U_2 = U_3 = \ldots$

Der Kehrwert des Gesamtwiderstands entspricht der Summe der Kehrwerte der einzelnen Widerstände:

$\frac{1}{R_g} = \frac{1}{R_1} + \frac{1}{R_2} + \frac{1}{R_3} + \cdots$

Die durch die Widerstände fließenden elektrischen Ströme verhalten sich umgekehrt wie die zugehörigen Widerstände:

$\frac{I_x}{I_y} = \frac{R_y}{R_x}$

Kombinierte Schaltung

In kombinierten Schaltungen sind Widerstände teilweise parallel und teilweise in Reihe zueinander geschaltet. In solchen Schaltungen ist es notwendig, Widerstände zu einem **Ersatzwiderstand** zusammenzufassen, damit die Gesetzmäßigkeiten der Reihen- oder Parallelschaltung angewendet werden können.

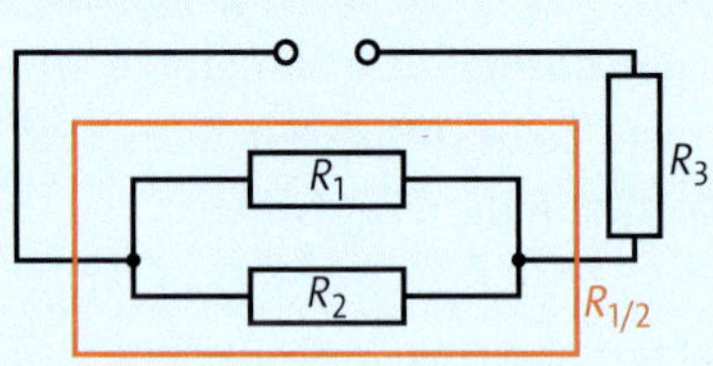

1 Freileitung

Ein Freileitungsseil, das zur Übertragung von elektrischer Energie über große Entfernungen genutzt wird, besteht aus einem Stahlkern, der von Aluminiumdrähten umgeben ist:

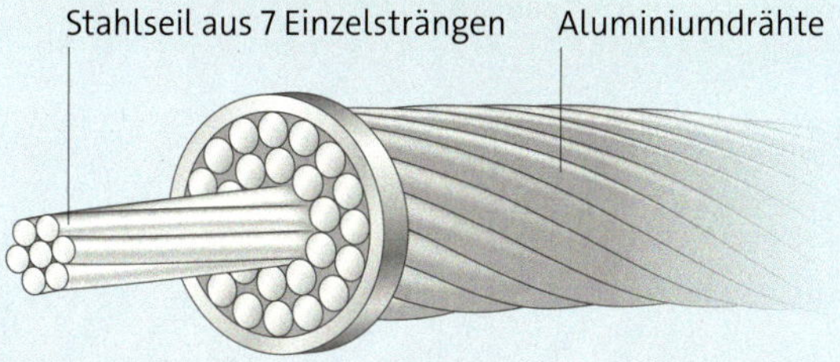

Bei einer 110-kV-Leitung hat das Stahlseil eine Querschnittsfläche von 60 mm² und die Aluminiumdrähte haben insgesamt eine Querschnittsfläche von 257 mm². Der spezifische Widerstand von Stahl beträgt $0{,}20 \frac{\Omega \cdot mm^2}{m}$.

a □ Zeigen Sie durch Rechnung, dass bei einer 110-kV-Leitung der Widerstand eines 40 km langen Stahlseils $1{,}3 \cdot 10^2\,\Omega$ beträgt und der Widerstand der ebenso langen Aluminiumdrähte 4,2 Ω.

b ◪ Das Stahl- und das Aluminiumseil sind bei einem Freileitungsseil parallel zueinander geschaltet. Berechnen Sie den Gesamtwiderstand einer 40 km langen 110-kV-Leitung.

2 Schaltungsberechnung

Drei Glühlampen L_1 (3,5 V; 200 mA), L_2 (3,5 V; 200 mA) und L_3 (4,0 V; 0,16 W) sowie ein veränderbarer Widerstand sind entsprechend dem Schaltplan an eine regelbare Elektrizitätsquelle angeschlossen. Die Spannung der Elektrizitätsquelle sowie der Widerstand werden so eingestellt, dass die Glühlampen jeweils mit den angegebenen Nenndaten betrieben werden.

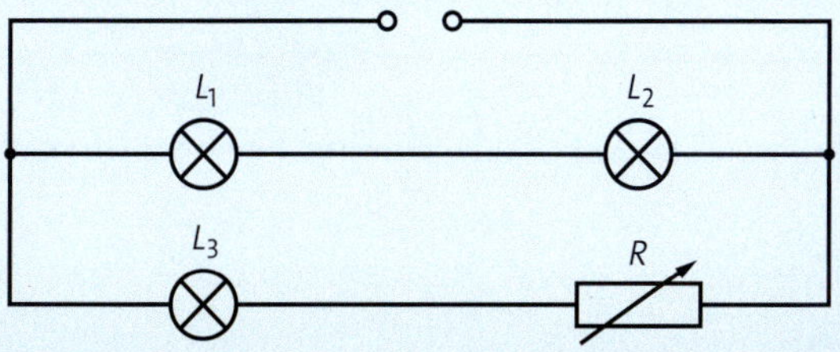

a ◪ Geben Sie die Spannung der Elektrizitätsquelle an und zeigen Sie rechnerisch, dass der Widerstand 75 Ω betragen muss.

b ■ Berechnen Sie den Gesamtwiderstand und die Gesamtstromstärke. (Teilergebnis: $R_g = 30\,\Omega$)

3 Drei Stromkreise

In diesen Stromkreisen sind die Widerstände und die Glühlampe jeweils alle baugleich:

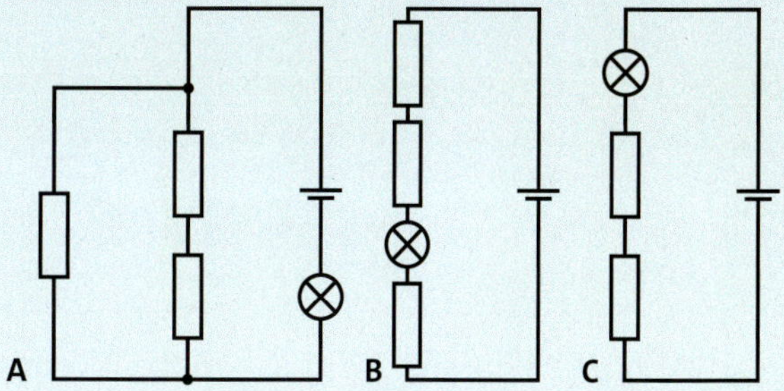

a □ Ordnen Sie die Stromkreise nach der Helligkeit der Glühlampe beginnend bei der geringsten Helligkeit.

b ◪ Begründen Sie Ihre Angabe für den Fall der größten Helligkeit.

4 Heizdecke

Eine Heizdecke ist mit zwei Widerstandsspiralen aus Konstantandraht durchzogen. Jede Spirale hat einen elektrischen Widerstand von 1,8 kΩ. An der Heizdecke kann die gewünschte Heizleistung über die drei Betriebsstufen „schwach", „mittel" und „stark" eingestellt werden.

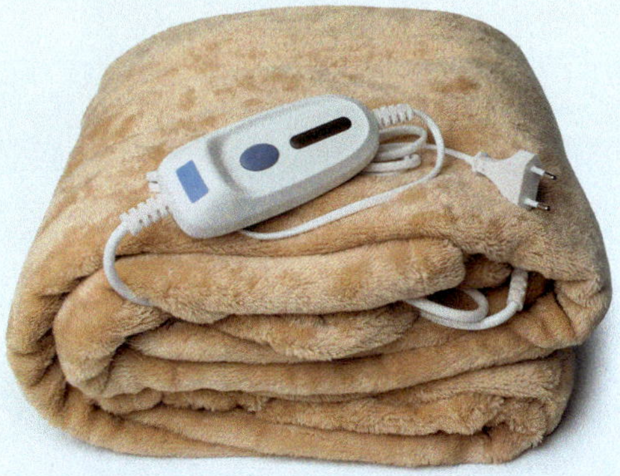

a □ Geben Sie an, wie die Widerstandsspiralen für die drei Betriebsstufen geschaltet werden müssen.

b □ Begründen Sie die Schaltung für die Stufe „stark" in Worten.

c ◪ Die Heizdecke wird an das Haushaltsnetz angeschlossen. Berechnen Sie die elektrische Leistung für die Betriebsstufe „stark".

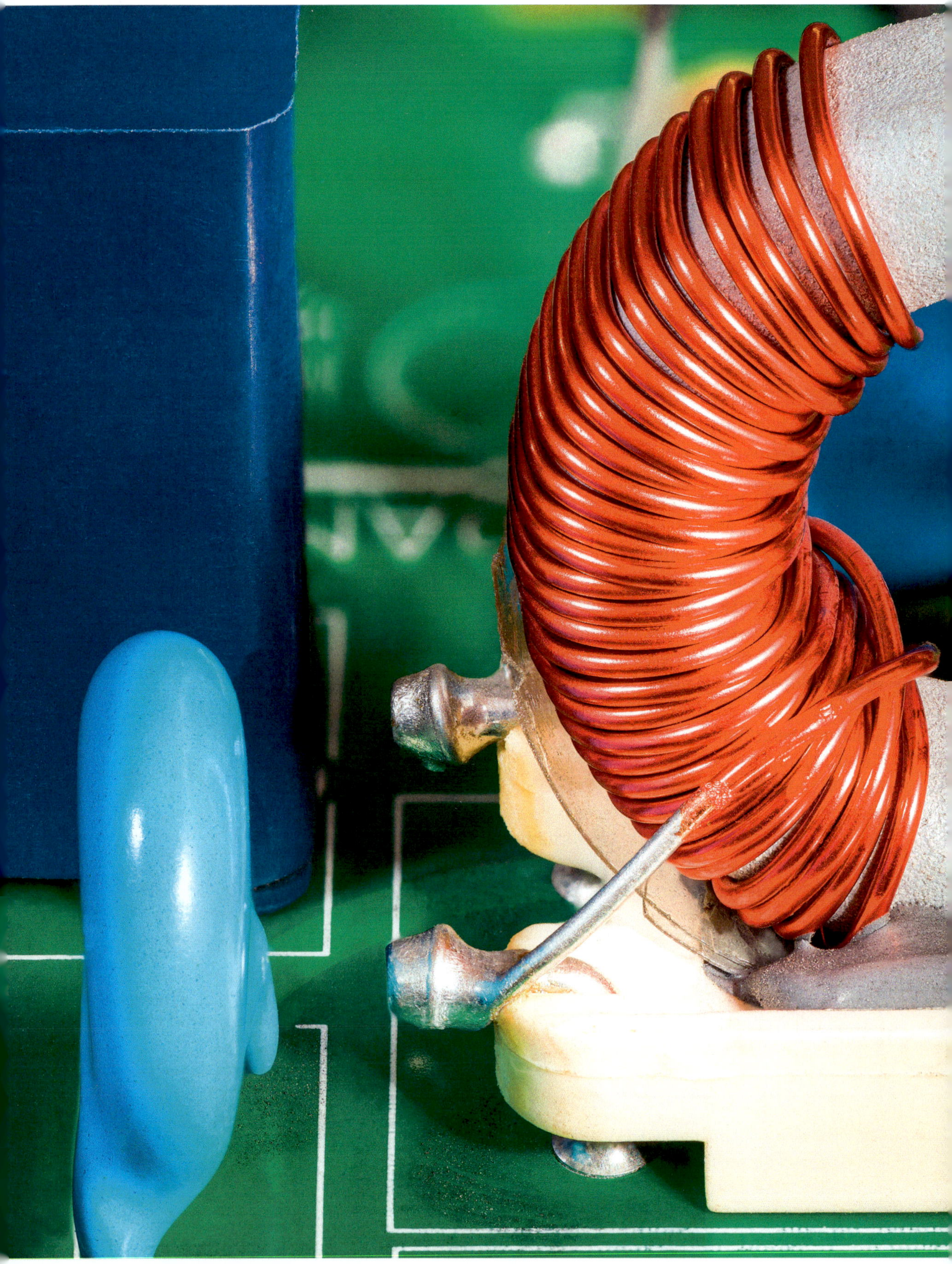

3

Elektromagnetische Induktion

Auf einer Leiterplatte sind elektronische Bauelemente miteinander verknüpft. Bei einem sind zwei Spulen auf einen Eisenkern gewickelt. Dieses Bauelement heißt Transformator.

In diesem Kapitel lernen Sie

- *Induktionsphänomene kennen und wie man sie in der Modellvorstellung erklären kann.*
- *wie Generatoren, Transformatoren und andere Anwendungsmöglichkeiten elektromagnetischer Induktion funktionieren.*
- *wie elektrische Energie mithilfe von Transformatoren vom Kraftwerk zu den Abnehmern transportiert wird.*

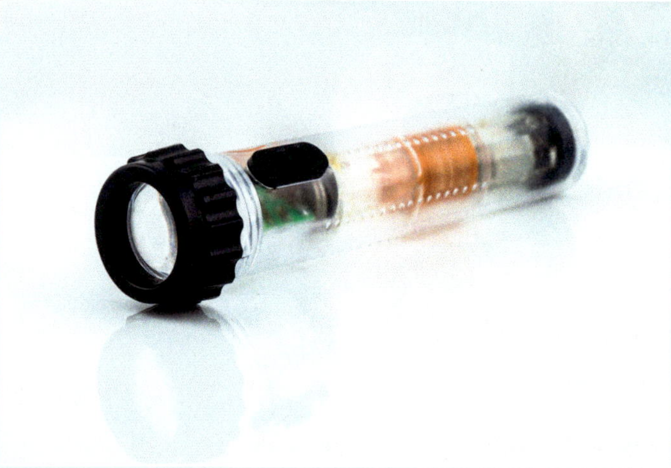

Es gibt Taschenlampen, bei denen wird beim Schütteln ein Dauermagnet durch die Öffnung einer Kupferspule hin- und herbewegt. Der Energiespeicher in der Lampe wird dadurch geladen. Solche Schütteltaschenlampen beruhen auf dem Prinzip der elektromagnetischen Induktion.
Was versteht man unter elektromagnetischer Induktion?

3.1 Elektromagnetische Induktion

Versuch 1: Leiterschleife

Wir formen einen dicken Kupferdraht zu einer rechteckigen Leiterschleife und schließen an die Enden ein Spannungsmessgerät mit einem Messbereich von 10 µV an. Die Leiterschleife stellt eine Spule mit einer Windung dar. Wir positionieren sie so an einem Stativ, dass sie mit drei Seiten im homogenen Magnetfeld eines breiten Hufeisenmagneten liegt und ihre Fläche parallel zu dessen Schenkeln ausgerichtet ist. ↗ 1, 2
Wir bewegen die Leiterschleife nacheinander in alle drei Raumrichtungen.

Wir sehen:
Wird die Leiterschleife parallel zum Magnetfeld bewegt, zeigt das Messgerät keine Spannung an. Eine Spannung wird dann angezeigt, wenn die Fläche der Leiterschleife senkrecht zum homogenen Magnetfeld und gleichzeitig an irgendeiner Stelle aus dem homogenen Bereich herausbewegt wird. Der Zeiger bewegt sich abhängig von der Bewegungsrichtung der Leiterschleife nach links oder rechts.

Erklärung:
Zwischen den Enden der Leiterschleife entsteht nur dann eine Spannung, wenn sich die Stärke des Magnetfelds, das die Leiterschleife durchsetzt, mit der Zeit ändert. Wenn die Leiterschleife parallel zum Magnetfeld bewegt wird, dann bleibt die Stärke des Magnetfelds, das die Leiterschleife durchsetzt, unverändert. Wird die Leiterschleife senkrecht zum Magnetfeld aus dem homogenen Bereich herausbewegt, ändert sie sich.

Ergebnis:
Ändert sich die Magnetfeldstärke, die die Fläche einer Spule durchsetzt, bildet sich zwischen den Enden der Spule eine

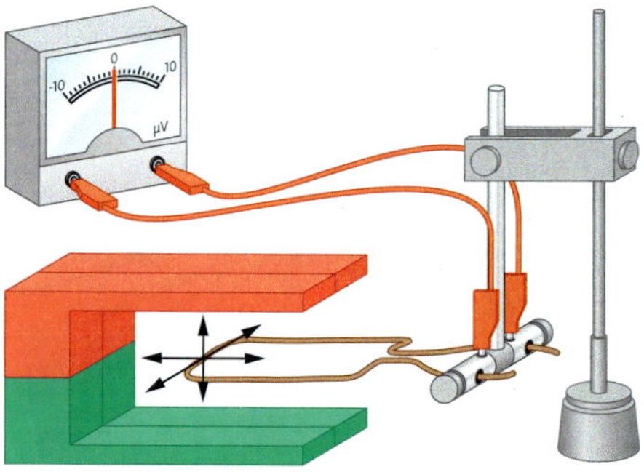

1 *Elektromagnetische Induktion in einer Leiterschleife*

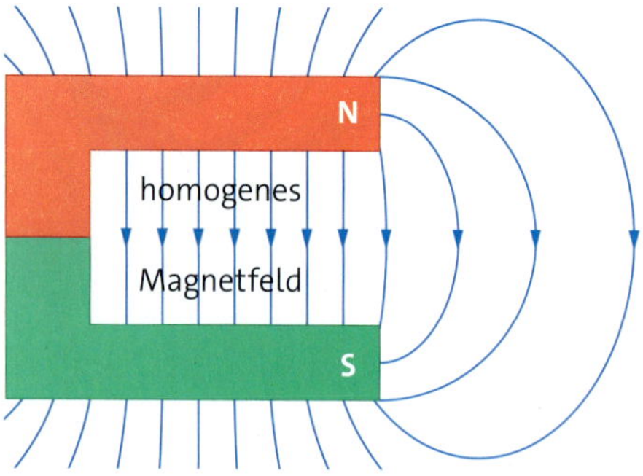

2 *Zweidimensionale Darstellung des Magnetfelds eines Hufeisenmagneten: Zwischen den Schenkeln ist das Magnetfeld homogen, das heißt, die Kraftwirkung auf ferromagnetische Körper ist dort an jeder Stelle gleich. Die Magnetfeldstärke ist im Raum zwischen den Schenkeln annähernd konstant und nimmt außerhalb mit zunehmender Entfernung ab.*

Spannung, die wir **Induktionsspannung U_{ind}** nennen. In einem geschlossenen Stromkreis kommt es zu einem **Induktionsstrom I_{ind}**. Eine Spule, zwischen deren Enden eine Induktionsspannung auftritt, nennen wir **Induktionsspule**.

Versuch 2: Elektromagnetische Induktion mit und ohne Bewegung

Schließen Sie eine Kupferspule mit 600 Windungen an ein Spannungsmessgerät mit digitaler Anzeige an.

a Richten Sie einen Stabmagneten mit einem Pol zur Öffnung der Spule und bewegen Sie beide relativ zueinander. Bewegen Sie dazu den Magneten auf die ruhende Spule zu und wieder zurück und danach die Spule auf den ruhenden Magneten zu und wieder zurück. ↗ 3
Legen Sie den Stabmagneten anschließend in die Öffnung der Spule und bewegen Sie beides zusammen.

b Schließen Sie eine zweite Spule mit 600 Windungen über einen Schalter an eine regelbare Elektrizitätsquelle an, die eine Gleichspannung von etwa 12 V zur Verfügung stellt. Diese von einem Magnetfeld umgebene Spule nennen wir im Folgenden **Feldspule**. Bewegen Sie die Feldspule analog zum Stabmagneten aus Versuchsteil **a** relativ zur Induktionsspule.

c Stellen Sie die Feldspule in die Nähe der Induktionsspule. Öffnen und schließen Sie den Schalter. Verkleinern und vergrößern Sie bei geschlossenem Schalter die Spannung, die die Elektrizitätsquelle zur Verfügung stellt. ↗ 4

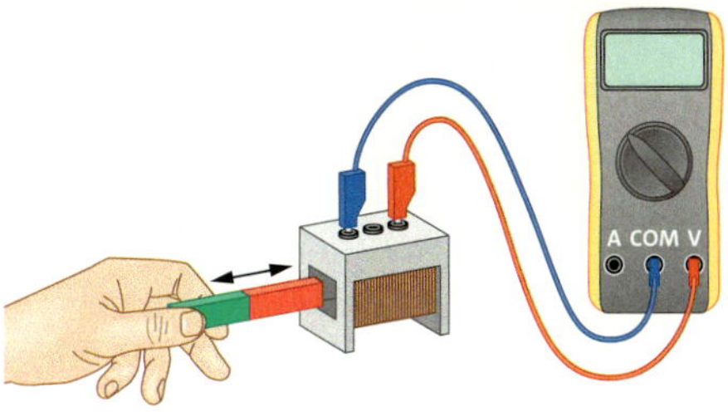

3 *Elektromagnetische Induktion in einer Spule mit Bewegung*

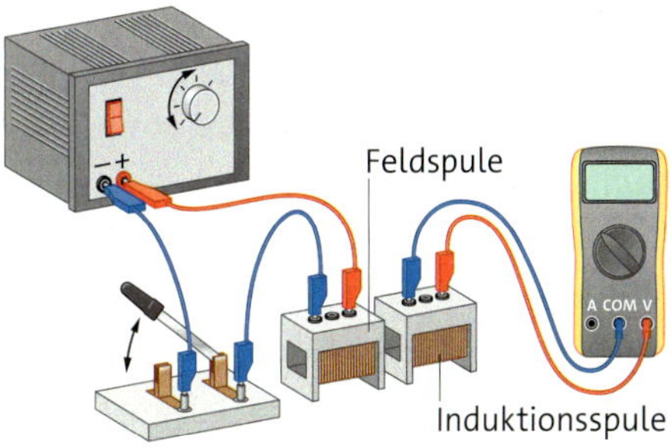

4 *Elektromagnetische Induktion in einer Spule ohne Bewegung*

Wir sehen:
In Versuchsteil **a** wird immer dann eine Induktionsspannung angezeigt, wenn Magnet und Induktionsspule relativ zueinander bewegt werden. In den Versuchsteilen **b** und **c** wird bei jedem Vorgang eine Induktionsspannung angezeigt.

Erklärung:
In allen Fällen ändert sich in einer bestimmten Zeitspanne die Magnetfeldstärke, die die Induktionsspule durchsetzt, sie nimmt entweder zu oder ab.

Ergebnis:
Jede zeitliche Änderung der Magnetfeldstärke am Ort einer Induktionsspule führt zwischen ihren Enden zu einer Induktionsspannung.

- **Wird eine Spule von einem Magnetfeld durchsetzt, dessen Stärke sich mit der Zeit ändert, wird zwischen ihren Enden eine Induktionsspannung hervorgerufen und im geschlossenen Stromkreis tritt ein Induktionsstrom auf.**

↗ **NEWTON AKTIV** Seite 54/55 Aufgabe 1, 6a, 9a

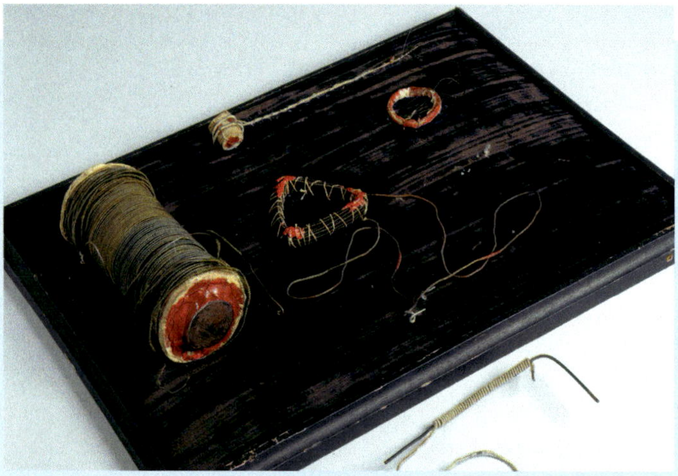

Der Physiker Michael Faraday entdeckte nach fast zehnjährigem Bemühen, „Magnetismus in Elektrizität" umzuwandeln, am 29. August 1831 die elektromagnetische Induktion. Die Messgeräte hatten seinerzeit nur eine geringe Empfindlichkeit, sodass er die geringe Induktionsspannung in einigen seiner Versuche damit nicht feststellen konnte. Wie lässt sich der Betrag der Induktionsspannung vergrößern?

3.2 Betrag der Induktionsspannung

Versuch 1: Induktionsspannung und Windungszahl

Wir schalten drei Spulen mit unterschiedlich vielen Windungen ($n_1 = 300$, $n_2 = 600$ und $n_3 = 1200$) in Reihe und schließen ein Spannungsmessgerät wie in Bild 1 an, sodass damit die Gesamtspannung an den Spulen gemessen werden kann. Wir tauchen einen Stabmagneten jeweils mit etwa gleicher Geschwindigkeit nacheinander in die Öffnung der Spulen ein. Auch wenn jede der drei Spulen einen anderen elektrischen Widerstand hat, wird durch die Reihenschaltung erreicht, dass der Gesamtwiderstand konstant ist. Ändert sich die Induktionsspannung in Abhängigkeit von der Spule, in die der Magnet eingetaucht wird, so kann dies eindeutig auf die unterschiedlichen Windungszahlen n der Spulen zurückgeführt werden.

Wir sehen:
Bei doppelter bzw. vierfacher Windungszahl ist die Induktionsspannung auch etwa doppelt bzw. viermal so groß. ↗1

Ergebnis:
Die Induktionsspannung ist unter sonst gleichen Bedingungen umso größer, je größer die Anzahl der Windungen der Induktionsspule ist.

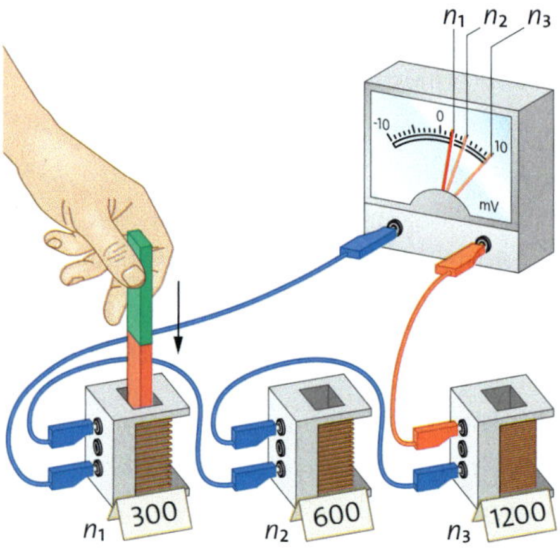

1 *Induktionsspannung und Windungszahl*

Versuch 2: Induktionsspannung und Zeit

Wir schließen ein Spannungsmessgerät an eine Induktionsspule mit 600 Windungen an.

a Wir tauchen einen Stabmagneten einmal langsam und einmal schneller in die Öffnung der Spule ein. ↗2

b Wir schließen eine Feldspule mit 600 Windungen und Weicheisenkern an eine regelbare Elektrizitätsquelle an, die Gleichspannung zur Verfügung stellt. In diesen Stromkreis bauen

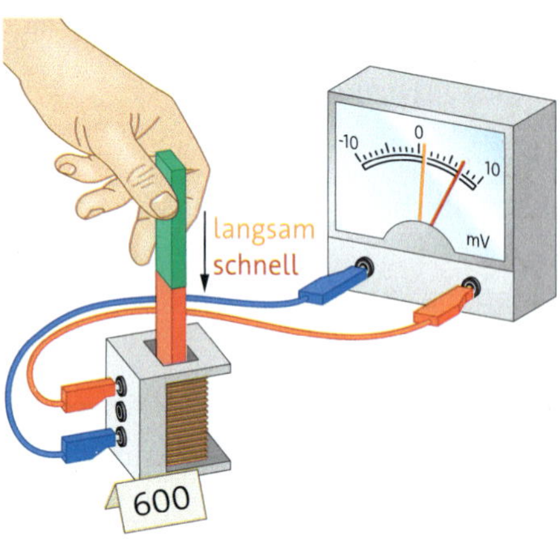

2 *Induktionsspannung und Zeit (Untersuchung mit einem Stabmagneten)*

wir ein Stromstärkemessgerät ein. Die Feldspule stellen wir neben die Induktionsspule. ↗ 3 Wir erhöhen die Spannung langsam auf 3 V. Damit erhöhen wir langsam die Stromstärke in der Feldspule und damit die Stärke ihres Magnetfelds. Durch Öffnen und Schließen des Schalters ändern wir die Stärke des Magnetfelds schneller um denselben Wert.

Wir sehen:
Wird die Magnetfeldstärke schneller um einen bestimmten Betrag geändert, ist auch die Induktionsspannung größer.

Ergebnis:
Die Induktionsspannung ist unter sonst gleichen Bedingungen umso größer, je schneller die Magnetfeldstärke um einen bestimmten Betrag geändert wird.

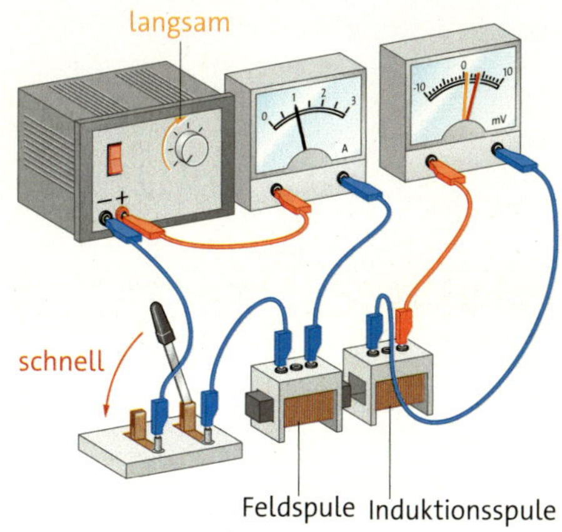

3 *Induktionsspannung und Zeit (Untersuchung mit einer Feldspule)*

Versuch 3: Induktionsspannung und Magnetfeldstärke

Wir nutzen den Aufbau der Versuche 2 a und 2 b erneut.

a Wir verstärken mit einem zweiten Magneten die magnetische Kraftwirkung und tauchen beide mit etwa derselben höheren Geschwindigkeit wie in 2 a ein. ↗ 4

b Wir erhöhen die Spannung der Elektrizitätsquelle auf 6 V. Damit wird die Stromstärke durch die Feldspule erhöht und somit auch die Stärke ihres Magnetfelds. Durch Öffnen und Schließen des Schalters ändern wir die Stromstärke und damit auch die Stärke des Magnetfelds jeweils ebenso schnell und in derselben Zeit wie im zweiten Versuchsteil 2 b. ↗ 5

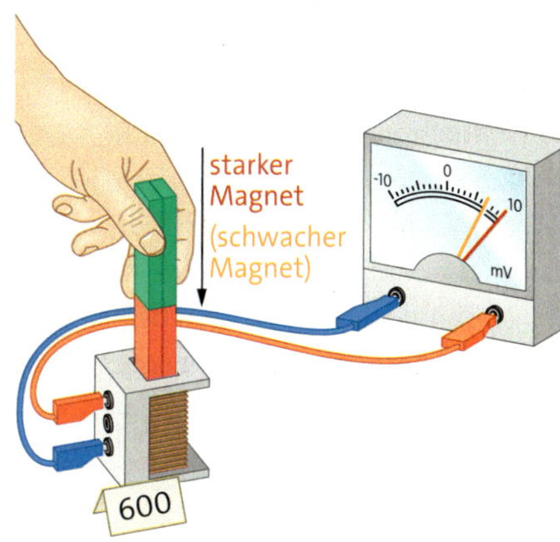

4 *Induktionsspannung und Magnetfeldstärke (Versuch 3 a mit Beobachtung von Versuch 2 a mit gleicher Geschwindigkeit zum Vergleich)*

Wir sehen:
In beiden Fällen ist der Betrag der Induktionsspannung größer als im entsprechenden Teilversuch von Versuch 2.

Ergebnis:
Die Induktionsspannung ist unter sonst gleichen Bedingungen umso größer, je größer die Änderung des Betrags der Magnetfeldstärke in einer bestimmten Zeit ist.

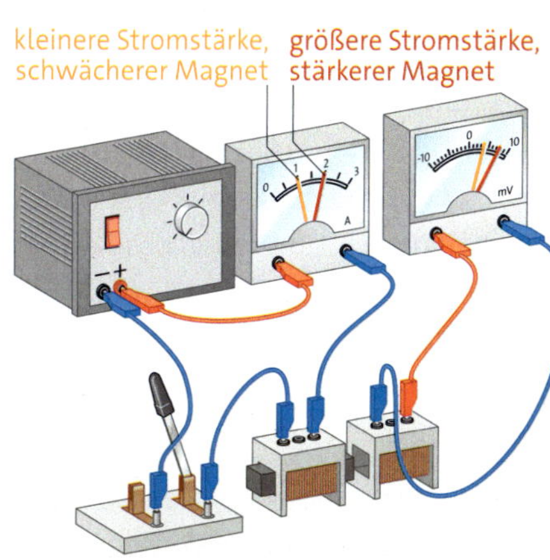

5 *Induktionsspannung und Magnetfeldstärke (Versuch 3 b mit Beobachtung von Versuch 2 b beim Öffnen und Schließen des Schalters zum Vergleich)*

Laut **Induktionsgesetz** ist die Induktionsspannung umso größer,
- je größer die Windungszahl der Induktionsspule ist.
- je schneller die Magnetfeldstärke um einen bestimmten Betrag geändert wird.
- je größer der Betrag der Änderung der Magnetfeldstärke in einer bestimmten Zeit ist.

- **Der Betrag der Induktionsspannung wird bestimmt durch die Anzahl der Windungen der Induktionsspule, die Geschwindigkeit der Änderung der Magnetfeldstärke und den Betrag der Änderung der Magnetfeldstärke.**

↗ **NEWTON AKTIV** Seite 54/55 Aufgabe 4a, 7, 9b

Bei der elektromagnetischen Induktion ist die zeitliche Änderung der Magnetfeldstärke die Ursache für einen elektrischen Strom. Ein elektrischer Strom seinerseits ist wiederum die Ursache für ein Magnetfeld. Warum ist es nicht möglich, mithilfe des Magnetfelds eines einmal hervorgerufenen Induktionsstroms einen immerzu fließenden elektrischen Strom auszulösen?

3.3 Polarität der Induktionsspannung

Versuch 1: Lämpchenzauberei

Wir schließen ein Glühlämpchen mit den Betriebsdaten (3 V; 0,1 A) in Reihe zu einer Spule mit 900 Windungen an eine 1,5-V-Batterie an. Wir tauchen den Südpol eines Stabmagneten, der eine große Kraftwirkung hat, in die Öffnung der Spule ein und ziehen ihn anschließend wieder heraus. ↗1 Wir wiederholen die Vorgehensweise mit dem Nordpol des Stabmagneten.

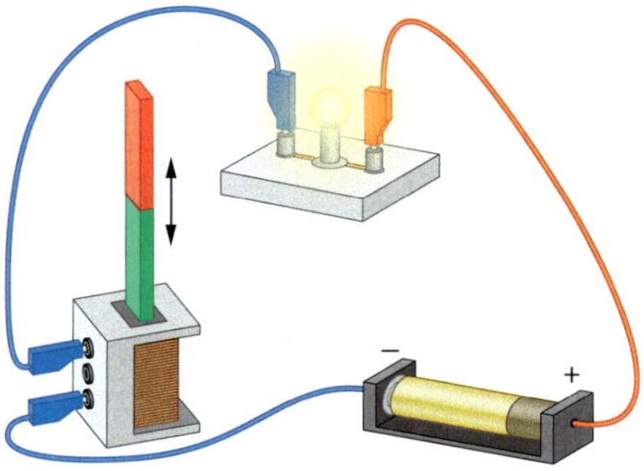

1 *Lämpchenzauberei*

Wir sehen:
Das Lämpchen leuchtet während des Hineintauchens des Magneten beispielsweise erst heller und während des Herausziehens weniger hell. Beim Eintauchen mit dem anderen Pol voran ist es umgekehrt.

Erklärung:
Beim Eintauchen des Magneten wird eine Induktionsspannung bestimmter Polarität zwischen den Enden der Spule hervorgerufen. Hat die Induktionsspannung die gleiche Polarität wie die Batterie, ist die Gesamtspannung größer und das Lämpchen leuchtet heller. Hat sie die entgegengesetzte Polarität, ist die Gesamtspannung kleiner und das Lämpchen leuchtet weniger hell. Durch Umdrehen des Magneten wird die Richtung des Magnetfelds geändert, von dem die Induktionsspule durchsetzt wird. Dadurch ändert sich die Polarität der Induktionsspannung.

Ergebnis:
Die Polarität der Induktionsspannung wird neben anderen Einflüssen von der Richtung des Magnetfelds bestimmt.

Versuch 2: Folgsamer Ring

Hängen Sie einen nicht ferromagnetischen, dünnen Metallring mit einem Durchmesser von etwa 4 cm mit zwei Fäden auf. ↗ 2

a Tauchen Sie einen Stabmagneten, der eine große Kraftwirkung hat, mit einem der Pole voraus schnell in die Öffnung des Rings und stoppen Sie kurz. Ziehen Sie ihn ebenso schnell wieder aus der Öffnung heraus.

b Wiederholen Sie Teil **a** mit dem anderen Magnetpol voran.

c Wiederholen Sie die Versuchsteile **a** und **b** mit einem Ring, der an einer Stelle unterbrochen ist.

Wir sehen:

a Solange der Stabmagnet bewegt wird, bewegt sich auch der Ring in die gleiche Richtung wie der Stabmagnet.

b Der Ring bewegt sich wie zuvor.

c Der Ring bewegt sich nicht.

Erklärung:

Beim Ring handelt es sich um eine Spule mit einer Windung. Durch die Bewegung des Stabmagneten ändert sich die Magnetfeldstärke, die den Ring durchsetzt. Ist er nicht geschlossen, entsteht zwischen den Enden der Unterbrechung eine Induktionsspannung. Wenn er geschlossen ist, fließt in ihm ein Induktionsstrom. Dieser führt zu einem Magnetfeld um den Ring herum. ↗ 3 Die Richtung des Induktionsstroms kann man mithilfe des beobachteten Verhaltens des Rings und der Linken-Hand-Regel für Spulen angeben. ↗ 4 Es lassen sich die gezeigten Fälle A – D unterscheiden. ↗ 5 In den Fällen A und B muss der Stabmagnet gegen abstoßende Kräfte und in den Fällen C und D gegen anziehende Kräfte bewegt werden, die jeweils durch das Magnetfeld des Induktionsstroms hervorgerufen werden. Würde der Induktionsstrom jeweils in die andere Richtung fließen, könnte sich der Stabmagnet ohne weiteren Kraftaufwand ständig weiter in den Ring hinein- und wieder herausbewegen. Dies beobachten wir nicht, denn dies wäre ein Widerspruch zum Energieerhaltungssatz.

Ergebnis:

Regel von Lenz: Die durch die Änderung der Magnetfeldstärke hervorgerufene Induktionsspannung hat eine solche Polarität, dass der Induktionsstrom in die Richtung fließt, in der sein Magnetfeld der Ursache seiner Entstehung, also der Änderung der Magnetfeldstärke, entgegenwirkt.
(nach dem Physiker Emil Lenz, 1804 – 1865)

- **Die Polarität der Induktionsspannung wird durch die Regel von Lenz beschrieben. Sie ist eine Formulierung des Energieerhaltungssatzes für Induktionsvorgänge.**

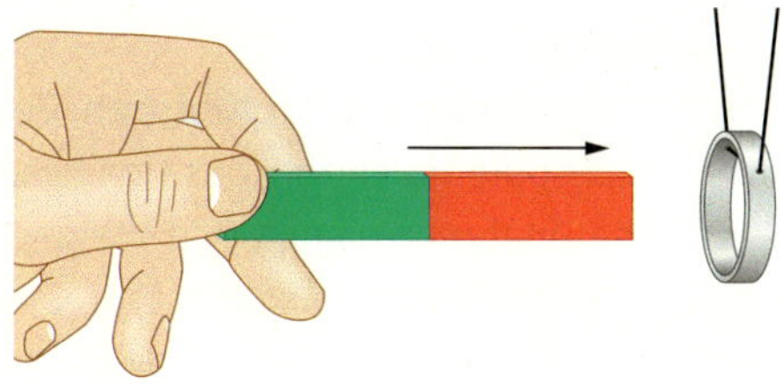

2 *Folgsamer Ring*

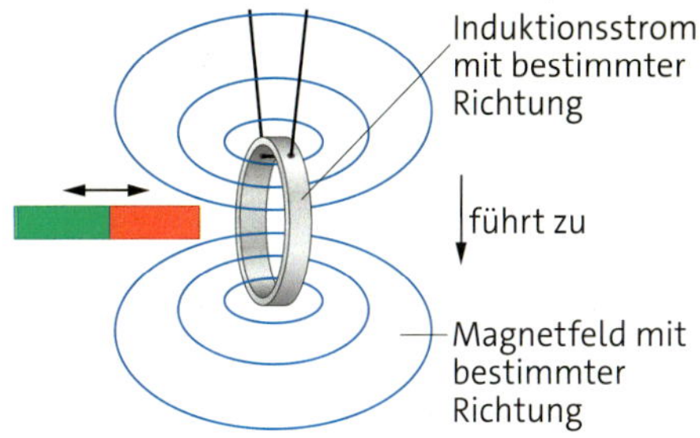

3 *Magnetfeld um den Ring*

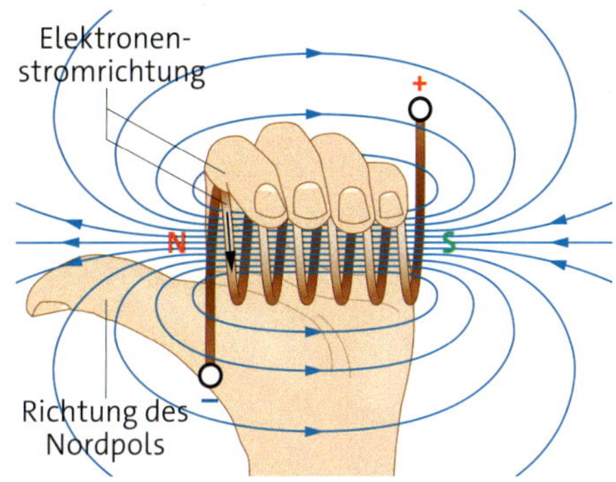

4 *Linke-Hand-Regel für Spulen*

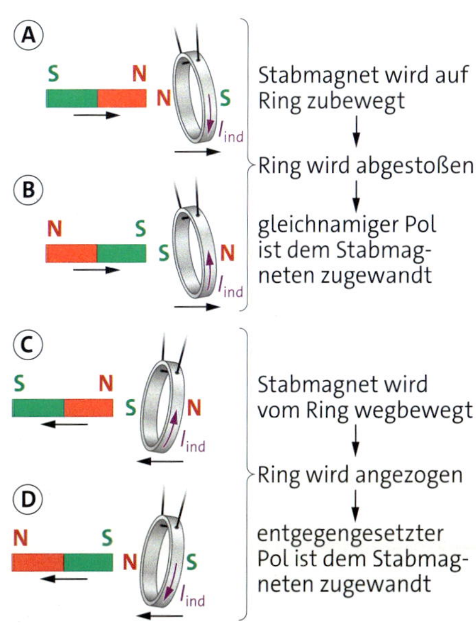

5 *Richtung des Induktionsstroms*

Tauchspulenmikrofon

Es gibt verschiedene Mikrofontypen. Ein Typ ist das Tauchspulenmikrofon, das sich besonders gut für Nahaufnahmen eignet. Bild 1 zeigt den prinzipiellen Aufbau dieses Mikrofontyps. Eine Spule ist mit einer Membran aus einem biegsamen kartonähnlichen Material verbunden. In diese Spule ist ein Dauermagnet eingetaucht, ohne diese zu berühren. Treffen Schallwellen auf die Membran, so schwingt diese zusammen mit der Spule hin und her. Dies führt zu einer Änderung der Magnetfeldstärke, die die Spule durchsetzt. Zwischen den Enden der Spule tritt eine Induktionsspannung auf, deren Stärke und Polarität sich im Rhythmus der auftreffenden Schallwellen ändert.

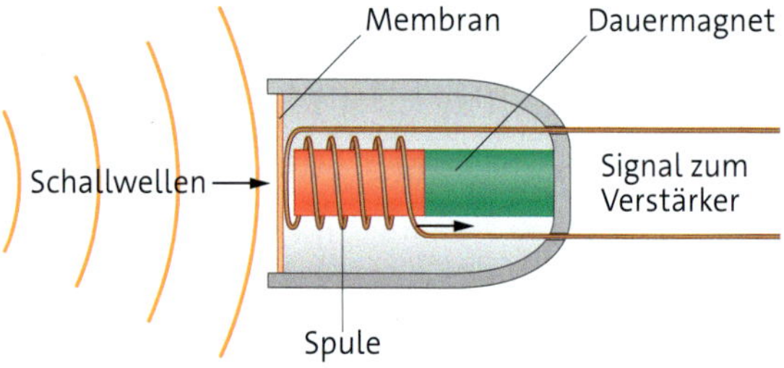

1 *Prinzipieller Aufbau eines Tauchspulenmikrofons*

↗ **NEWTON AKTIV** Seite 54 Aufgabe 4

Warensicherung

Um den Diebstahl von Waren zu verhindern, gibt es an den Ausgängen von Warenhäusern häufig elektronische Warensicherungssysteme. ↗ 2 Beruht das Sicherungssystem auf der Radiofrequenzmethode (RF-Methode), werden dabei, vereinfacht betrachtet, Induktionsvorgänge genutzt. Zwei Spulen sind links und rechts am Ausgang des Warenhauses positioniert, eine Sender- und eine Empfängerspule. Die Senderspule wird von einem hochfrequenten Wechselstrom durchflossen. Ihr gegenüber, auf der anderen Seite des Ausgangs, ist die Empfängerspule positioniert. Zwischen deren Enden wird eine Wechselspannung induziert, die mit einem Nachweisgerät registriert wird. Die an der Ware angebrachten Sicherungsetiketten enthalten unter anderem ebenfalls eine Spule. ↗ 3 Wird diese zwischen Sender- und Empfängerspule gebracht, wird dadurch das Empfangssignal schwächer, wodurch ein Alarm ausgelöst wird. ↗ 4

2 *Warensicherungssystem am Ladeneingang*

3 *Verschiedene Sicherungsetiketten*

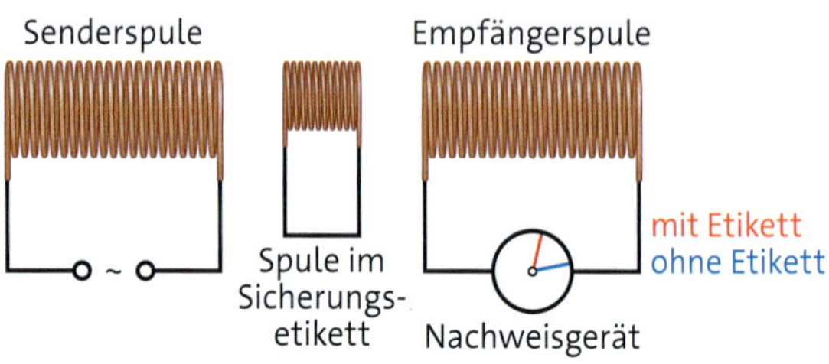

4 *RF-Methode (vereinfacht)*

↗ **NEWTON AKTIV** Seite 55 Aufgabe 6

Energy Harvesting

Technologien, bei denen Gegenstände miteinander kommunizieren können, werden unter dem Sammelbegriff „Internet der Dinge" zusammengefasst. Eine wichtige Rolle spielen dabei funkbasierte Sensoren. Mit ihnen kann beispielsweise der bauliche Zustand von Bauwerken oder der Abnutzungsgrad von Maschinenteilen kontinuierlich erfasst werden, um mögliche Schäden oder Störungen frühzeitig zu erkennen. Wird beispielsweise festgestellt, dass die Tragrolle eines Förderbands nahe an ihrer Verschleißgrenze angekommen ist, kann diese ausgetauscht werden, wenn das Förderband am Wochenende ohnehin steht und nicht mitten in einem Produktionsprozess.

Bei einer Vielzahl von Einsatzbereichen ist es erstrebenswert, die Sensoren energieautark zu betreiben, weil sie schwer zugänglich sind oder ein ständiger Batteriewechsel zu aufwendig wäre. Derartige Sensoren beziehen die kleinen Energiemengen, die sie zur Übertragung ihrer Daten über Funk benötigen, aus ihrer Umgebung.
Im Fall schwingender Bauteile kommen induktive Energy Harvester zum Einsatz. Sie bestehen im Wesentlichen aus einer Spule und einem mit einer elastischen Feder verbundenen Magneten. ↗ 5 Wenn der Magnet durch Schwingungen relativ zur Spule bewegt wird, kann zwischen den Enden der Spule eine Spannung hervorgerufen werden. Sie reicht zur Signalübertragung aus oder wird zum Auffüllen eines Energiespeichers für kleine Energiemengen genutzt, um die Daten dann abzurufen, wenn sie benötigt werden.

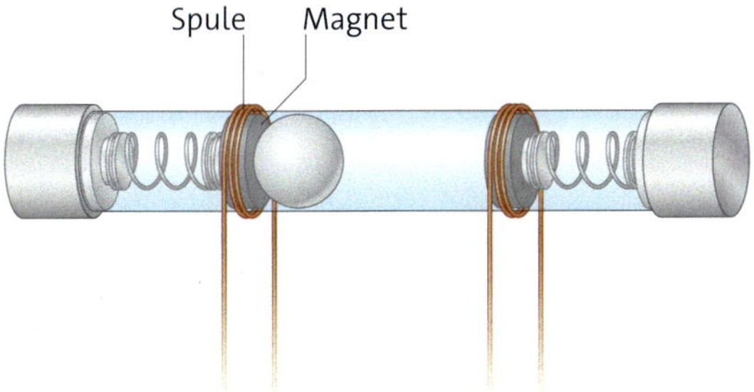

5 *Induktives Energy-Harvesting-System*

↗ **NEWTON AKTIV** Seite 55 Aufgabe 7

NFC und RFID

Die ***R****adio-****F****requency* ***ID****entification* (RFID) und die ***N****ear* ***F****ield* ***C****ommunication* (NFC) sind Techniken zum kontaktlosen Austausch von Daten, bei denen elektromagnetische Felder zur Energie- bzw. Datenübertragung genutzt werden. Sehr stark vereinfacht betrachtet, bestehen solche Systeme aus einer Sender- und einer Empfängerspule. Das von der Senderspule ausgesendete, sich zeitlich ändernde Magnetfeld induziert in der Empfängerspule einen Wechselstrom, dessen Magnetfeld seinerseits das Magnetfeld der Senderspule beeinflusst. ↗ 6 Diese wechselseitige Beeinflussung wird zum Datenaustausch genutzt. RFID findet Einsatz unter anderem in Transpondern für Schließanlagen von Gebäuden oder Fahrzeugen, zur Erfassung von Arbeitszeiten oder der Zeiterfassung bei Sportwettbewerben. ↗ 7, 8 Das NFC-System ist eine Sonderform der RFID mit einer Reichweite von unter 10 cm. Es wird beispielsweise beim kontaktlosen Bezahlen eingesetzt.

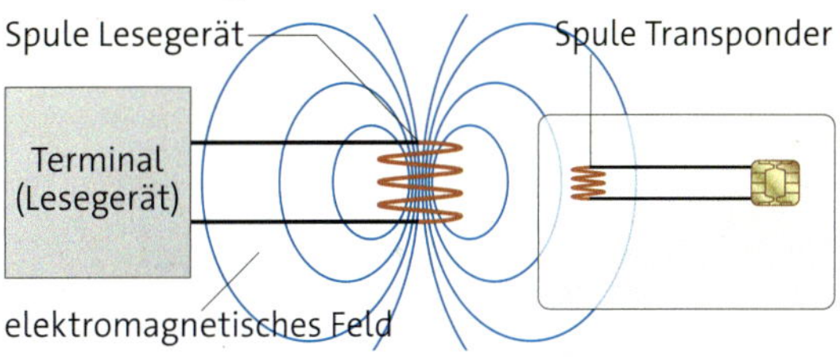

6 *Prinzip des Daten- und Energieaustauschs*

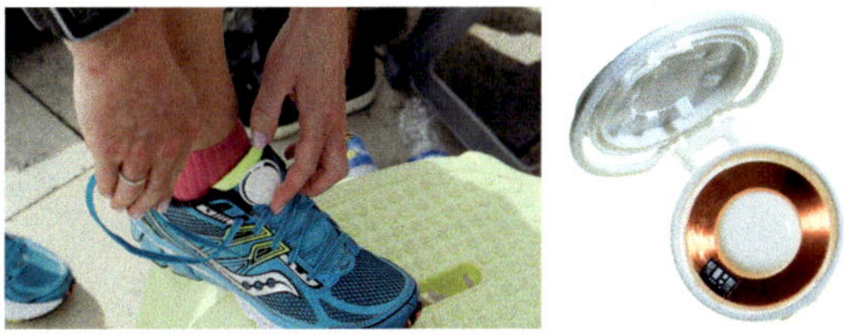

7 *RFID-Transponder zur Zeiterfassung bei Läufen*

8 *RFID-Karte zum Öffnen eines Gebäudes*

↗ **NEWTON AKTIV** Seite 55 Aufgabe 8

In Worte fassen

1 Rollende Metallstange im Magnetfeld ↗ S. 46/47

Eine Aluminiumstange liegt auf zwei weiteren Metallstangen und wird in das Magnetfeld eines Hufeisenmagneten bewegt. Ein Spannungsmessgerät ist an den Anschlussstellen A und B zwischen den Stangenenden eingebaut:

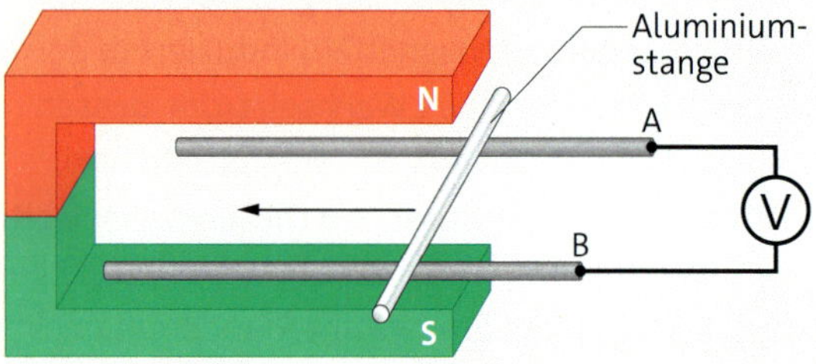

a ☐ Geben Sie an, was man beobachten wird.

b ◪ Erklären Sie die Beobachtung.

2 Ringversuch nach Thomson ↗ S. 50/51

Ein geschlossener Aluminiumring ist über den langen Eisenkern eines starken Elektromagneten gestülpt. Der Elektromagnet ist über einen Schalter an eine Elektrizitätsquelle (~230 V) angeschlossen.

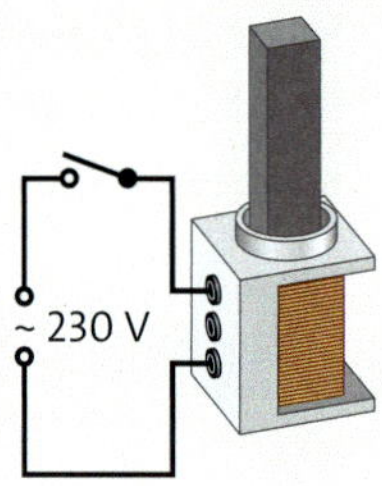

a ☐ Geben Sie an, was geschieht, wenn man den Schalter schließt.

b ◪ Erklären Sie die Beobachtung, indem Sie die Textteile richtig sortieren.

1 Die Magnetfeldstärke, die den Aluminiumring durchsetzt,
2 dass sein Magnetfeld der Änderung der Magnetfeldstärke entgegenwirkt.
3 Als Folge wird der Ring weggeschleudert,
4 Eine Induktionsspannung entsteht.
5 Ein Induktionsstrom fließt im geschlossenen Ring.
6 dann entsteht auf der Unterseite des Rings ein Nordpol.
7 Der Induktionsstrom ist nach der Regel von Lenz so gerichtet,
8 ändert sich durch Schließen des Schalters.
9 Entsteht zum Beispiel auf der Oberseite des Elektromagneten ein Nordpol,
10 weil sich gleichnamige Pole abstoßen.

c ◪ Beschreiben Sie, was geschieht, wenn der Versuch mit einem Aluminiumring durchgeführt wird, der an einer Stelle unterbrochen ist. Begründen Sie dies.

3 Spule auf einer Waage ↗ S. 48–51

Eine kurzgeschlossene Spule steht auf einer tarierten Waage. In die Spulenöffnung wird ein Stabmagnet eingetaucht, ohne die Spule zu berühren.

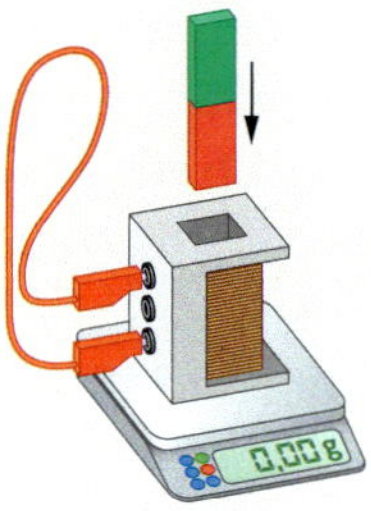

a ☐ Geben Sie an, was man beobachten wird.

b ◪ Erklären Sie die Beobachtung, indem Sie die folgenden Satzanfänge mithilfe der Wörter in Klammern vervollständigen:

Die Magnetfeldstärke, die die Spule durchsetzt, ändert sich ? (Eintauchen, Stabmagnet).
Eine Induktionsspannung entsteht ? (Enden der Spule).
Ein Induktionsstrom fließt ? (Stromkreis der kurzgeschlossenen Spule).
Es bildet sich ein Magnetfeld um die Spule ? (Regel von Lenz, gerichtet, Polung, Stabmagnet, abgebremst, abstoßen).
Die Waage zeigt ? (Masse, Kraft auf den Wägeteller).

c ☐ Geben Sie mindestens drei Maßnahmen dafür an, die Beobachtung zu verstärken.

4 Tauchspulenmikrofon ↗ S. 48–52

Informieren Sie sich in der Leseecke über die Funktion eines Tauchspulenmikrofons.

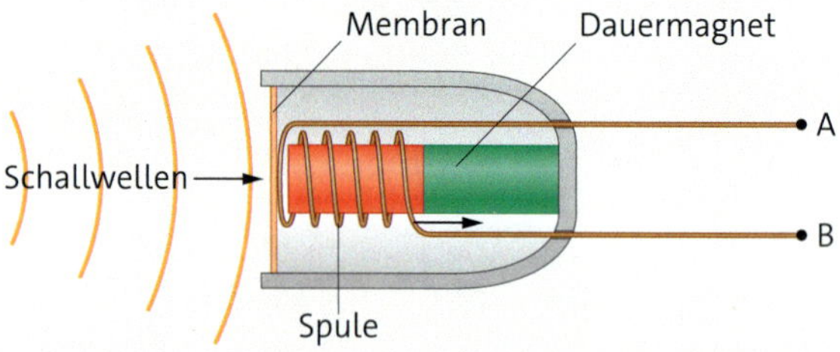

a ☐ Erklären Sie die Entstehung einer Spannung zwischen den Anschlussstellen A und B im Bild.

b ■ Geben Sie die Polarität der Spannung an den Stellen A und B an, wenn sich die Spule nach rechts bewegt. Begründen Sie Ihre Angabe mit der Regel von Lenz.

Nachdenken & Kombinieren

5 Induktionsfallrohr ↗ S. 50/51

Maren hat ein Induktionsfallrohr gebaut, bei dem sie zwei verbundene Spulen, jeweils gleicher Windungszahl, untereinander angebracht hat. Die Drahtenden hat sie mit einem Spannungssensor verbunden. Sie lässt einen kräftigen Stabmagneten durch das Rohr fallen und erhält das unten gezeigte Diagramm.

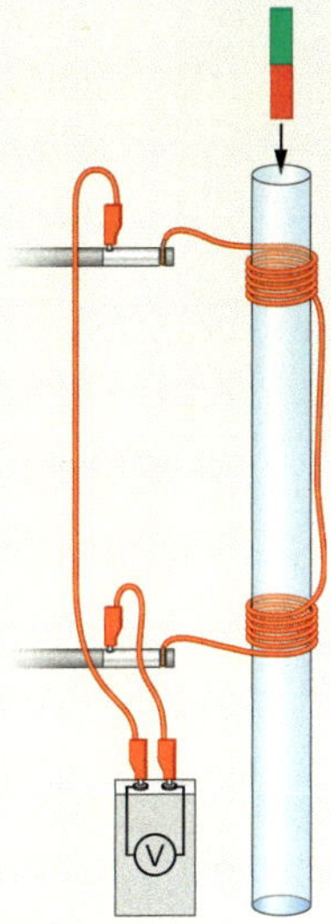

a ■ Erklären Sie den zeitlichen Verlauf der Spannung des ersten Signals.

b ◪ Erklären Sie die Unterschiede zwischen den beiden Spannungssignalen.

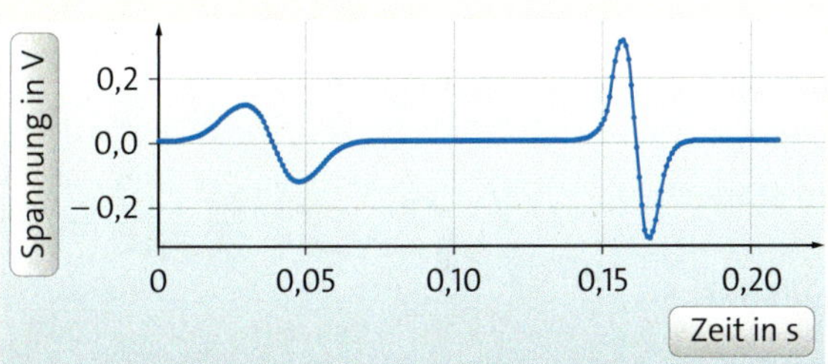

6 Prinzip einer Warensicherung ↗ S. 46/47, 50–52

Infomieren Sie sich in der Leseecke über elektronische Warensicherungssysteme.

a ◪ Geben Sie eine Erklärung dafür, dass das Spannungsmessgerät im folgenden Versuchsaufbau dauerhaft eine Spannung anzeigt:

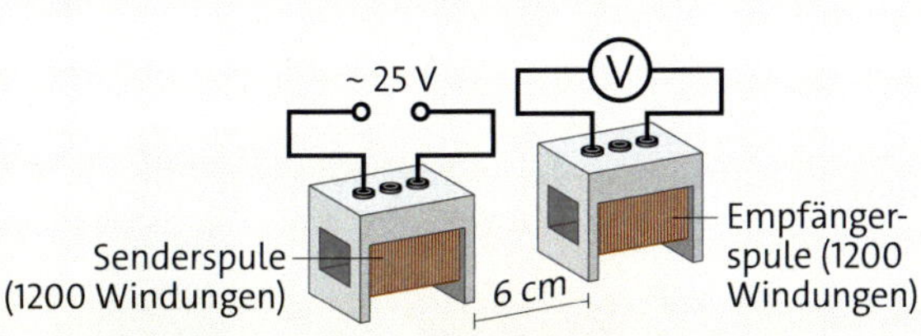

b ◪ Wird zwischen die beiden Spulen eine kurzgeschlossene Spule mit 400 Windungen so gehalten, dass die Spulenachsen aller Spulen in etwa zusammenfallen, zeigt das Spannungsmessgerät eine kleinere Spannung an. Erklären Sie dies.

7 Energy Harvesting ↗ S. 48/49, 53

Informieren Sie sich in der Leseecke über *Energy Harvesting*. Das gezeigte System wird zum Laden eines Energiespeichers genutzt:

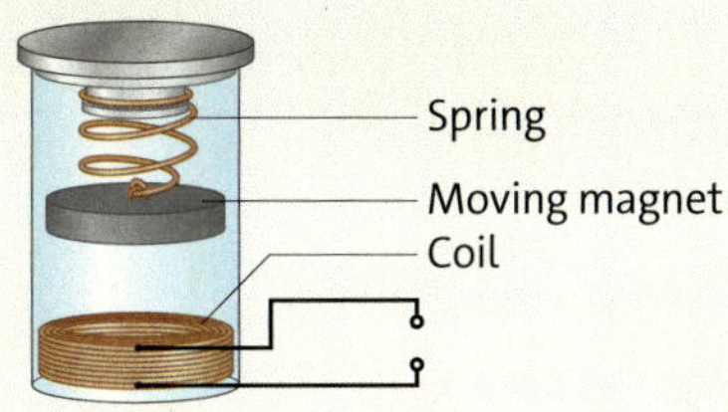

a ◪ Beschreiben Sie die Funktion des Systems.

b ◪ Geben Sie an, wie die Menge der gespeicherten Energie vom verwendeten Magneten und von der verwendeten Spule beeinflusst wird.

Projekt

8 Near Field Communication (NFC) ↗ S. 53

Informieren Sie sich in der Leseecke über NFC. Verbinden Sie mit einer Klemme die Enden eines etwa 1 m langen, isolierten Kupferdrahts (0,5 mm Durchmesser) leitend mit einer roten Standardleuchtdiode. Wickeln Sie den Draht zu einer Spule mit mehreren Windungen:

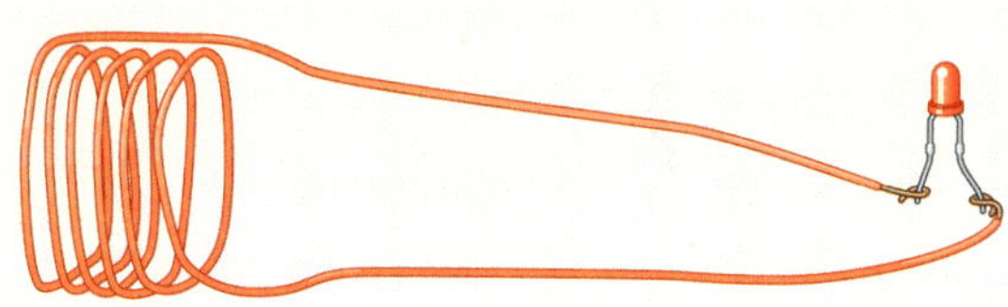

Schalten Sie an Ihrem Smartphone die NFC-Funktion ein. Suchen Sie mithilfe der Spule die Stelle der Signalaussendung und untersuchen Sie das Signal beispielsweise hinsichtlich Reichweite und Abschirmbarkeit. Verändern Sie die Anzahl der Windungen der Spule und ihre Ausrichtung. Protokollieren Sie Ihre Erkenntnisse.

Einfach lernen

9 Elektromagnetische Induktion ↗ S. 46–51

a Wie entsteht ein Induktionsstrom?

b Wie lautet das Induktionsgesetz?

c Wie lautet die Regel von Lenz?

Bei Freifalltürmen erfolgt das Abbremsen der Gondel üblicherweise mithilfe von Wirbelstrombremsen. Bei einer solchen Bremse bewegt sich eine nicht ferromagnetische Metallplatte zwischen den Polen von Magneten.
Wie funktioniert eine Wirbelstrombremse?

3.4 Induktion in massiven Metallkörpern

Versuch: Nicht ferromagnetisches Pendel im Magnetfeld

Wir setzen eine Spule mit 600 Windungen auf einen Schenkel eines U-förmigen Eisenkerns und verbinden diese über einen Schalter mit einer Elektrizitätsquelle, die eine Gleichspannung von etwa 10 V zur Verfügung stellt. Wir erhalten so einen Elektromagneten. Auf die offenen Enden des Eisenkerns setzen wir jeweils einen Eisenkörper, sodass zwischen ihnen ein etwa 1 cm breiter Luftspalt entsteht. Wir fixieren eine massive, nicht ferromagnetische Metallplatte an einer drehbar gelagerten Stange und nutzen diese Vorrichtung als Pendel.

a Wir lassen die Metallplatte des Pendels in den Luftspalt des Eisenkerns schwingen. ↗ 1

b Wir wiederholen die Vorgehensweise mit einer nicht ferromagnetischen, kammartig geschlitzten Platte.

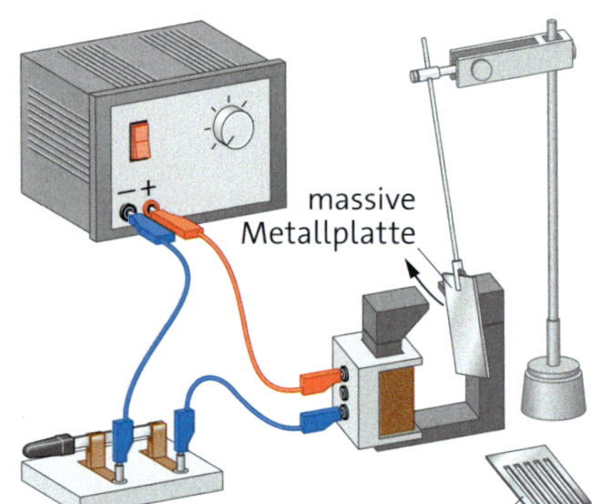

1 *Nicht ferromagnetisches Pendel im Magnetfeld*

Wir sehen:

a Das Pendel wird im Luftspalt abrupt abgebremst.

b Das Pendel wird deutlich langsamer abgebremst.

Erklärung:

Wenn sich die Metallplatte in das Magnetfeld des Elektromagneten hinein- oder aus diesem herausbewegt, ändert sich die Stärke des Magnetfelds, das die Platte durchsetzt. Es kommt zu einer Induktionsspannung und einem Induktionsstrom. Schwingt die Platte in den Spalt hinein, so nimmt die Stärke des Magnetfelds, das die Platte durchsetzt, zu. Nach der Regel von Lenz muss der Induktionsstrom so gerichtet sein, dass sein Magnetfeld dieser Zunahme entgegenwirkt. Die Magnetfelder stoßen sich demnach ab und die Metallplatte wird abgebremst. Die Metallplatte wird beim Hineinschwingen dann abgebremst, wenn auf der Seite der Platte, die dem Nordpol des Elektromagneten zugewandt ist, ebenfalls ein Nordpol entsteht. ↗ 2

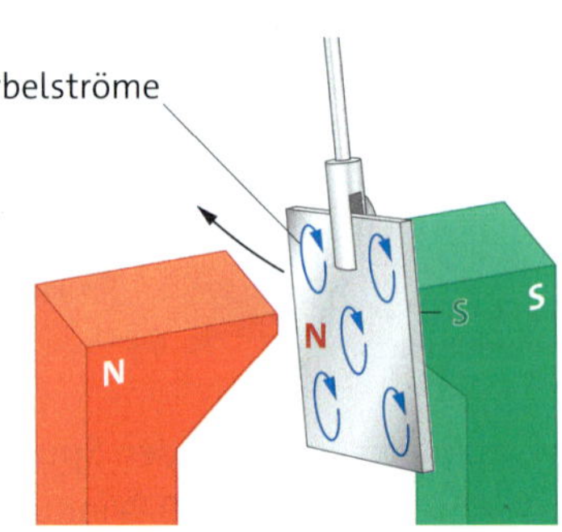

2 *Entstehung der Wirbelströme beim Hineinbewegen eines nicht ferromagnetischen Körpers in ein Magnetfeld in der Modellvorstellung*

Auf der gegenüberliegenden Seite entsteht ein Südpol. Wir können die Linke-Hand-Regel für Spulen auf die Metallplatte anwenden. Laut dieser werden die Leitungselektronen im Bereich der Platte, der sich bereits im Magnetfeld befindet, nach oben verschoben. Aus dem Bereich der Platte, der sich noch außerhalb des Magnetfelds befindet, fließen Elektronen nach. Es bilden sich lokal begrenzte **Wirbelströme**, deren Ort und Stärke sich im Laufe der Bewegung der Platte ständig ändern.
Wenn die Platte aus dem Magnetfeld herausschwingt, nimmt die Magnetfeldstärke ab, die die Platte durchsetzt.
Die Wirbelströme fließen in die entgegengesetzte Richtung und auch deren Magnetfeld ist entgegengesetzt zu vorher gerichtet. So wird das Herausschwingen der Platte aus dem Magnetfeld, das die Ursache für die Ströme ist, durch anziehende Kräfte abgebremst. ↗ 3
Wenn die Platte wie im Versuchsteil **b** geschlitzt ist, bilden sich weniger Wirbelströme aus und sie sind weniger stark. Damit ist auch die Stärke des durch sie hervorgerufenen Magnetfelds geringer, sodass die Platte weniger stark abgebremst wird.

Ergebnis:
Wenn ein massiver Metallkörper von einem Magnetfeld durchsetzt wird, dessen Stärke sich mit der Zeit ändert, bilden sich in ihm Wirbelströme.

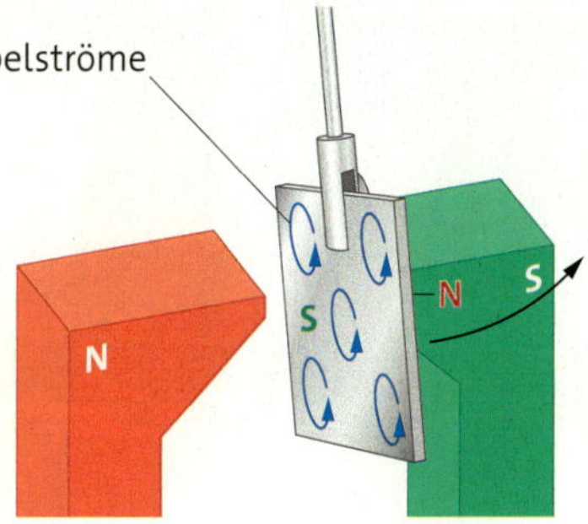

3 *Entstehung der Wirbelströme beim Herausbewegen eines nicht ferromagnetischen Körpers aus einem Magnetfeld in der Modellvorstellung*

4 *Ergometer*

Vorteile und Nachteile von Wirbelströmen

Wirbelströme können zum Abbremsen von Bewegungen eingesetzt werden, beispielsweise bei Schienenfahrzeugen oder in Ergometern. ↗ 4 Auf Induktionskochstellen werden im Boden von geeigneten Töpfen Wirbelströme hervorgerufen, die durch ihre Wärmewirkung das Kochgut erwärmen, ohne dass die Kochstelle selbst erwärmt werden muss. ↗ 5
Nachteilig wirken sich Wirbelströme in Eisenkernen von Elektromotoren, Generatoren oder Transformatoren aus. Dort verringern sie den Wirkungsgrad durch bewegungshemmende Kräfte oder auch durch Erwärmung. Um die unerwünschte Energieumwandlung zu minimieren, werden in diesen Geräten **geblätterte Eisenkerne** eingesetzt. Diese sind aus dünnen Blechen zusammengesetzt, die durch isolierende Lackschichten voneinander elektrisch nichtleitend getrennt sind. ↗ 6

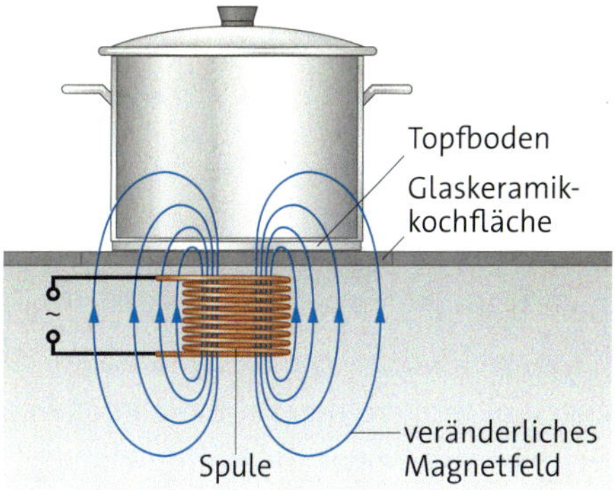

5 *Funktionsprinzip von Induktionskochstellen*

6 *Rotor eines Elektromotors mit geblättertem Eisenkern (links im Bild)*

- **In massiven Metallkörpern treten Wirbelströme auf, wenn sie von Magnetfeldern durchsetzt werden, deren Stärke sich mit der Zeit ändert.**
- **Wirbelströme sind entsprechend der Regel von Lenz so gerichtet, dass ihr Magnetfeld ihrer Entstehungsursache entgegenwirkt.**

↗ **NEWTON AKTIV** Seite 62/63 Aufgabe 1, 2, 3, 4, 8

Das zentrale Bauteil in einem Kraftwerk ist der Generator. Mit diesem wird kinetische Energie in elektrische Energie umgewandelt.
Wie funktioniert ein Generator?

3.5 Wechselspannungsgeneratoren

Einen möglichen Aufbau eines Generators zeigt Bild 1. Die Achse, auf der die Spule gelagert ist, kann über eine Kurbel gedreht werden. Auf der Drehachse sind außerdem zwei gegeneinander isolierte Metallschleifringe befestigt, die jeweils mit einem Ende der Spule verbunden sind. Die Stromabnahme erfolgt über zwei Schleifkontakte. ↗ 1

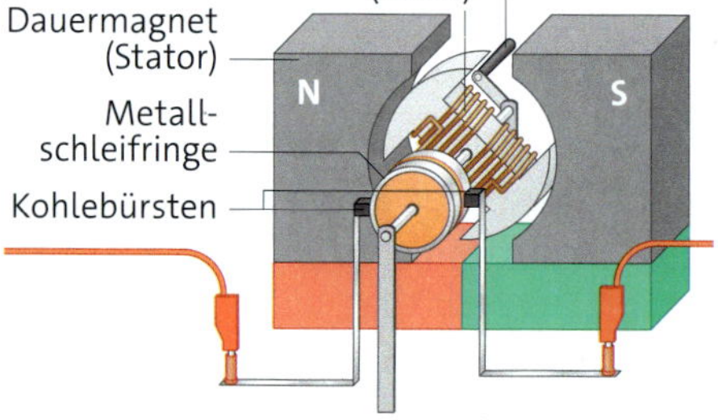

1 *Aufbau eines einfachen Generators*

Versuch: Wechselspannungsgenerator

Wir schließen an den Generator ein analoges Spannungsmessgerät an. Den Rotor drehen wir mithilfe der Kurbel gleichmäßig in eine Richtung. ↗ 2

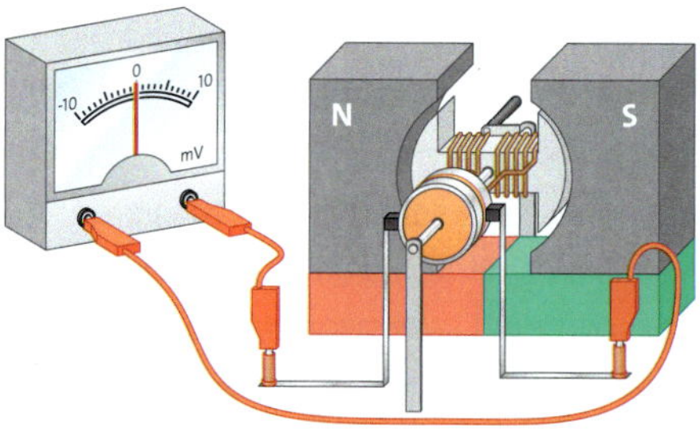

2 *Spannungsmessung beim Generator*

Wir sehen:
Der Zeiger des Messgeräts pendelt um den Nullpunkt. Immer dann, wenn die durch die Windungen der Spule gebildete Fläche senkrecht zu den Feldlinien des Magnetfelds steht, befindet sich der Zeiger im Nulldurchgang. Bei weiterer Rotation nimmt die Spannung auf einen bestimmten Wert zu, bis die Fläche parallel zu den Feldlinien des Magnetfelds steht, danach nimmt die Spannung wieder ab. Nach dem Nulldurchgang nimmt sie wieder zu, jedoch mit anderer Polarität.

Erklärung:
Wir betrachten vereinfachend nur eine Windung der Spule. ↗ 3
Dreht sich diese Leiterschleife, dann durchdringen abhängig vom Drehwinkel unterschiedlich viele Feldlinien ihre Fläche. Die Stärke des Magnetfelds, das die Fläche der Leiterschleife durchsetzt, ändert sich somit ständig. Für unsere Betrachtungen ist entscheidend, wie groß jeweils die Änderung der Magnetfeldstärke im Laufe der Zeit durch die Drehung ist.

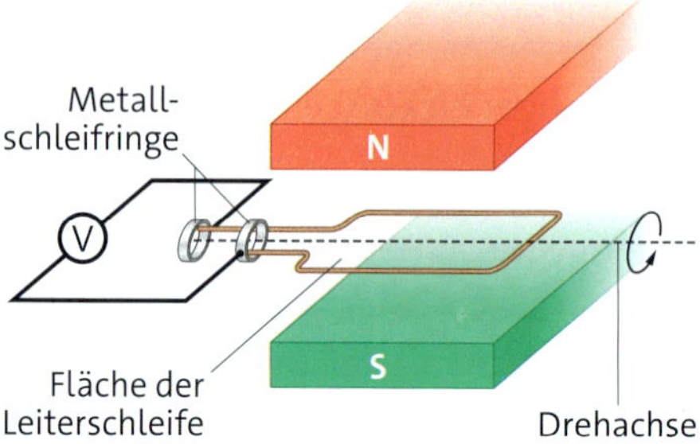

3 *Gedankliche Vereinfachung: eine rotierende Leiterschleife im Magnetfeld*

	Vorgänge in der Modellvorstellung		Induktionsspannung
1	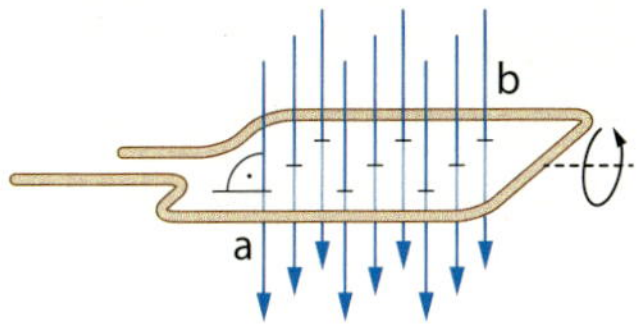	• maximale Anzahl an Magnetfeldlinien, die die Fläche durchsetzen • fast keine Änderung der Magnetfeldstärke beim Durchlaufen dieser Stellung	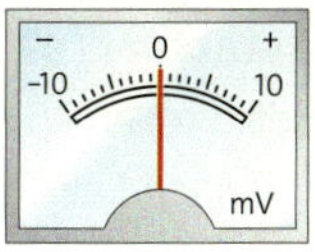 Betrag null
2	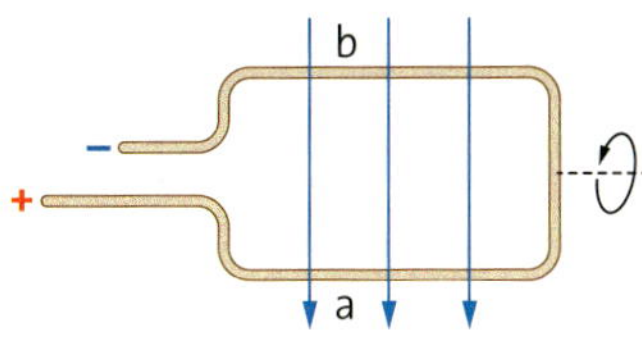	• keine Magnetfeldlinien, die die Fläche durchsetzen • maximal große Änderung der Magnetfeldstärke beim Durchlaufen dieser Stellung	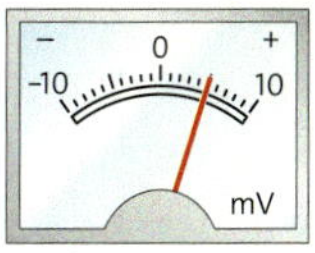 Betrag maximal
3	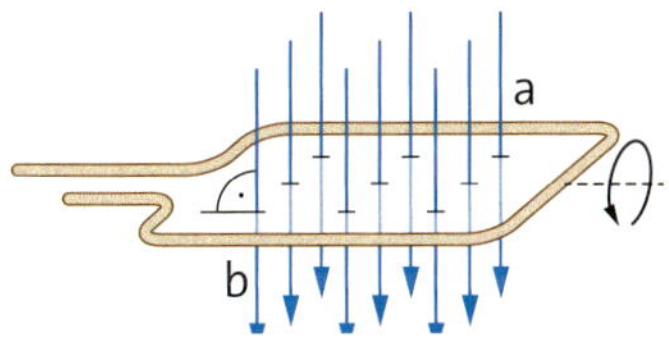	• maximale Anzahl an Magnetfeldlinien, die die Fläche durchsetzen • fast keine Änderung der Magnetfeldstärke beim Durchlaufen dieser Stellung	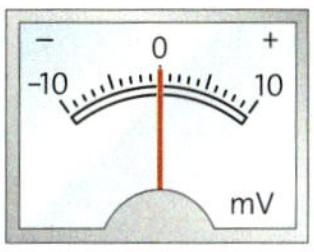 Betrag null
4	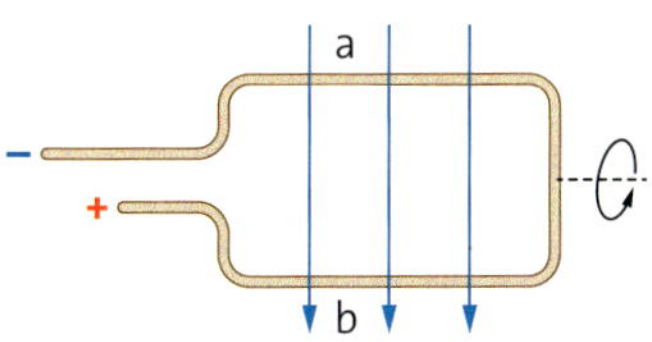	• keine Magnetfeldlinien, die die Fläche durchsetzen • maximal große Änderung der Magnetfeldstärke beim Durchlaufen dieser Stellung	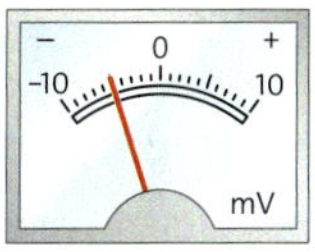 Betrag maximal

In Position 1 und 3 ändert sich die Stärke des Magnetfelds, das die Leiterschleife durchdringt, bei geringfügiger Drehung kaum. In Position 2 und 4 nimmt sie bei geringfügiger Drehung dafür stark zu. Zwischen diesen Positionen nimmt die Stärke des Magnetfelds, das die Leiterschleife durchsetzt, zu bzw. ab. Entsprechend der Geschwindigkeit der Änderung nimmt der Betrag der Induktionsspannung zu bzw. ab. In Stellung 3 durchsetzt das Magnetfeld die Fläche der Leiterschleife aus der im Vergleich zu Stellung 1 entgegengesetzten Richtung. Daher findet beim Durchlaufen dieser beiden Positionen immer ein Wechsel der Polarität der Spannung statt.
Bild 4 zeigt einen möglichen zeitlichen Verlauf der Wechselspannung eines handbetriebenen Generators (A) und eines Kraftwerkgenerators (B).

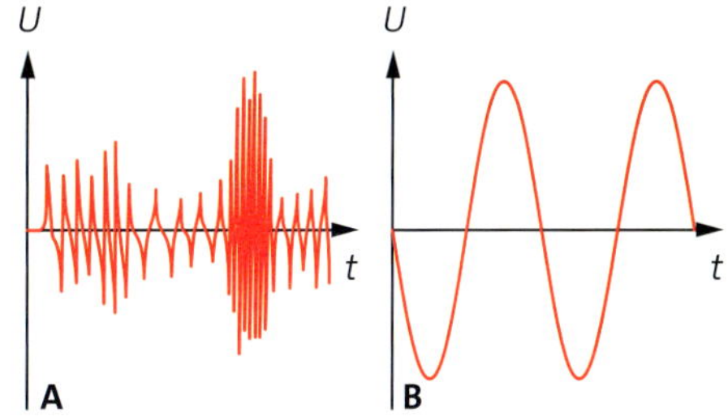

4 Die Wechselspannung bei einem Handgenerator (A) folgt einem periodischen Muster, wobei Frequenz und Betrag der maximalen Spannung größer werden, wenn der Rotor schneller gedreht wird. Kraftwerksgeneratoren liefern eine sinusförmige Wechselspannung (B) mit einer konstanten Frequenz von 50 Hz.

Wird ein Generator belastet, dann wird im angeschlossenen Stromkreis ein Wechselstrom hervorgerufen. In angeschlossenen Geräten kann die elektrische Energie dann in nutzbare Energie umgewandelt werden.

- **Rotiert eine Spule in einem homogenen Magnetfeld, dann wird eine Wechselspannung induziert, deren Betrag und Polarität sich periodisch ändern.**

↗ **NEWTON AKTIV** Seite 62/63 Aufgabe 5, 9

Metalldetektor

Metalldetektoren kommen unter anderem bei der Suche nach Lawinenopfern zum Einsatz. Sie besitzen zwei Spulen, eine Sender- und eine Empfängerspule. ↗ 1 Die Senderspule wird von einem Wechselstrom durchflossen und ist deshalb von einem ständig sich nach Betrag und Richtung ändernden Magnetfeld umgeben. Trifft dieses Magnetfeld auf einen metallischen Gegenstand, werden in diesem Wirbelströme hervorgerufen. Diese Wirbelströme sind nach der Regel von Lenz so gerichtet, dass deren Magnetfeld dem Magnetfeld der Spule entgegengerichtet ist. Das Magnetfeld, das so im metallischen Gegenstand induziert wird, ruft zwischen den Enden der Empfängerspule eine Spannung hervor, die auf dem Metalldetektor angezeigt wird.

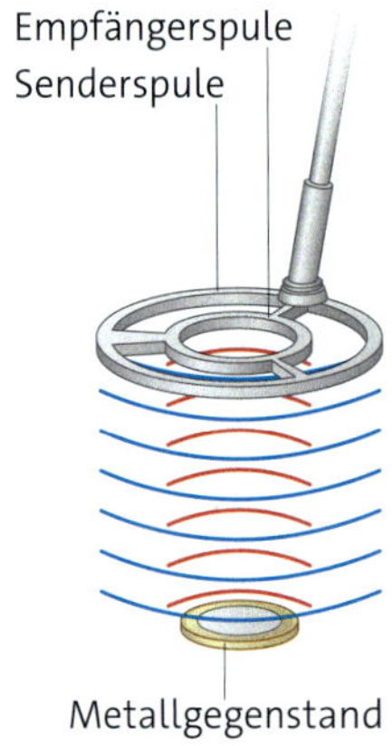

1 *Metalldetektor*

Induktive Sensoren

Induktive Sensoren kommen bei der Messung von Abständen, Dicken, Oberflächenunebenheiten oder der Positionskontrolle zum Einsatz. Das zentrale Bauteil ist eine auf einen Eisenkern gewickelte Spule. ↗ 2 Diese wird von einem hochfrequenten Wechselstrom durchflossen und ist daher von einem hochfrequenten elektromagnetischen Wechselfeld umgeben, das je nach Baugröße eine unterschiedliche Reichweite in den Raum besitzt. Trifft dieses Feld auf einen metallischen Gegenstand, werden in diesem Wirbelströme hervorgerufen. Diese Wirbelströme sind so gerichtet, dass deren Magnetfelder der Entstehungsursache entgegenwirken und somit das induzierende Wechselfeld des elektrischen Stroms durch die Spule abschwächen. Da die Stärke des Wechselstroms und damit auch das Maß der Abschwächung von der Entfernung zum Sensor abhängen, kann so der Abstand zwischen Sensor und Gegenstand gemessen werden.

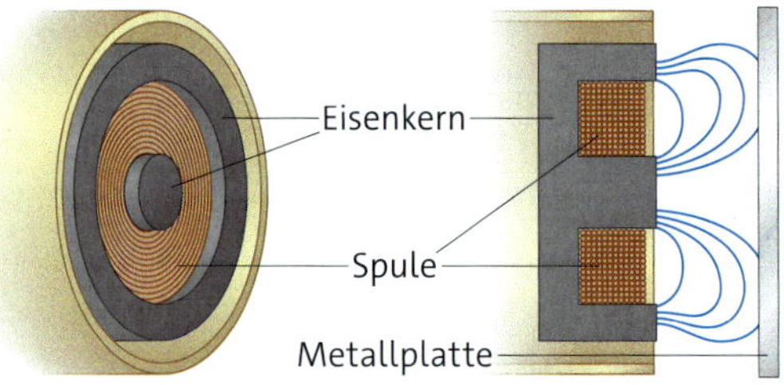

2 *Aufbau eines induktiven Sensors*

Rekuperation

Bei einem Hybrid- oder Elektroauto besteht die Möglichkeit, die beim Bremsen umgewandelte Energie zum Aufladen des Akkus zu nutzen. Das ist möglich, weil ein Elektromotor aufgrund des gleichen Aufbaus auch wie ein Generator genutzt werden kann. Beim Bremsen schaltet der Elektromotor in den Generatorbetrieb um. Die kinetische Energie der Räder wird auf den Generator übertragen. Dieser wandelt einen Teil der Energie in elektrische Energie um, die im Akku gespeichert wird. ↗ 3 Verfahren, die zur Rückgewinnung von Energie dienen, nennt man Rekuperation.

Die Rekuperation spielt in der Elektromobilität eine wichtige Rolle, da hierdurch die Reichweite eines Kraftfahrzeugs vergrößert werden kann.

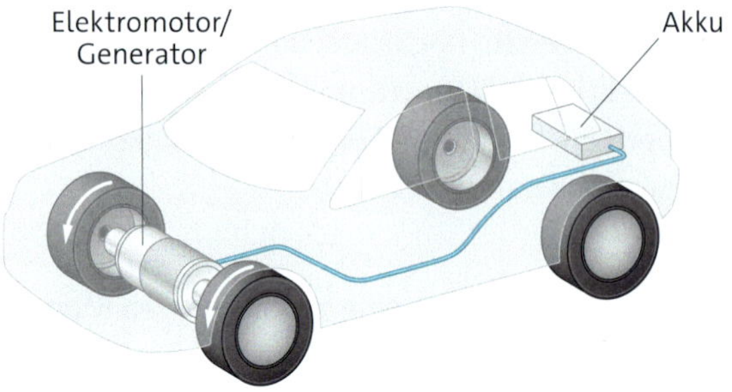

3 *Prinzip der Rekuperation*

↗ **NEWTON AKTIV** Seite 63 Aufgabe 7

Außen- und Innenpolgeneratoren

Beim Aufbau von Generatoren unterscheidet man grundlegend zwischen Außen- und Innenpolgeneratoren. ↗ 4, 5 Rotiert die Induktionsspule zwischen den Polen eines felderzeugenden Magneten, spricht man von einem **Außenpolgenerator**. ↗ 4 Die Induktionsspule ist dann der Rotor, der felderzeugende Magnet der Stator. Der felderzeugende Magnet kann ein Dauer- oder Elektromagnet sein. Die Formgebung sorgt dafür, dass die Induktionsspule während der Drehbewegung mit einem möglichst homogenen Magnetfeld durchsetzt wird. Üblicherweise ist die Induktionsspule auf einen geblätterten Weicheisenkern gewickelt. Hat dieser die Form eines doppelten T, spricht man von einem Doppel-T-Anker. Häufig sind mehrere Induktionsspulen auf dem Rotor gegeneinander versetzt angeordnet. Man spricht dann von einem Trommelanker. ↗ 6 Auf dem Rotor befinden sich zudem Schleifkontakte, die mit jeweils einem Ende einer Induktionsspule verbunden sind.

Einen Generator, bei dem der felderzeugende Magnet rotiert und von feststehenden Induktionsspulen umgeben ist, nennt man **Innenpolgenerator**. ↗ 5 Der felderzeugende Magnet ist dann der Rotor, die Induktionsspule der Stator. Handelt es sich beim felderzeugenden Magneten um einen Dauermagneten, dann sind am Rotor keinerlei Schleifkontakte erforderlich. Besteht der Rotor aus einem Elektromagneten (als Doppel-T-Anker oder Trommelanker), muss der erforderliche elektrische Strom über Schleifkontakte zugeführt werden. Die Induktionsspulen sind typischerweise kreisförmig um den Rotor herum angeordnet. ↗ 7 Der induzierte elektrische Strom kann ohne Schleifkontakte entnommen werden.

In Elektrizitätswerken werden ausnahmslos Innenpolgeneratoren verwendet.
Die Wechselspannung des Haushaltsnetzes hat eine Frequenz von 50 Hertz. Ein Doppel-T-Anker muss dazu 50 Umdrehungen pro Sekunde bzw. 3000 Umdrehungen pro Minute ausführen. Um mit einem Außenpolgenerator große elektrische Leistungen zu erreichen, müssten Spulen mit einer großen Windungszahl eingebaut werden. Dies würde zu einer starken mechanischen Belastung der Drehlager führen. Die auftretenden großen Stromstärken würden dazu führen, dass die Schleifkontakte verschmoren. Bei Verwendung eines Innenpolgenerators werden die großen elektrischen Ströme über feste Anschlüsse in das Netz eingespeist. Zudem kann die Rotationsgeschwindigkeit auf 300 Umdrehungen pro Minute reduziert werden, wenn der Rotor aus einem Trommelanker mit zehn Spulen besteht. Dadurch sinkt die mechanische Belastung der Drehlager. Handelt es sich beim felderzeugenden Magneten des Innenpolgenerators um einen Elektromagneten, wird dieser von einem Teil des elektrischen Stroms durchflossen, der vom Generator erzeugt wird.

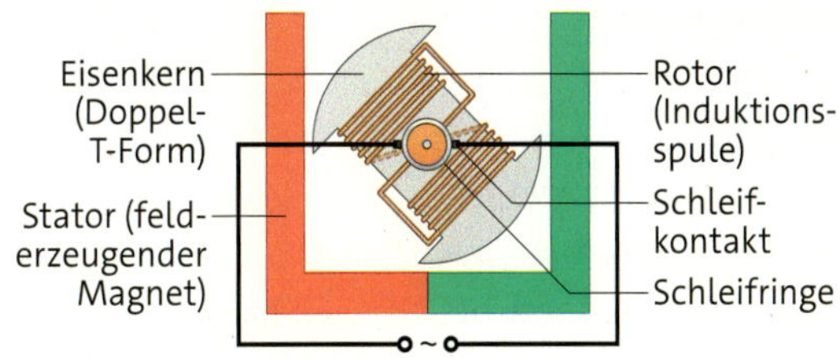

4 *Aufbau eines Außenpolgenerators*

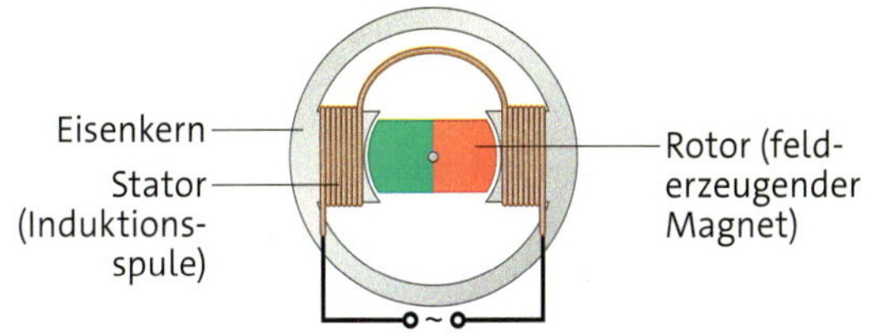

5 *Aufbau eines Innenpolgenerators*

6 *Rotor als Trommelanker*

7 *Stator mit Induktionsspulen*

↗ NEVTON AKTIV Seite 63 Aufgabe 5, 6

Experimentieren

1 It's magic ↗ S. 56/57

Material: Korkuntersetzer, Nadel, Aluminiumdöschen eines Teelichts, kräftiger Stabmagnet (5 cm lang), etwas dickere Schnur mit Halterung

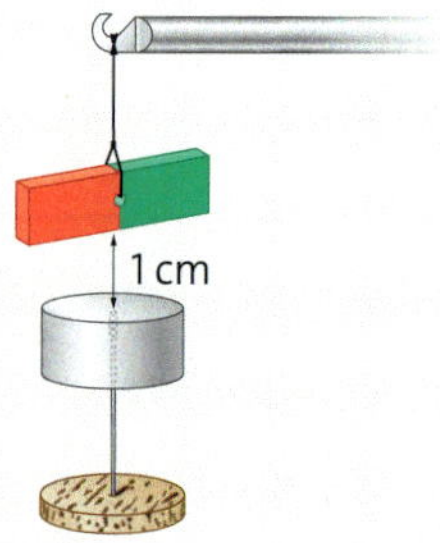

Bauen Sie den Versuch auf wie im Bild dargestellt. Verdrillen Sie die Schnur mit dem Magneten und lassen Sie ihn los.

a ☐ Beschreiben Sie die Beobachtung.

b ■ Erklären Sie die Beobachtung.

In Worte fassen

2 Münzprüfer ↗ S. 56/57

Münzprüfer in Automaten prüfen die eingeworfenen Münzen. Bei einer bestimmten Bauform rollt die metallische Münze längs einer schiefen Ebene an Magneten vorbei und wird dadurch auf eine Geschwindigkeit abgebremst, die für den Münzentyp charakteristisch ist.

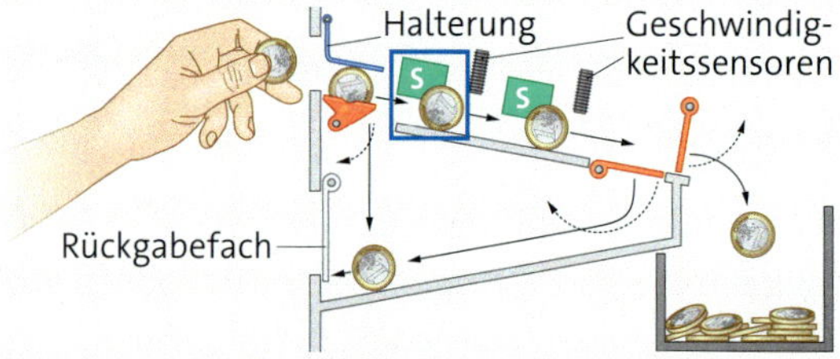

a ◪ Erklären Sie, warum die Münze im blau gerahmten Bildausschnitt beim Herausrollen aus dem Magnetfeld durch Wirbelströme abgebremst wird. Ergänzen Sie die Sätze dazu sinnvoll:

> Wenn die Münze aus dem Magnetfeld hinausrollt, nimmt die Stärke des Magnetfelds ?
> In der Münze bilden sich ? aus.
> Diese führen zu einem Magnetfeld um die Münze, das nach der Regel von Lenz so gerichtet ist, ?
> Ist beispielsweise einer Münzseite der Südpol des Magneten zugewandt, befindet sich auf dieser Seite der Münze ? Da sich ungleichnamige Pole anziehen, ?

b ◪ Übertragen Sie den blau gerahmten Bildausschnitt vergrößert in Ihr Heft und tragen Sie dort die magnetische Polung der Münze sowie die Richtung des Induktionsstroms ein.

c ◪ Die bremsende Kraft beim Vorbeirollen am Magneten ist unter sonst gleichen Bedingungen umso größer, je größer die Masse der Münze ist. Erklären Sie dies.

3 Ergometer ↗ S. 56/57

Bei Ergometern kann der Tretwiderstand mithilfe von Wirbelstrombremsen geregelt werden. Mit ihnen lässt sich eine bestimmte Trainingsleistung unabhängig von der Trittfrequenz einstellen. Eine Metallscheibe aus einem nicht ferromagnetischen Material rotiert dabei im Magnetfeld eines Elektromagneten:

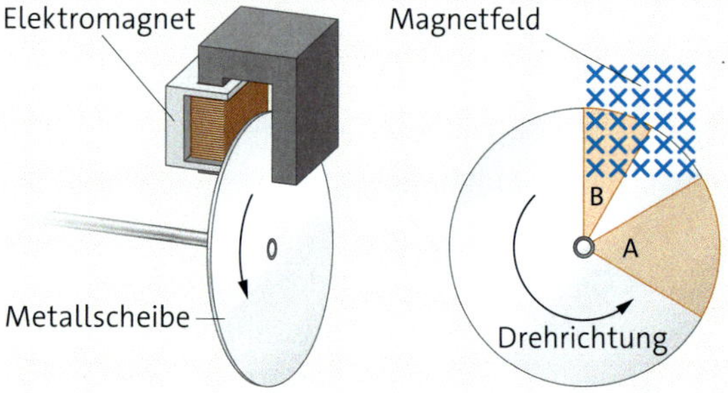

a Geben Sie eine Erklärung für die Erhöhung des Tretwiderstands bei eingeschaltetem Elektromagneten. Orientieren Sie sich dabei an dem mit A gekennzeichneten Ausschnitt der Metallscheibe und der angegebenen Drehrichtung. Verwenden Sie folgende Begriffe in Ihrer Erklärung:

> Zunahme • Stärke des Magnetfelds • wirbelförmige Induktionsströme • Regel von Lenz • gleichnamige Pole • bremsende Kräfte

b ◪ Auch im Ausschnitt B der Metallscheibe treten Wirbelströme auf. Erläutern Sie die Unterschiede zu den Wirbelströmen im Ausschnitt A.

c ◪ Beschreiben und begründen Sie, was geschieht, wenn bei unveränderter Magnetfeldstärke die Trittfrequenz erhöht wird.

d ■ Beschreiben Sie, wie die Leistungsanpassung bei höherer Trittfrequenz technisch umgesetzt werden muss.

4 Freefall-Tower ↗ S. 56/57

Das Bild zeigt stark vereinfacht den Aufbau eines möglichen Bremssystems eines Freefall-Towers.

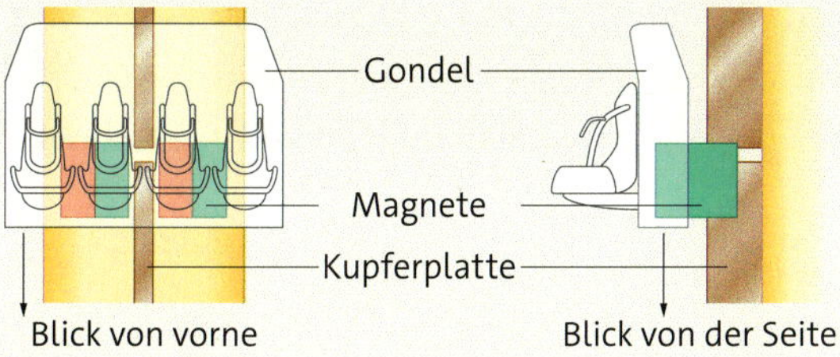

a ◪ Beim Herabfallen der Gondel bewegen sich die an ihr befestigten Magnete in geringem Abstand an den Kupferplatten vorbei. Erklären Sie, warum dies dazu führt, dass die Gondel abgebremst wird.

b □ Nennen Sie mindestens zwei Gründe, die für den Einsatz dieses Bremssystems sprechen.

5 Wechselspannungsgenerator ↗ S. 58/59, 61

Im Bild ist der prinzipielle Aufbau eines bestimmten Generatortyps dargestellt:

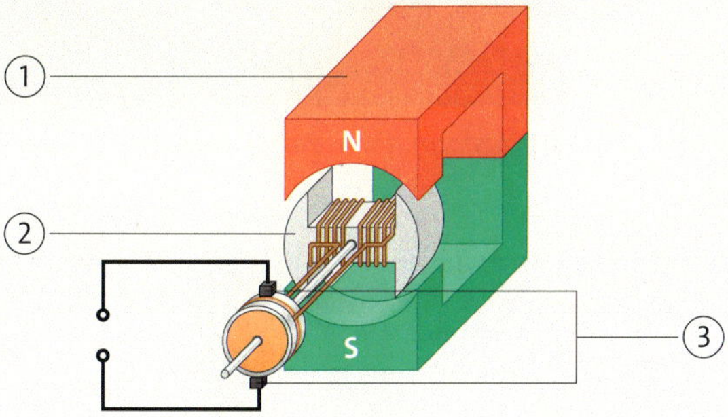

a □ Benennen Sie die Generatorbauform.

b □ Benennen Sie die nummerierten Bauteile mit den Fachbegriffen.

c ◪ Beschreiben Sie die Entstehung der Wechselspannung.

d □ Zeichnen Sie ein mögliches qualitatives $U(t)$-Diagramm, bei gleichmäßiger Rotation des Bauteils 2 für zwei Umdrehungen.

e ◪ Zeichnen Sie in das Diagramm von Aufgabenteil **d** den zeitlichen Verlauf der Spannung für den Fall, dass Bauteil 2 nur halb so schnell rotiert.

f □ Der Erhöhung der Spannung sind mit dieser Generatorbauform Grenzen gesetzt. Erläutern Sie dies mit mindestens zwei Aspekten.

6 Generatorbauformen ↗ S. 61

Informieren Sie sich in der Leseecke über unterschiedliche Generatorbauformen. Erstellen Sie eine Präsentation, in der die Unterschiede übersichtlich dargestellt werden.

7 Rekuperation ↗ S. 60

Informieren Sie sich in der Leseecke über Rekuperation.

a ◪ Bei einem Elektromotor kann die elektromagnetische Induktion als Motorbremse genutzt werden. Erklären Sie anhand des Schaltplans die Funktionsweise auch mithilfe der Regel von Lenz.

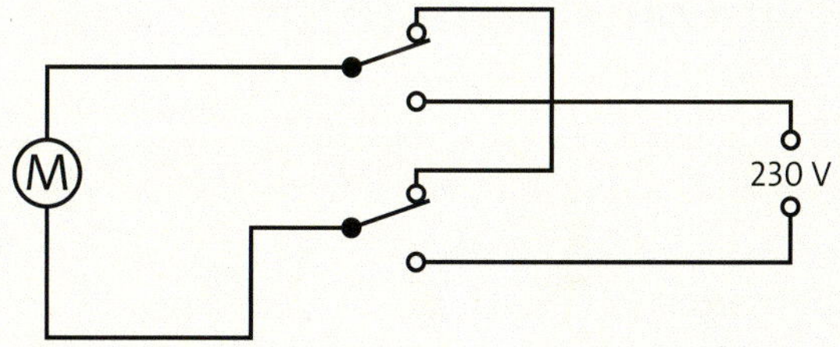

b ■ Begründen Sie, warum das im Schaltbild dargestellte Prinzip zum Abbremsen eines Elektroautos in der Praxis so nicht sinnvoll ist.

c ◪ Beschreiben Sie das Prinzip der Rekuperation bei elektrisch betriebenen Fahrzeugen aus energetischer Sicht.

d ◪ Geben Sie an, welche Änderung im Schaltplan vorgenommen werden muss, damit er das Funktionsprinzip aus Aufgabenteil **c** abbildet.

Einfach lernen

8 Wirbelströme ↗ S. 56/57

a Wie kann man sich das Entstehen von Wirbelströmen erklären?

b Wo werden Wirbelströme gewinnbringend eingesetzt, wo wirken sie sich nachteilig aus?

9 Generatoren ↗ S. 58/59, 61

a Wie kann ein Generator zur Umwandlung von kinetischer in elektrische Energie aufgebaut sein?

b Was sind zwei weitverbreitete Bauformen von Generatoren und worin unterscheiden sie sich?

c Welcher Generatortyp wird in Großkraftwerken eingesetzt und warum?

Um einen Handyakku sicher aufzuladen, benötigen wir Spannungen von wenigen Volt. Das Netzteil wird an der Haushaltssteckdose mit 230 V angeschlossen. Mit einer so hohen Spannung würde der Akku beschädigt werden.
Wie verändert das Netzteil die Spannung?

3.6 Transformatoren

Im Inneren eines Handyladegeräts finden wir unter anderem zwei Spulen mit unterschiedlichen Windungszahlen, die auf einem Eisenkern angebracht sind. ↗ 1 Dieses Bauteil heißt **Transformator**. Die Spule, die über einen Stromkreis mit der Elektrizitätsquelle verbunden ist, wird **Primärspule** genannt. Die andere Spule ist in der Regel mit einem Energiewandler verbunden, im Fall des Ladegeräts mit dem Akku. Sie wird **Sekundärspule** genannt. Wir verwenden im Folgenden Transformatoren, bei denen die Spulen auf den gegenüberliegenden Seiten eines geschlossenen Eisenkerns gewickelt sind. ↗ 2

1 *Transformator in einem Ladegerät*

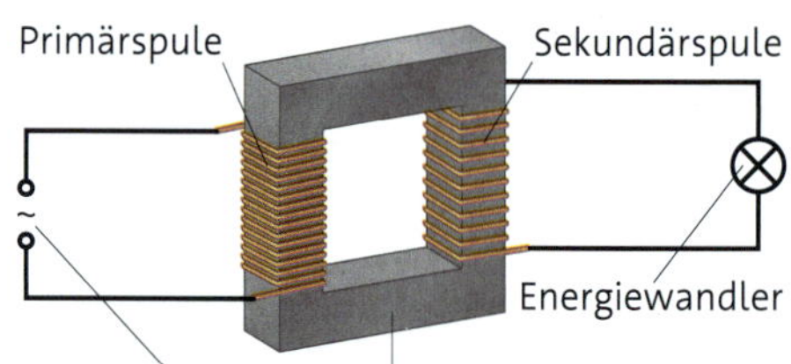

2 *Bezeichnung der Spulen*

Versuch 1: Gleichstrom und Wechselstrom am Transformator

Setzen Sie eine Spule mit 300 Windungen und eine Spule mit 600 Windungen auf die gegenüberliegenden Seiten eines U-förmigen Eisenkerns und schließen Sie diesen mit einem I-förmigen Eisenkern (Joch). Verbinden Sie die Spule mit 600 Windungen über einen Schalter mit einer regelbaren Gleichspannungsquelle und die Spule mit 300 Windungen mit einem Glühlämpchen (3 V). Stellen Sie mithilfe eines Spannungsmessgeräts an der Elektrizitätsquelle eine Spannung von 3,0 V ein und schließen Sie den Schalter. Erhöhen Sie die Spannung bis auf 6,0 V. Öffnen Sie den Schalter anschließend wieder. Wiederholen Sie das Vorgehen mit einer Wechselspannungsquelle. ↗ 3

Wir sehen:
Das Lämpchen leuchtet nur bei Wechselstrom und einer Spannung von 6,0 V mit fast normaler Helligkeit.

Erklärung:
Die Wechselspannung der Elektrizitätsquelle führt in der Primärspule zu einem Wechselstrom. Die Primärspule wird

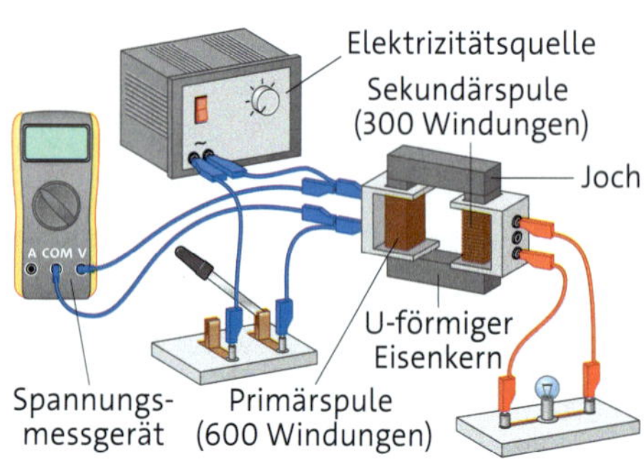

3 *Betrieb eines Glühlämpchens am Transformator*

dadurch von einem Magnetfeld umgeben, dessen Richtung und Stärke sich zeitlich ständig ändern. Über den geschlossenen Eisenkern wird auch die Sekundärspule von diesem Magnetfeld durchsetzt. Dadurch wird zwischen den Enden der Sekundärspule eine Wechselspannung induziert und im Sekundärstromkreis fließt ein Wechselstrom. Warum wir die Spannung auf 6,0 V erhöhen mussten, erfahren wir im folgenden Versuch.

Versuch 2: Hoch- und Heruntertransformieren

Verwenden Sie den Aufbau von Versuch 1.

a Ersetzen Sie das Glühlämpchen durch ein weiteres Spannungsmessgerät. ↗ 4 Stellen Sie mithilfe des Spannungsmessgeräts, das mit der Primärspule verbunden ist, an der Elektrizitätsquelle eine Wechselspannung von 3,0 V ein. Lesen Sie die an der Sekundärspule anliegende Spannung mithilfe des zweiten Spannungsmessgeräts ab.

b Vertauschen Sie Primär- und Sekundärspule und wiederholen Sie Versuchsteil **a**.

Wir sehen:

a Die Spannung an der Sekundärspule ist kleiner als die Spannung an der Primärspule.

b Die Spannung an der Sekundärspule ist größer als die Spannung an der Primärspule.

Ergebnis:

Der Stromkreis mit der Primärspule und der Elektrizitätsquelle heißt **Primärstromkreis**. Der Stromkreis, der die Sekundärspule enthält, heißt **Sekundärstromkreis**. Der Transformator kann die an der Primärspule anliegende **Primärspannung U_p** in eine kleinere oder größere an der Sekundärspule anliegende **Sekundärspannung U_s** umwandeln. ↗ 5

Ist die **Primärwindungszahl n_p** größer als die **Sekundärwindungszahl n_s**, dann wird die Spannung verringert oder heruntertransformiert. Ist die Primärwindungszahl n_p kleiner als die Sekundärwindungszahl n_s, dann wird die Spannung erhöht oder herauftransformiert.

$n_\mathrm{p} > n_\mathrm{s} \rightarrow U_\mathrm{p} > U_\mathrm{s}$ **Die Spannung wird heruntertransformiert.**

$n_\mathrm{p} < n_\mathrm{s} \rightarrow U_\mathrm{p} < U_\mathrm{s}$ **Die Spannung wird herauftransformiert.**

- **Transformatoren bestehen aus zwei Spulen, die auf einem geschlossenen Eisenkern angebracht sind. Mit ihnen können Spannungen verändert werden.**
- **Die Funktionsweise beruht auf der elektromagnetischen Induktion. Sie funktionieren nur, wenn sie mit einer Spannung betrieben werden, die sich zeitlich ändert.**

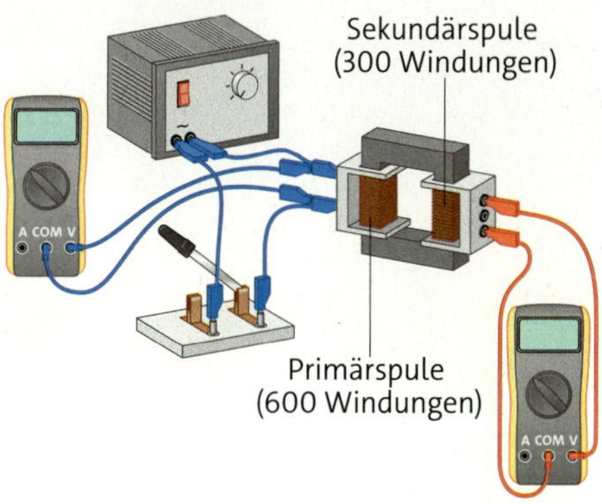

4 *Spannungsmessung am Transformator*

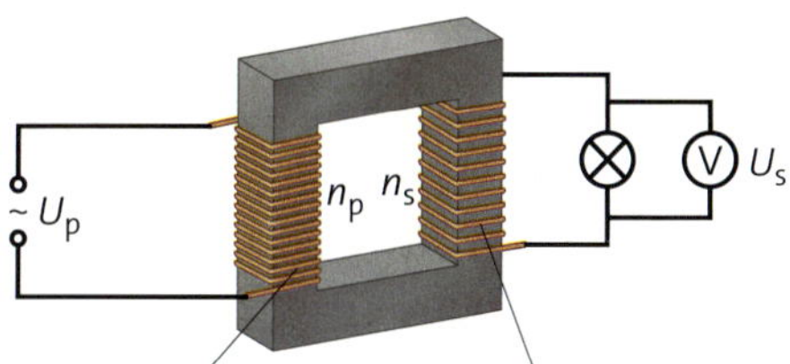

5 *Bezeichnungen beim Transformator*

In Versuchsaufbauten werden zur besseren Übersichtlichkeit die Experimentierkabel im Primärstromkreis in Blau und im Sekundärstromkreis in Rot dargestellt. Der Eisenkern aus U-förmigem Teil und Joch wird als ein durchgehender Eisenkern dargestellt.

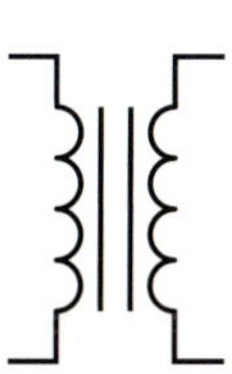

6 *Schaltsymbol Transformator mit Weicheisenkern*

Die Verbrennung des Kraftstoff-Luft-Gemischs im Zylinder eines Ottomotors wird mit einem Zündfunken gestartet. Mit einer Zündkerze, die an die Autobatterie mit üblicherweise 12 V angeschlossen ist, wird dieser Zündfunke erzeugt.
Wie ist es möglich, mit einer 12-V-Elektrizitätsquelle einen künstlichen Blitz zu erzeugen?

3.7 Spannungsverhältnisse am Transformator

Versuch 1: Spannungsverhältnisse

Bauen Sie für die folgenden Versuchsteile **a** – **g** einen Transformator entsprechend den angegebenen Windungszahlen auf und schließen Sie die Primärspule über einen Schalter an eine Elektrizitätsquelle an, die Wechselspannung zur Verfügung stellt. Stellen Sie mithilfe eines Spannungsmessgeräts in etwa die angegebene Primärspannung ein. ↗1 Messen Sie jeweils die Sekundärspannung und notieren Sie Ihre Messwerte in einer Tabelle.

a $n_p = 600$, $n_s = 300$, $U_p = 3$ V
b $n_p = 600$, $n_s = 300$, $U_p = 6$ V
c $n_p = 300$, $n_s = 600$, $U_p = 3$ V
d $n_p = 300$, $n_s = 600$, $U_p = 6$ V
e $n_p = 600$, $n_s = 1200$, $U_p = 6$ V
f $n_p = 300$, $n_s = 1200$, $U_p = 6$ V
g Schließen Sie im Sekundärstromkreis eine Glühlampe (6 V; 0,5 A) an und wiederholen Sie Versuchsteil **c**.

Wir sehen:
Bilden wir für die Versuchsteile **a** – **f** jeweils die Quotienten $\frac{n_s}{n_p}$ und $\frac{U_s}{U_p}$, dann stellen wir fest, dass diese annähernd gleich sind. ↗2 In Versuchsteil **g** können wir die Beobachtung nicht bestätigen.

Ergebnis:
Primär- und Sekundärspannung verhalten sich in etwa wie die zugehörigen Windungszahlen: $\frac{U_s}{U_p} \approx \frac{n_s}{n_p}$.

Diese Beziehung gilt nur, wenn der Transformator nicht zu stark belastet ist, das heißt, wenn die Sekundärstromstärke relativ klein ist.

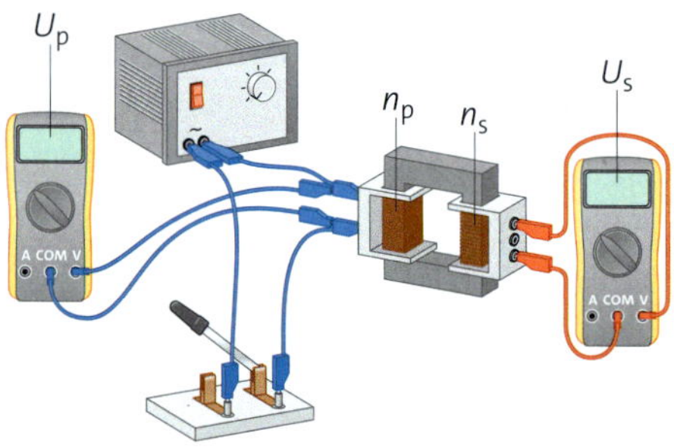

1 *Spannungsmessungen am Transformator*

	a	b	c	d
n_p	600	600	300	300
n_s	300	300	600	600
U_p in V	2,7	6,0	2,7	6,0
U_s in V	1,3	2,8	5,0	11,8
$\frac{n_s}{n_p}$	0,500	0,500	2,00	2,00
$\frac{U_s}{U_p}$	0,48	0,47	1,9	2,0

	e	f	g
n_p	600	300	300
n_s	1200	1200	600
U_p in V	6,0	6,0	2,7
U_s in V	11,8	23,8	0,3
$\frac{n_s}{n_p}$	2,00	4,00	4,00
$\frac{U_s}{U_p}$	2,0	4,0	0,1

2 *Spannungsverhältnisse am Transformator*

Versuch 2: Erzeugung von Hochspannung

Achtung: Hohe Spannungen sind lebensgefährlich!

a Ihre Lehrkraft baut einen Transformator (n_p= 300, n_s= 12 000) auf und verbindet die Primärspule über einen geschlossenen Schalter mit einer Elektrizitätsquelle, die eine Gleichspannung von 12 V liefert. Sie verbindet die Sekundärspule mit zwei Nägeln auf Isolierstielen, die etwa 2 mm voneinander entfernt aufgestellt werden. ↗ 3 Ihre Lehrkraft öffnet den Schalter.

b Ihre Lehrkraft baut einen Transformator (n_p= 600, n_s= 24 000) auf. Sie verbindet die Primärspule über einen Sicherheitsschalter mit der Steckdose, die eine Wechselspannung von 230 V bereitstellt. Sie schließt an die Anschlüsse der Sekundärspule zwei etwa 20 cm lange, gebogene Elektroden an, deren minimaler Abstand ca. 1 cm beträgt. ↗ 4 Ihre Lehrkraft schließt den Sicherheitsschalter.

Wir sehen:

a Beim Öffnen des Schalters ist zwischen den Nagelspitzen ein Funken zu sehen und wir hören ein Knistern.

b Ein Lichtbogen bewegt sich vom geringsten Abstand zwischen den Elektroden nach oben und reißt an den Enden ab. Daraufhin bildet sich ein neuer Lichtbogen und der Ablauf wiederholt sich.

Ergebnis:

Mit einem Transformator können sehr hohe Spannungen erzeugt werden, die in zahlreichen technischen Anwendungen wie der Zündkerze benötigt werden. Um dies zu erreichen, muss die Sekundärwindungszahl sehr viel größer als die Primärwindungszahl sein. Man spricht von **Hochspannungstransformatoren**. Um die Netzspannung von 230 V auf die benötigte Ladespannung eines Handyladegeräts von wenigen Volt herunterzutransformieren, benötigt man einen **Niederspannungstransformator.** ↗ 5 Bei diesem ist die Sekundärwindungszahl kleiner als die Primärwindungszahl.

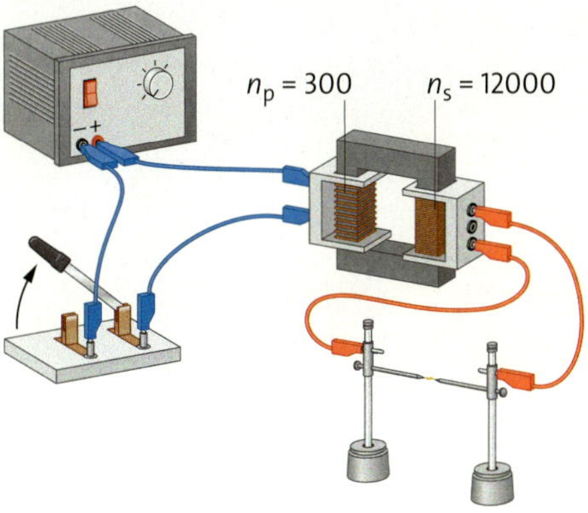

3 *Erzeugung eines Zündfunkens*

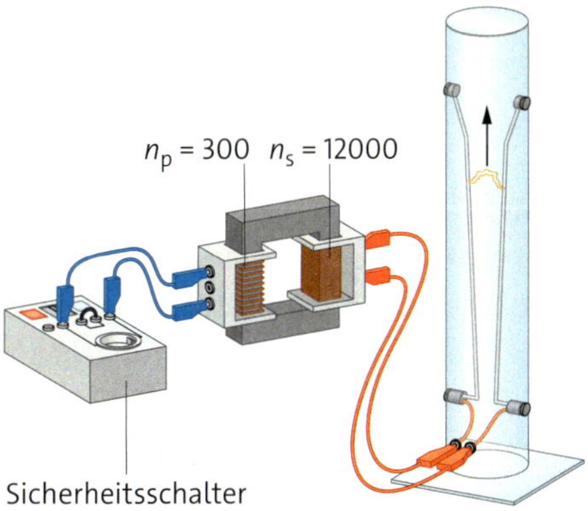

4 *Erzeugung eines Lichtbogens*

5 *Handy mit Ladegerät an der Steckdose*

- **Bei unbelasteten Transformatoren verhalten sich die Primär- und Sekundärspannungen zueinander in etwa wie die zugehörigen Primär- und Sekundärwindungszahlen:**

$$\frac{U_s}{U_p} \approx \frac{n_s}{n_p}$$

- **Hochspannungstransformatoren erhöhen die angelegte Spannung und werden zur Erzeugung sehr hoher Wechselspannungen verwendet ($n_s >> n_p$).**

- **Niederspannungstransformatoren ($n_s < n_p$) verringern die angelegte Spannung.**

Ein Arbeiter verschweißt zwei Stahlelemente. An der Spitze der Schweißelektrode entstehen in einem Lichtbogen Temperaturen, die den Stahl schmelzen lassen.
Wie funktioniert das?

3.8 Stromstärkeverhältnisse am Transformator

Versuch 1: Belasteter Transformator

Ihre Lehrkraft fixiert eine Spule (n_p = 1200) auf dem Schenkel eines U-förmigen Eisenkerns, den sie über ein Joch schließt. Sie schließt die Spule über einen zunächst geöffneten Sicherheitsschalter an 230-V-Wechselspannung an. In diesen Primärstromkreis schaltet die Lehrkraft ein Glühlämpchen (7 V; 0,3 A) in Reihe und schließt den Schalter. Anschließend wickelt sie als Sekundärspule ein langes Experimentierkabel schrittweise um den zweiten Schenkel des Eisenkerns und schließt die Kabelenden nach jeder Wicklung über eine Steckverbindung kurz. ↗ 1

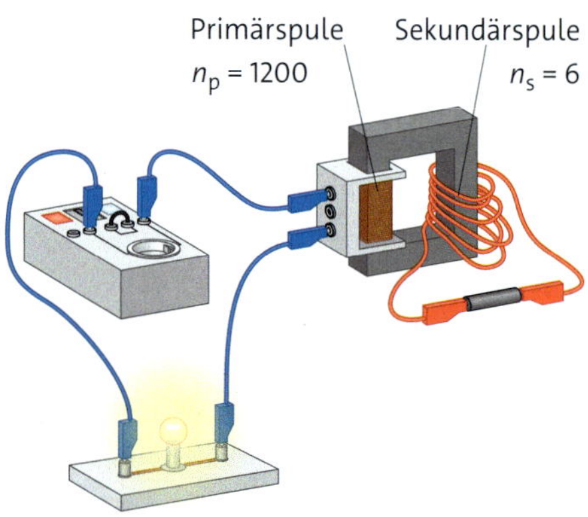

1 *Belasteter Transformator*

Wir sehen:
Das Glühlämpchen leuchtet zunächst nicht. Bei steigender Wicklungszahl leuchtet es mit zunehmender Helligkeit.

Erklärung:
Mit zunehmender Sekundärwindungszahl steigt die Sekundärspannung. Somit nimmt auch die Stromstärke bei jedem Kurzschluss zu. Fließt im Sekundärstromkreis ein Strom, spricht man von einem **belasteten Transformator**. Die Primärstromstärke wird dann von der Sekundärstromstärke bestimmt. Beide ändern sich abhängig von der Sekundärwindungszahl.

Versuch 2: Stromstärken beim Transformator

Bauen Sie für die Versuchsteile **a** – **f** einen Transformator mit den angegebenen Windungszahlen auf und schließen Sie die Primärspule an eine Elektrizitätsquelle an, die eine Wechselspannung von etwa 6 V zur Verfügung stellt. Fügen Sie in den Sekundärstromkreis den jeweils angegebenen Widerstand R ein. ↗ 2 Messen Sie jeweils die Primär- und Sekundärstromstärken. Notieren Sie Ihre Messwerte in einer Tabelle.

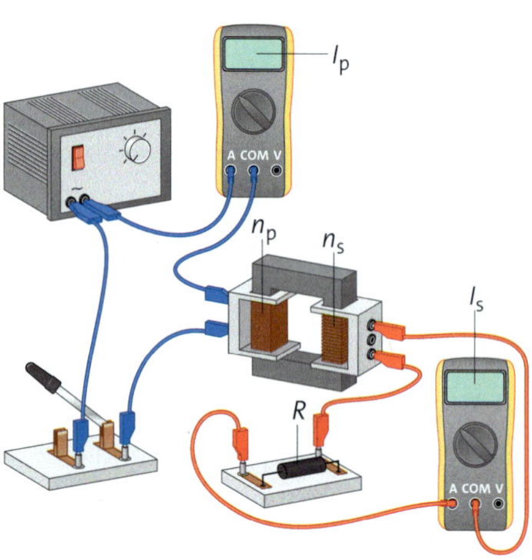

2 *Stromstärkenmessung am Transformator*

a $n_p = 300, n_s = 600, R = 20\,\Omega$
b $n_p = 300, n_s = 600, R = 2{,}0\,\Omega$
c $n_p = 600, n_s = 300, R = 20\,\Omega$
d $n_p = 600, n_s = 300, R = 2{,}0\,\Omega$
e $n_p = 1200, n_s = 300, R = 2{,}0\,\Omega$
f $n_p = 1200, n_s = 300, R = 200\,\Omega$

Wir sehen:
Bilden wir für die Versuchsteile **a – e** die Quotienten $\frac{n_s}{n_p}$ und $\frac{I_p}{I_s}$, dann stellen wir fest, dass diese annähernd gleich sind. ↗ 3 In Teil **f** können wir die Beobachtung nicht bestätigen.

Ergebnis:
Die Stromstärken verhalten sich in etwa umgekehrt wie die zugehörigen Windungszahlen: $\frac{I_p}{I_s} \approx \frac{n_s}{n_p}$.
Diese Beziehung gilt umso besser, je stärker der Transformator belastet wird, also umso größer die Sekundärstromstärke ist.

Versuch 3: Schmelzen und Schweißen eines Eisennagels

Ihre Lehrkraft baut einen Transformator ($n_p = 600$, $n_s = 5$) wie in Bild 4 auf. Zwischen die verlängerten Enden der Sekundärspule spannt sie einen Eisennagel und schließt die Primärspule über einen Sicherheitsschalter an 230-V-Wechselspannung an. ↗ 4

a Die Lehrkraft schließt den Schalter und zieht die Griffe auseinander.
b Sie presst die Bruchstücke des durchgeschmolzenen Nagels aufeinander und öffnet den Schalter kurz darauf wieder.

Wir sehen:
a Der Nagel beginnt nach kurzer Zeit zu glühen. Durch leichten Zug kann man den Nagel in zwei Bruchstücke trennen.
b Die Bruchstücke glühen nach kurzer Zeit. Nachdem der Schalter geöffnet wurde und sich der Nagel abgekühlt hat, sind die Bruchstücke wieder fest zusammengeschweißt.

Ergebnis:
Mit einem Transformator, dessen Sekundärwindungszahl sehr viel kleiner ist als seine Primärwindungszahl, lassen sich große Stromstärken hervorrufen, wenn der Widerstand im Sekundärstromkreis klein ist. Man nennt sie **Hochstromtransformatoren.** ↗ 5

- **Bei belasteten Transformatoren verhalten sich die Primär- und Sekundärstromstärken umgekehrt zueinander wie die zugehörigen Windungszahlen:**

$$\frac{I_p}{I_s} \approx \frac{n_s}{n_p}$$

- **Die Sekundärwindungszahl ist bei Hochstromtransformatoren viel kleiner als die Primärwindungszahl ($n_s << n_p$).**

	a	b	c
n_p	300	300	600
n_s	600	600	300
R in Ω	20	2,0	20
I_p in A	0,327	0,407	0,055
I_s in A	0,154	0,194	0,099
$\frac{n_s}{n_p}$	2,00	2,00	0,500
$\frac{I_p}{I_s}$	2,12	2,10	0,56

	d	e	f
n_p	600	1200	1200
n_s	300	300	300
R in Ω	2,0	2,0	200
I_p in A	0,101	0,032	0,0069
I_s in A	0,191	0,119	0,0044
$\frac{n_s}{n_p}$	0,500	0,250	0,250
$\frac{I_p}{I_s}$	0,529	0,27	1,6

3 *Stromstärkenverhältnisse am Transformator*

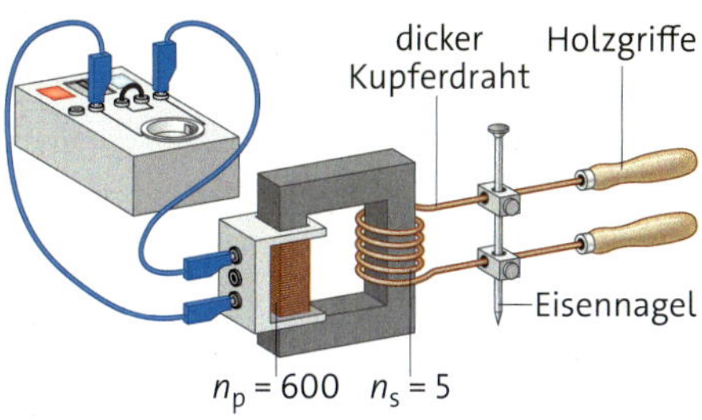

4 *Modell eines Schweißtransformators*

5 *Hochstromtransformatoren werden in zahlreichen technischen Anwendungen, zum Beispiel in Lichtbogenöfen in Stahlwerken, genutzt, um die erforderlichen hohen Stromstärken und die damit einhergehenden hohen Temperaturen zu erzeugen. Auch beim elektrischen Schweißen (Einstieg) kommen sie zum Einsatz.*

Hochspannungstransformatoren in der Röntgendiagnostik

Die Röntgendiagnostik ist ein bildgebendes Verfahren, bei dem die zu untersuchenden Körperstellen mit Röntgenstrahlen durchdrungen werden. Röntgenstrahlung wird in einer Röntgenröhre erzeugt. Diese besteht aus einer Kathode und einer Anode in einer evakuierten Glasröhre. ↗ 1 Die Kathode ist in einen Heizstromkreis integriert. Aufgrund der Wärmewirkung des elektrischen Stroms wird sie so stark erhitzt, dass sie Elektronen in das Vakuum aussendet. Kathode und Anode befinden sich in einem zweiten Stromkreis, dem Röhrenstromkreis. In diesem liegt eine Gleichspannung zwischen 40 kV und 150 kV an, die mit einem Hochspannungstransformator mit nachgeschaltetem Gleichrichter erzeugt wird. Die Elektronen werden im elektrischen Feld zwischen Kathode und Anode so stark beschleunigt, dass beim Auftreffen auf der Anode Röntgenstrahlung erzeugt wird. ↗ 4 Röntgenstrahlen werden von verschiedenen Körperteilen wie Organen oder Knochen verschieden stark geschwächt. Durchdringen die Strahlen den Körper, so belichten sie eine Fotoplatte auf der gegenüberliegenden Seite. Knochen lassen nur wenig Röntgenstrahlung hindurch, weshalb sie hell erscheinen. ↗ 2

↗ NEWTON AKTIV Seite 72 Aufgabe 3

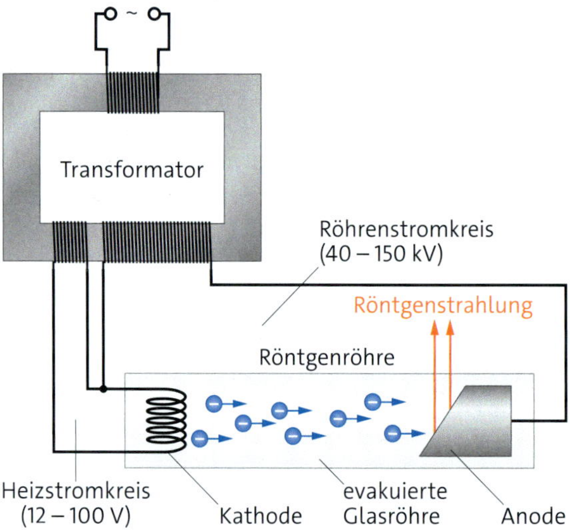

1 *Prinzipieller Aufbau einer Röntgenröhre (Gleichrichter nicht eingezeichnet)*

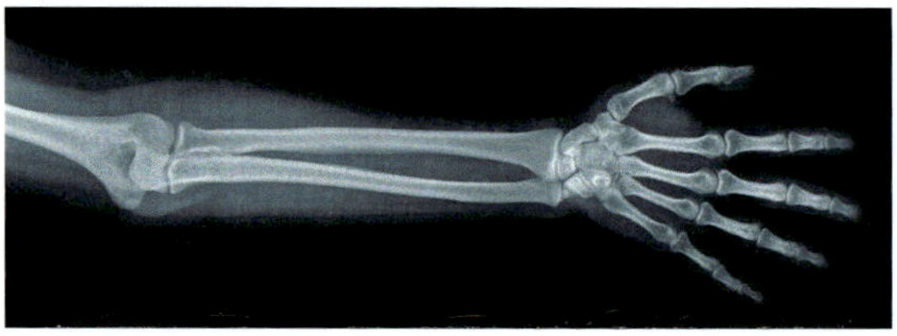

2 *Röntgenbild eines Unterarms*

Hochstromtransformatoren in Lichtbogenöfen

In der Stahlindustrie werden Hochstromtransformatoren in Lichtbogenöfen zum Einschmelzen von Metallen eingesetzt. Im Deckel des Schmelzbehälters ist eine Graphitkathode angebracht. Der Boden des Behälters mit dem einzuschmelzenden Schrott dient als Anode. ↗ 3 Kathode und Anode sind mit einem Hochstromtransformator verbunden, der Stromstärken von mehreren 10 000 A bereitstellen kann. Dazu ist ein Lichtbogenofen üblicherweise direkt an das Mittelspannungsnetz mit 30 kV angeschlossen. Zwischen Kathode und Anode bildet sich im Betrieb ein Lichtbogen, der das einzuschmelzende Material erhitzt. Dabei werden Temperaturen von mehr als 3500 °C erreicht.

↗ NEWTON AKTIV Seite 72 Aufgabe 3

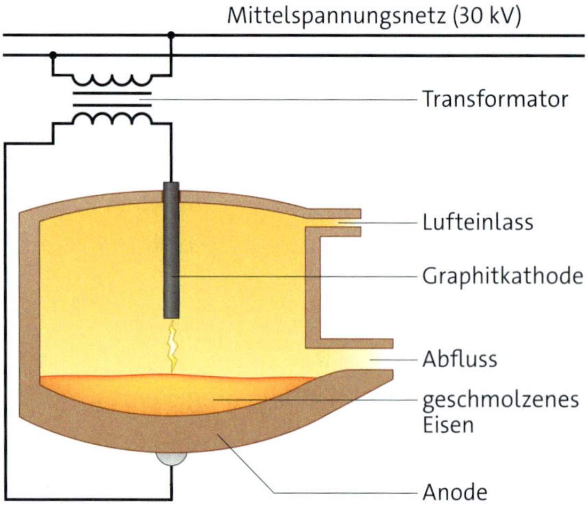

3 *Aufbau eines Lichtbogenofens*

Niederspannungstransformatoren

Die Spannung in elektrischem Kinderspielzeug wie elektrischen Spielzeugeisenbahnen darf laut aktueller EU-Verordnung von 2009 nur maximal 24 V betragen. Das Haushaltsstromnetz stellt eine Spannung von 230 V bereit. Um das Spielzeug am Haushaltsstromnetz betreiben zu können, müssen Netzteile mit eingebauten Niederspannungstransformatoren verwendet werden. ↗ 4

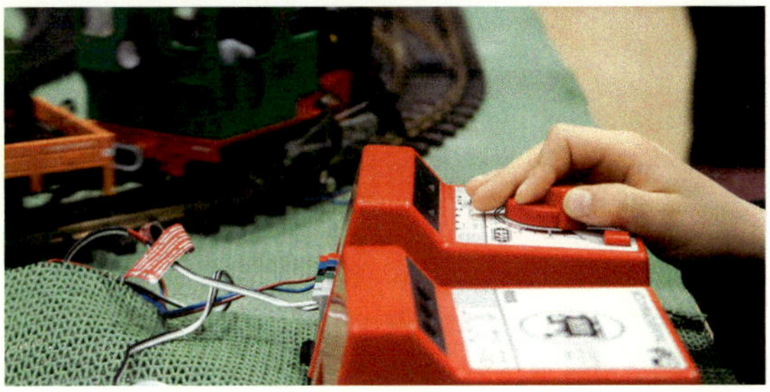

4 *Spielzeugeisenbahn mit Netzteilen*

↗ **NEWTON AKTIV** Seite 72 Aufgabe 3

Berührungsloses Laden

Eine Besonderheit von Transformatoren besteht darin, dass es keine leitende Verbindung zwischen Primär- und Sekundärstromkreis gibt. Dies ermöglicht berührungsloses Laden eines Akkus, was zum Beispiel bei elektrischen Akkuzahnbürsten genutzt wird. ↗ 5 Dies soll die Gefahr von Stromunfällen in feuchten Umgebungen wie Badezimmern senken. Die Ladestation enthält die Primärspule, die auf einen Eisenkern gewickelt ist und über den Stecker mit dem Hausstromnetz (U_p = 230 V) verbunden wird. Die Zahnbürste enthält die Sekundärspule. ↗ 6 Der Akku wird üblicherweise über eine Gleichrichterschaltung geladen und betreibt den Motor der Zahnbürste. ↗ 7 Um die Sekundärspannung auf die Ladespannung des Akkus (gewöhnlich U_s= 5 V) zu senken, hat die Sekundärspule eine geringere Windungszahl als die Primärspule. Die aufeinandergesteckten Spulen bilden somit einen Niederspannungstransformator.

Einige Handyladegeräte funktionieren nach demselben Prinzip. Man spricht von induktiven Ladegeräten. Es genügt, das Handy auf die Ladefläche zu legen, damit der Ladevorgang des Akkus beginnt. ↗ 8 Ähnliche Lösungen werden für Elektroautos angeboten. Dabei genügt es, das Auto auf einem Ladebereich abzustellen, um den Ladevorgang zu beginnen. Bei induktiven Ladegeräten steht der Komfort im Vordergrund. Ein Nachteil ist ein gegenüber herkömmlichen Ladegeräten kleinerer Wirkungsgrad.

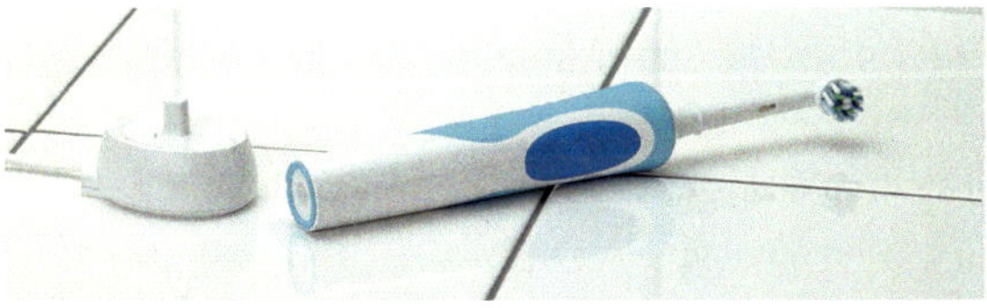

5 *Elektrische Zahnbürste*

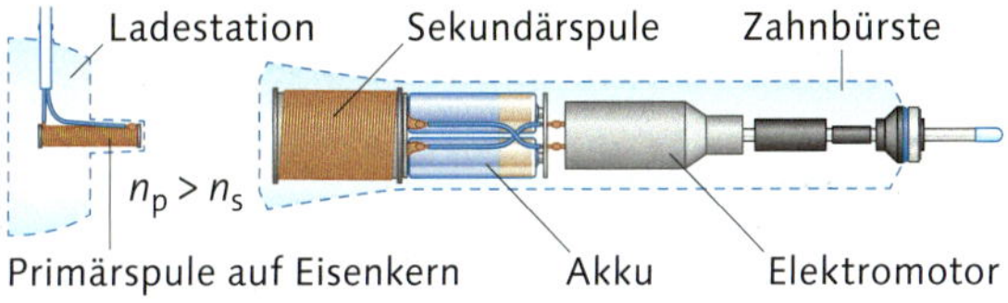

6 *Aufbau einer elektrischen Zahnbürste*

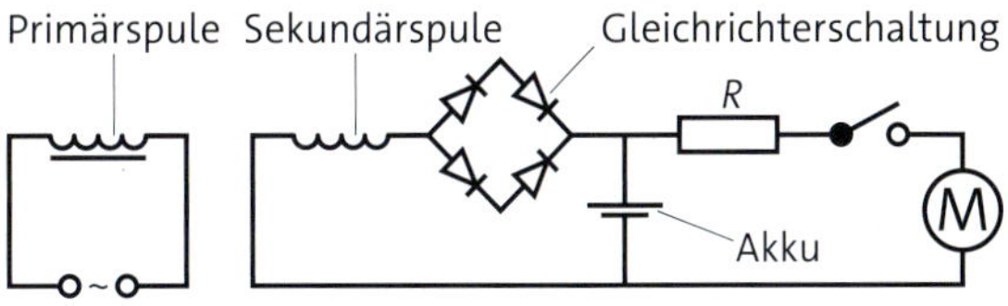

7 *Schaltplan einer elektrischen Zahnbürste*

8 *Induktives Ladegerät*

↗ **NEWTON AKTIV** Seite 72 Aufgabe 3, 4

In Worte fassen

1 Aufbau eines Transformators ↗ S. 64–67
Mithilfe eines Transformators ($n_s = 260$) soll ein Glühlämpchen (6 V) am Haushaltsstromnetz betrieben werden.

a ◪ Erstellen Sie eine beschriftete Skizze des Transformators unter Verwendung der Fachbegriffe. Schätzen Sie die passende Windungszahl der Primärspule ab.

b ◪ Erstellen Sie eine Schaltskizze des Aufbaus.

2 Windungszahlen beim Transformator ↗ S. 64–70
□ Übertragen Sie die Sätze in Ihr Heft und ergänzen Sie diese sinnvoll. Gehen Sie dabei jeweils auf die Spannung und die Stromstärke ein.

- Ist die Sekundärwindungszahl größer als die Primärwindungszahl, ?
- Ist die Sekundärwindungszahl kleiner als die Primärwindungszahl, ?
- Haben die Windungszahlen von Primär- und Sekundärspule denselben Wert, ?

3 Anwendung von Transformatoren ↗ S. 70/71
Informieren Sie sich in der Leseecke über verschiedene Anwendungen von Transformatoren.

a □ Übertragen Sie die abgebildete Tabelle in Ihr Heft und vervollständigen Sie diese:

Windungsverhältnis	Transformatortyp	Anwendungsbeispiel
?	Niederspannungstransformator	?
$n_p < n_s$	?	?
?	Hochstromtransformator	?

b ◪ Geben Sie jeweils eine Schätzung für die fehlenden Windungszahlen der Transformatoren an, um folgende Anwendungen realisieren zu können:
- Lichtbogenofen (I_p = 16 A, n_p = 10 000)
- Spielzeugeisenbahn (n_s = 50, U_s = 12 V)
- Handyladegerät (n_p = 3000, U_s = 6,5 V)
- Röntgenröhre (n_s = 100 000, U_p = 230 V)

4 Alltagsanwendungen ↗ S. 71
Informieren Sie sich in der Leseecke über den Aufbau und die Funktion des Transformators in einer elektrischen Zahnbürste.

a □ Übertragen Sie den Text zum Transformator in einer elektrischen Zahnbürste in Ihr Heft und ergänzen Sie die Lücken sinnvoll:

Die Primärspule befindet sich in der ?, während die ? in der Zahnbürste platziert ist. Die ? wird mit dem Haushaltsnetz verbunden. An der ? ist ein Akku angeschlossen. Die Windungszahl der Primärspule ist ? als die Windungszahl der Sekundärspule, damit die Spannung des Haushaltsstromnetzes auf die Ladespannung des Akkus ? wird.

b ◪ Verwenden Sie folgende Begriffe, um den Aufbau und die Funktion eines Transformators in einem Handyladegerät zu beschreiben:

Primärspule • Sekundärspule • Primärwindungszahl
Sekundärwindungszahl • Akku • Ladespannung

Nachdenken & Kombinieren

5 Geteilter Eisenkern ↗ S. 64/65
■ Geschlossene Eisenkerne von Transformatoren für Schulversuche sind häufig U-förmig und werden mit einem I-förmigen Joch geschlossen.

Erklären Sie mithilfe der Modellvorstellung zum Ferromagnetismus, warum es nach Abschluss der Versuche häufig schwierig ist, das Joch vom U-förmigen Teil zu lösen.
Verwenden Sie folgende Fachbegriffe:

Elektrizitätsquelle • Primärspule • Magnetfeld • Weicheisenkern • magnetische Influenz • Elementarmagnete

6 Stromzange ↗ S. 64/65

Stromzangen werden zur berührungslosen Messung der Stromstärke genutzt. Folgende Bilder veranschaulichen das Prinzip:

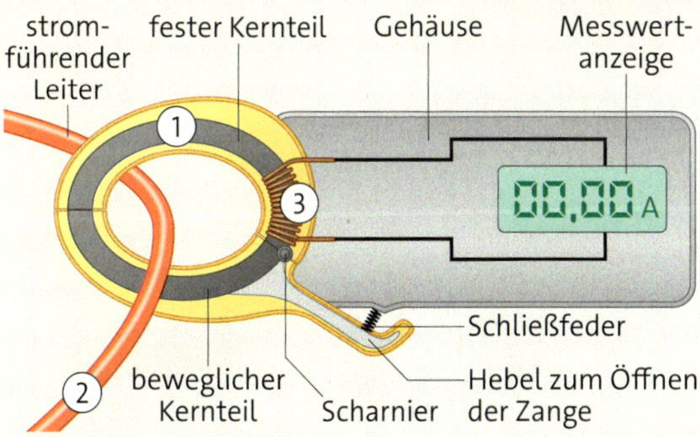

a ☐ Benennen Sie die Bauteile 1 – 3 mit den Fachbegriffen eines Transformators.

b ◪ Erklären Sie die Funktionsweise einer Stromzange unter Verwendung folgender Begriffe:

> Primärspule • Wechselstrom • Magnetfeld • geschlossener Eisenkern • Sekundärspule • Induktionsstrom

c ■ Begründen Sie, dass Stromzangen des abgebildeten Typs nur zur Messung von Wechselstrom geeignet sind.

d ☐ Nennen Sie drei Vorteile der Stromzangen gegenüber Drehspulinstrumenten.

7 Gefährlicher Aufbau ↗ S. 66/67

Ein Transformator mit einer Primärwindungszahl von 100 und einer Sekundärwindungszahl von 10 000 wird in einer Anlage installiert. Dazu wird er an eine Elektrizitätsquelle mit einer maximalen Spannung von 12 V angeschlossen.

a ◪ Begründen Sie, warum Lebensgefahr besteht, wenn ein Arbeiter die freien Kontakte berühren würde.

b ◪ Geben Sie drei mögliche Maßnahmen an, die den Arbeiter schützen könnten.

Recherchieren

8 Netzteil ↗ S. 64–67

Das Bild zeigt die Beschriftungen auf einem Netzteil:

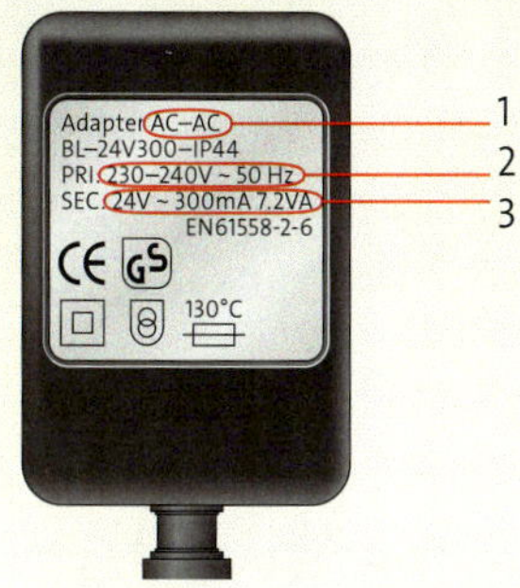

a ◪ Recherchieren Sie, was die Angaben 1–3 bedeuten.

b ◪ Benennen Sie anhand Ihrer Ergebnisse aus Aufgabenteil **a** den Transformatortyp, der vorliegt.

c ■ Recherchieren Sie die Bedeutung der restlichen Symbole.

d ◪ Suchen Sie ein weiteres Netzgerät in Ihrem Haushalt und wiederholen Sie die Aufgabenteile **a** – **c**.

e ■ Schreiben Sie mithilfe Ihrer Rechercheergebnisse aus Aufgabenteil **d** ein Beiblatt für das Netzteil, das erklärt, was die Angaben bedeuten.

Einfach lernen

9 Transformator ↗ S. 64/65

a Wozu dient ein Transformator?

b Wie ist ein Transformator aufgebaut?

c Wie funktioniert ein Transformator?

10 Spannungsverhältnisse am Transformator ↗ S. 66/67

Welche Beziehung gilt für die Primär- und Sekundärspannung beim Transformator?

11 Stromstärkeverhältnisse am Transformator ↗ S. 68/69

Welche Beziehung gilt für die Primär- und Sekundärstromstärke beim Transformator?

Bei einem Unfall gerät ein Transformator in Brand.
Warum erhitzte er sich so stark, dass er Feuer fing?

3.9 Energieentwertung beim Transformator

Versuch 1: Wirkungsgrad bei Transformatoren

Wir bauen einen Transformator ($n_p = 300$, $n_s = 300$) aus einem U-förmigen Kern aus massivem Eisen auf, der mit einem Joch geschlossen wird.

a Wir verbinden die Primärspule über einen Schalter mit einer Elektrizitätsquelle, die Wechselspannung zur Verfügung stellt. Als Primärspannung U_p stellen wir 6,0 V ein. Im Sekundärstromkreis schließen wir ein Lämpchen mit den Betriebsdaten 6 V; 5 W an.

b Wir messen die elektrische Leistung im Primärstromkreis P_p und im Sekundärstromkreis P_s. ↗ 1

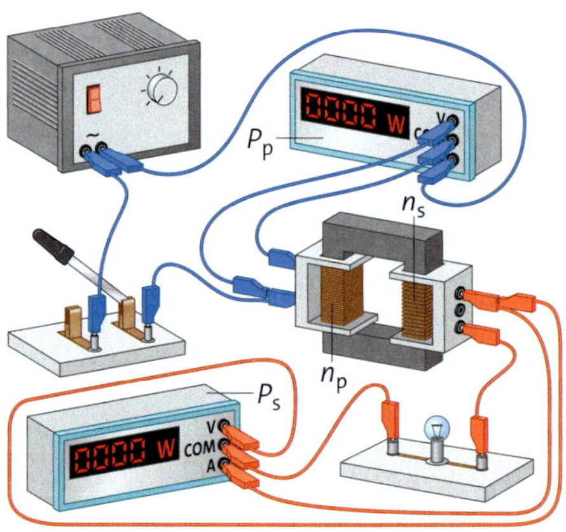

1 *Leistungsmessung am Transformator*

Wir sehen:

a Nach dem Schließen des Schalters leuchtet das Lämpchen nur sehr schwach.

b Die zugeführte Leistung im Primärstromkreis P_p ist viel größer als die nutzbare Leistung im Sekundärstromkreis P_s. ↗ 2 Wir messen beispielsweise, dass die zugeführte Leistung etwa 6-mal höher ist als die nutzbare Leistung. Berechnen wir den Wirkungsgrad mit $\eta = \frac{P_{nutz}}{P_{zu}} = \frac{P_s}{P_p}$, ergibt sich ein Wirkungsgrad von 16 %. Für den Transformator gilt allgemein:

P_p in W	P_s in W	$\eta = \frac{P_s}{P_p}$
2,93	0,48	0,16

2 *Primär- und Sekundärleistung, Wirkungsgrad*

$$\text{Wirkungsgrad} = \frac{\text{Sekundärleistung}}{\text{Primärleistung}} \qquad \eta = \frac{P_s}{P_p}$$

Ergebnis:

Der Transformator wird dazu genutzt, Spannungen und Stromstärken zu verändern. Dabei wird elektrische Energie vom Primär- auf den Sekundärstromkreis übertragen. Der Versuch zeigt, dass in diesem Fall ein großer Teil der zugeführten elektrischen Energie entwertet wird. ↗ 3

Erklärung:
Für die Energieentwertung im Betrieb von Transformatoren sind die wesentlichen Gründe:
- der **Widerstand** in den Drähten der Primär- und Sekundärspule, wodurch sich diese erwärmen
- die fortlaufende **Ummagnetisierung** im Eisenkern des Transformators, wodurch sich dieser erwärmt
- **Wirbelströme**, die das Magnetfeld im Eisenkern entsprechend der Regel von Lenz schwächen und zusätzlich zu seiner Erwärmung beitragen
- die **Streuung des Magnetfelds** in die Umgebung

Der Wirkungsgrad von Transformatoren kann durch Optimieren der Spulendrähte durch folgende Maßnahmen erhöht werden:
- Materialien mit möglichst geringem **spezifischem Widerstand**
- **optimierte Leitergeometrie** bezüglich der Leiterlänge und der Leiterquerschnittsfläche
- **Kühlung** der Spulendrähte (und des Eisenkerns)

Der Wirkungsgrad kann auch durch Optimierung des Eisenkerns erhöht werden. Dies untersuchen wir im Folgenden.

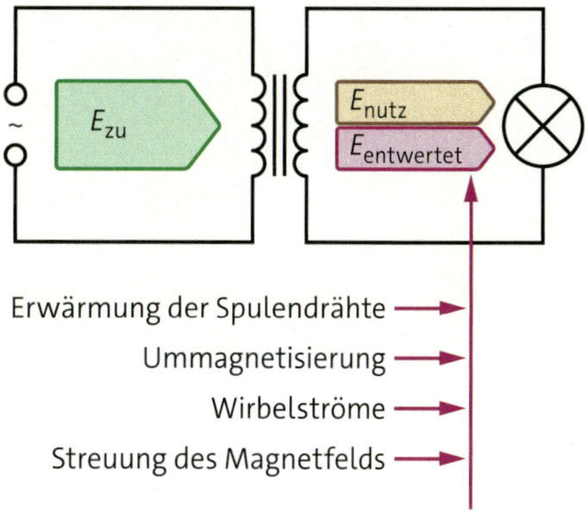

3 *Energieentwertung im Transformator*

4 *Geblätterter, E-förmiger Eisenkern*

5 *Manteltransformator*

Versuch 2: Optimierung des Eisenkerns
a Wir wiederholen Versuch 1 ohne Joch.
b Wir wiederholen Versuch 1 mit geblättertem Eisenkern.
c Wir wiederholen Versuch 1 mit geblättertem, E-förmigem Eisenkern. ↗ 4 Die beiden Spulen setzen wir übereinander auf den mittleren Steg und wir schließen den Kern. Diese Anordnung nennt man Manteltransformator. ↗ 5

Wir sehen:
a Der Wirkungsgrad sinkt.
b Der Wirkungsgrad steigt stark.
c Der Wirkungsgrad steigt noch leicht weiter an. ↗ 6

Erklärung:
Durch einen **geblätterten Eisenkern** werden die Wirbelströme minimiert. Durch eine **Ummantelung** des Transformators mit einer Eisenhülle wird die Streuung des Magnetfelds reduziert. Transformatoren können unter Berücksichtigung aller genannten Maßnahmen Wirkungsgrade von 95 % bis 99 % erreichen.

	P_p in W	P_s in W	$\eta = \frac{P_s}{P_p}$
V1 massiver Eisenkern	2,93	0,48	0,16
a massiver Eisenkern ohne Joch	2,94	0,22	0,075
b geblätterter Eisenkern	1,91	1,24	0,649
c Mantelkern	2,25	1,52	0,676

6 *Einfluss des Eisenkerns auf den Wirkungsgrad*

- **Während des Betriebs eines Transformators wird Energie entwertet.**
- **Den Wirkungsgrad eines Transformators berechnet man als Quotienten aus Sekundärleistung und Primärleistung.**

↗ **NEWTON AKTIV** Seite 82/83 Aufgabe 1, 2, 5, 6, 7, 8, 11

Elektrische Energie muss häufig über lange Fernleitungen übertragen werden, deren Widerstand nicht vernachlässigbar ist. Die Leitungen erwärmen sich und es wird Energie entwertet. Die zugeführte Leistung steht nach der Übertragung nicht mehr vollständig zur Verfügung.
Wie kann man die Leistungsverluste minimieren?

3.10 Fernübertragung elektrischer Energie

Durch einen Modellversuch wollen wir die Leistungsverluste untersuchen und unter sinnvollen Annahmen in Modellrechnungen herausfinden, wie wir sie beheben können. Wir gehen von einer Kupferfernleitung $\left(\rho_{\text{Kupfer}} = 0{,}017\,\frac{\Omega \cdot \text{mm}^2}{\text{m}}\right)$ mit einer Gesamtlänge l von 3,0 km und einer Querschnittsfläche A von 0,25 mm² aus. Der Leitungswiderstand R_F der in Reihe geschalteten Hin- und Rückleitung (jeweils 1,5 km) beträgt 0,20 kΩ. ↗ 1 Mit diesem Leitungswiderstand wollen wir ein Glühlämpchen betreiben.

$$R_F = \rho \cdot \frac{l}{A}$$

$$R_F = 0{,}017\,\frac{\Omega \cdot \text{mm}^2}{\text{m}} \cdot \frac{3{,}0\,\text{km}}{0{,}25\,\text{mm}^2};\ R_F = 0{,}20\,\text{k}\Omega$$

1 *Berechnung des Widerstands einer Kupferfernleitung*

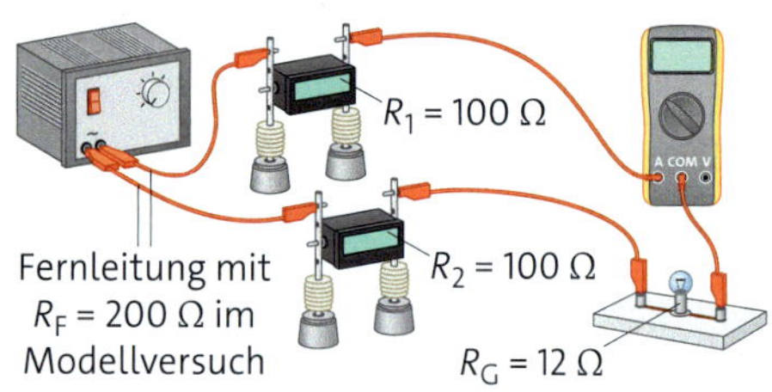

2 *Energieübertragung im Modellversuch*

Versuch 1: Energieübertragung ohne weitere Maßnahmen

In unserem Modellversuch schließen wir ein Glühlämpchen (6,0 V; 0,50 A; 12 Ω) an eine Elektrizitätsquelle an, die Wechselspannung zur Verfügung stellt. Um die Länge der Fernleitung zu simulieren, fügen wir zwei 100-Ω-Widerstände ein, wie in Bild 2 gezeigt. ↗ 2 Wir fügen ein Stromstärkemessgerät in Reihe in den Stromkreis ein. Wir schalten die Elektrizitätsquelle ein.

Wir sehen:
Das Lämpchen leuchtet nicht. Die Stromstärke beträgt 0,028 A.

Wir berechnen mit der Stromstärke I und dem jeweiligen Widerstand R die Verlustleistung der Fernleitung P_V und die Nutzleistung des Glühlämpchens P_{nutz}. ↗ 3 Wir berechnen den Wirkungsgrad und stellen fest, dass im Modellversuch der Anteil der Nutzleistung an der gesamten Leistung 5,5 % beträgt. Die Leistungsverluste betragen somit 94,5 %.

(I) $P = U \cdot I$

(II) $U = R \cdot I$ (II) in (I) einsetzen

$\Leftrightarrow P = (R \cdot I) \cdot I \Leftrightarrow \boldsymbol{P = R \cdot I^2}$

Verlustleistung in der Fernleitung:

$P_V = 200\ \Omega \cdot (0{,}028\ \text{A})^2$

$P_V = 0{,}16\ \text{W}$

Nutzleistung im Glühlämpchen:

$P_{\text{nutz}} = 12\ \Omega \cdot (0{,}028\ \text{A})^2$

$P_{\text{nutz}} = 0{,}0094\ \text{W}$

Wirkungsgrad:

$$\eta = \frac{P_{\text{nutz}}}{P_{\text{zu}}} = \frac{P_{\text{nutz}}}{P_V + P_{\text{nutz}}};\ \eta = 0{,}055$$

3 *Modellrechnungen zu Versuch 1*

Ergebnis:
Bei der Energieübertragung in der Modellfernleitung geht ein Großteil der Energie in Form von Wärme verloren. Die zum

Betrieb des Lämpchens nötige Leistung von $P_L = 6{,}0\,V \cdot 0{,}50\,A = 3{,}0\,W$ kann nicht übertragen werden.

Damit die Leistungsverluste ($P_V = R_F \cdot I^2$) bei der Energieübertragung über weite Entfernungen möglichst klein sind, sollte auch der Widerstand der Fernleitung R_F möglichst klein sein $\left(R = \rho \cdot \frac{l}{A}\right)$. Ein kleiner Effekt kann durch den Einsatz geeigneter Drahtmaterialien mit einem geringen spezifischen Widerstand ρ erzielt werden. Aufgrund der Standorte der Kraftwerke kann die Leitungslänge l nicht verringert werden. Eine Erhöhung des Leitungsquerschnitts A ist auch nur in begrenztem Maße möglich, da die Leitungen zu schwer und zu teuer würden.
Eine weitere Möglichkeit besteht darin, die übertragene Stromstärke I zu senken.

Versuch 2: Energieübertragung mit Transformatoren

Wir verwenden den Versuchsaufbau von Versuch 1 und fügen zwischen Elektrizitätsquelle und der Modellfernleitung einen Hochspannungstransformator mit $n_p = 600$ und $n_s = 12\,000$ ein. Zwischen der Modellfernleitung und dem Glühlämpchen bauen wir einen Transformator mit $n_p = 12\,000$ und $n_s = 600$ ein. ↗ 4

Wir sehen:
Das Glühlämpchen leuchtet. Wir messen zwischen den Transformatoren in der Modellfernleitung eine Stromstärke von 0,0067 A und im Sekundärstromkreis mit dem Glühlämpchen eine Stromstärke von 0,23 A.

Mithilfe der Formel zur Berechnung der Leistung berechnen wir wieder die Verlustleistung der Fernleitung P_V und die Nutzleistung des Glühlämpchens P_{nutz}. ↗ 5 Die Leistung von 0,63 W genügt, damit das Glühlämpchen deutlich sichtbar leuchtet.

Ergebnis:
Mit Hochspannung kann die für den Betrieb des Glühlämpchens nötige Leistung bei geringer Stromstärke übertragen werden. Die Energieentwertung in der Fernleitung kann durch weitere Erhöhung der Spannung noch weiter gesenkt werden.

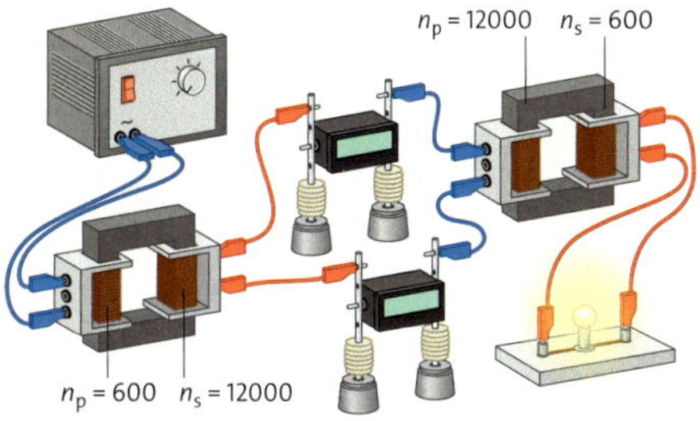

4 *Energieübertragung mit Transformatoren (Stromstärkemessgerät noch nicht eingefügt)*

Verlustleistung in der Fernleitung:

$P_V = 200\,\Omega \cdot (0{,}0067\,A)^2$

$P_V = 0{,}0090\,W$

Nutzleistung in dem Glühlämpchen:

$P_{nutz} = 12\,\Omega \cdot (0{,}23\,A)^2$

$P_{nutz} = 0{,}63\,W$

5 *Modellrechnung zu Versuch 2*

- **Der Widerstand bei der Energieübertragung über große Entfernungen führt zu großen Energieentwertungen.**
- **Die Leistungsverluste steigen mit dem Quadrat der Stromstärke: $P_V = R \cdot I^2$.**
- **Um die Leistungsverluste möglichst gering zu halten, erhöht man in der Fernleitung mithilfe von Transformatoren die Spannung und erhält so kleine Stromstärken.**

↗ NEWTON AKTIV Seite 81 Aufgabe 1 – 3; Seite 82/83 Aufgabe 4, 9, 10, 12

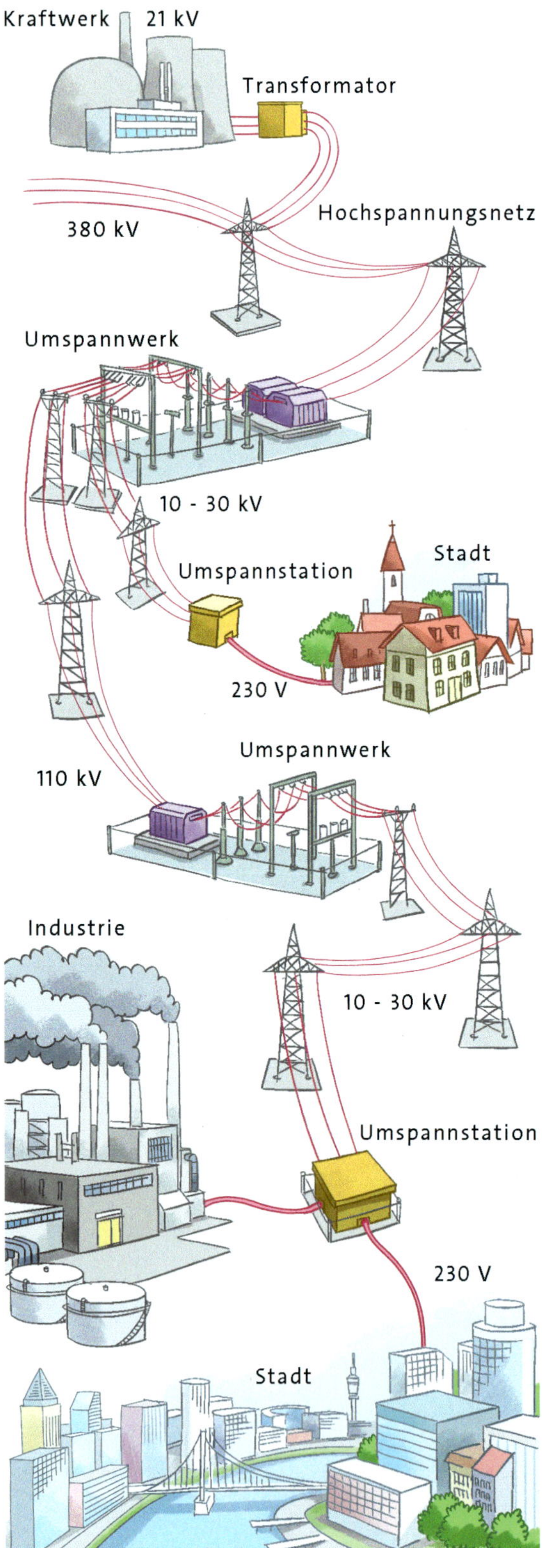

1 *Transport der elektrischen Energie im Verteilungsnetz*

↗ **NEWTON AKTIV** Seite 82 Aufgabe 3

Verteilungsnetz für elektrische Energie

Im 19. Jahrhundert wurde der Transport elektrischer Energie erstmalig erforderlich, als elektrische Motoren und andere Geräte mit den ersten Gleichstromgeneratoren betrieben wurden. Die Generatoren wurden damals mit Dampfmaschinen oder Wasserturbinen angetrieben. Mit der Entwicklung leistungsfähigerer Generatoren, Transformatoren und Abnehmeranlagen verlagerten sich die Standorte der Kraftwerke in die Nähe der Primärenergiequellen, weit entfernt von den Abnehmern. Der Transport elektrischer Energie mit Hochspannung gewann deshalb an Bedeutung. 1912 kam in Deutschland die erste 110-kV-Leitung zum Einsatz. Ende der 1950er-Jahre wurden die ersten Hochspannungsleitungen mit 380 kV errichtet.

In Kraftwerken werden andere Energieformen in elektrische Energie umgewandelt. Kraftwerksgeneratoren liefern eine Spannung von etwa 21 kV. Mithilfe von Transformatoren wird die Spannung erhöht und in das 380-kV-Hochspannungsnetz eingespeist. ↗ 1 In Umspannwerken senken Transformatoren die Spannung auf Mittelspannungen von 10 bis 30 kV. Das Mittelspannungsnetz verteilt die Energie bei dieser Spannung in die Wohnorte. Transformatoren in Umspannstationen senken die Spannung weiter auf 230 V. ↗ 2 Im Niederspannungsnetz wird die elektrische Energie bei dieser Spannung in die Haushalte verteilt.

2 *Mittelspannungsleitung mit Transformator zur Umwandlung in Niederspannung (links); Umspannstation (rechts)*

Europäisches Verbundnetz

Die Hochspannungsnetze der meisten europäischen Staaten sind im Europäischen Verbundsystem (EV) engmaschig verknüpft. Das hat den Vorteil, dass auch große Schwankungen in der Nutzung und Erzeugung elektrischer Energie ausgeglichen werden können. Dazu existieren Schaltzentralen, die beispielsweise auf den Ausfall eines Kraftwerks durch die Zuschaltung von Kapazitäten in ganz Europa reagieren können. Schwankungen im Stromnetz und damit großflächige Stromausfälle können so weitgehend verhindert werden. Bild 3 zeigt die Hochspannungsleitungen (380 kV und 220 kV) des deutschen Verbundnetzes.

3 *Hochspannungsleitungen in Deutschland* (Quelle: FNN, 2020)

Fernübertragung mit Gleichstrom

Über sehr große Entfernungen kann elektrische Energie auch mit Hochspannungs-Gleichstrom-Übertragung (HGÜ) transportiert werden. Die erste Fernübertragung mit Gleichstrom wurde 1882 bei einer Spannung von 2 kV über 57 km von Miesbach nach München durchgeführt. In China ist seit 2019 eine der leistungsfähigsten HGÜ-Verbindungen über eine Entfernung von 3284 km mit einer Übertragungsspannung von 1100 kV in Betrieb. In Deutschland ist eine HGÜ-Trasse geplant, die Nord- und Süddeutschland verbindet.

Über sehr große Entfernungen werden bei der HGÜ bessere Wirkungsgrade erzielt als bei der Energieübertragung mit Wechselstrom.

Ein weiterer Vorteil ist, dass HGÜ über günstige Erdkabel erfolgen kann. ↗ 4 Dadurch werden Seekabel möglich, zum Beispiel für die Anbindung von Offshore-Windparks. ↗ 5 Die Erzeugung der hohen Gleichspannung ist jedoch aufwendig. Zunächst wird mithilfe von Transformatoren Wechselstrom mit hoher Spannung erzeugt. Dieser wird mithilfe von Gleichrichterschaltungen in Gleichstrom umgewandelt. Dieser muss am Zielort vor der Einspeisung in das Stromnetz wieder zurück in Wechselstrom umgewandelt werden. HGÜ-Netze können deshalb Wechselstrom-Hochspannungsnetze nicht ersetzen, sondern nur bei der Übertragung über große Entfernungen ergänzen.

4 *Verlegung eines Erdkabels*

5 *Offshore-Windpark*

↗ **NEWTON AKTIV** Seite 82 Aufgabe 3

Musteraufgabe

Fernübertragung elektrischer Energie

Der Generator eines Kraftwerks gibt die elektrische Leistung von 420 MW ab. Die vom Generator bereitgestellte Spannung wird durch einen Transformator mit einem Wirkungsgrad von 95,0 % auf 230 kV hochtransformiert. Die elektrische Energie wird über eine Kupferfernleitung mit einem Widerstand von 4,2 Ω übertragen. Die Gesamtlänge beträgt 100 km.

a Berechnen Sie die Stromstärke in der Fernleitung.

b Berechnen Sie den Leistungsverlust in der Fernleitung.

c Berechnen Sie die Querschnittsfläche der Fernleitung.

Lösung

Bei komplexeren Aufgabenstellungen kann es hilfreich sein, sich die gegebenen und gesuchten Größen in einer Skizze zu veranschaulichen. Für die Aufgabe könnte das so aussehen:

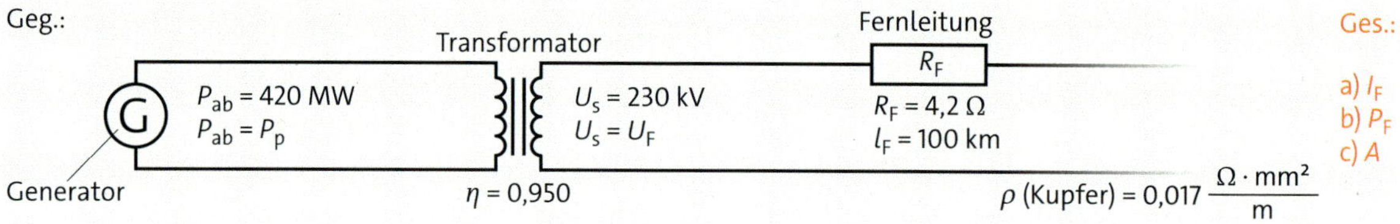

a $P_F = U_F \cdot I_F;\ I_F = \frac{P_F}{U_F}$

$P_F = P_S;\ \eta = \frac{P_s}{P_p};\ P_s = \eta \cdot P_p;\ P_S = 0{,}950 \cdot 420\,\text{MW};\ P_S = 399\,\text{MW}$

$I_F = \frac{399\,\text{MW}}{230\,\text{kV}};\ I_F = \frac{399 \cdot 10^6\,\text{W}}{230 \cdot 10^3\,\text{V}};\ I_F = 1{,}73\,\text{kA}$

Die Stromstärke in der Fernleitung beträgt 1,73 kA.

b $P_F = R_F \cdot I_F^2;\ P_F = 4{,}2\frac{\text{V}}{\text{A}} \cdot (1{,}73\,\text{kA})^2;\ P_F = 13\,\text{MW}$

Bei der Übertragung kommt es zu einem Leistungsverlust von 13 MW.

c $R_F = \rho \cdot \frac{l}{A};\ A = \rho \cdot \frac{l}{R_F}$

$A = 0{,}017\frac{\Omega \cdot \text{mm}^2}{\text{m}} \cdot \frac{100\text{km}}{4{,}2\,\Omega};\ A = 0{,}017\frac{\Omega \cdot \text{mm}^2}{\text{m}} \cdot \frac{100 \cdot 10^3\,\text{m}}{4{,}2\,\Omega};\ A = 40 \cdot 10^1\,\text{mm}^2$

Die Querschnittsfläche der Fernleitung beträgt $40 \cdot 10^1\,\text{mm}^2$.

Lösungen finden

1 Generator ↗ S. 76/77, 80

Ein Generator hat eine elektrische Leistung von 16 MW. Die von diesem Generator bereitgestellte Spannung wird durch einen Transformator mit einem Wirkungsgrad von 95 % auf 380 kV hochtransformiert. Die elektrische Energie wird dann über eine Fernleitung mit dem Widerstand 3,5 Ω übertragen.

a □ Zeigen Sie durch Rechnung, dass die Stromstärke in der Fernleitung 40 A beträgt.

b □ Berechnen Sie den Spannungsabfall längs der Fernleitung.

c □ Berechnen Sie den Leistungsverlust über die Fernleitung.

2 Durchmesser einer Fernleitung ↗ S. 76/77, 80

Eine 230-V-Kupferleitung mit der Gesamtlänge von 100 km überträgt eine elektrische Leistung von 100 MW vom Generator zu einem Verbrauchergebiet. Die Verluste über die Fernleitung sollen maximal 5,0 % betragen.

a ■ Zeigen Sie rechnerisch, dass die Energie ohne weitere Maßnahmen mit einer Stromstärke von 435 kA übertragen wird und ihr Widerstand bei der angestrebten Verlustleistung $2{,}6 \cdot 10^{-5}\ \Omega$ betragen müsste.

b ◪ Berechnen Sie den Durchmesser, den die Kupferleitung haben müsste, um die Energie bei einer Spannung von 230 V zu übertragen.

c ◪ Die Wechselspannung wird tatsächlich vor der Fernleitung auf 110 kV hochtransformiert. Berechnen Sie die Stromstärke in der Fernleitung und zeigen Sie durch Rechnung, dass ihr Widerstand dann 6,6 Ω betragen muss.

d ◪ Berechnen Sie den Leitungsdurchmesser für den in Aufgabenteil **c** beschriebenen Fall der Energieübertragung mithilfe von Transformatoren.

3 Erste Versuche ↗ S. 76/77, 80

Oskar von Miller, der Gründer des Deutschen Museums, zeigte 1882 im Rahmen der Zweiten Internationalen Elektrizitätsausstellung in München die erste Anlage zur Übertragung elektrischer Energie über große Entfernungen von Miesbach nach München. Eine Dampfmaschine trieb mit einer Leistung von 1,1 kW einen Generator an, der einen Wirkungsgrad von 91 % hatte und eine Spannung von bis zu 2,0 kV zur Verfügung stellen konnte. Die elektrische Energie wurde über eine 57 km lange Doppelleitung der Telegrafenverbindung nach München übertragen und betrieb dort die Pumpe eines 2,5 m hohen Wasserfalls. Der Leitungsdraht bestand aus Eisen und hatte einen Durchmesser von 2,2 mm.

a □ Der elektrische Widerstand der Telegrafenleitung hat etwa 3,0 kΩ betragen. Bestätigen Sie dies rechnerisch.

b □ Zeigen Sie rechnerisch, dass die elektrische Leistung des Generators 1,0 kW betragen hatte.

c ◪ Zeigen Sie rechnerisch, dass die Verlustleistung bis zu 0,75 kW betragen hat.

d ■ Berechnen Sie den Wirkungsgrad dieser Energieübertragung.

e □ Berechnen Sie die Leistung der Pumpe unter der Annahme, dass sie pro Sekunde 10 l Wasser auf die angegebene Höhe gepumpt hat.

f ◪ Neun Jahre später gelang es Oskar von Miller im Rahmen der Elektrizitätsausstellung in Frankfurt, elektrische Energie mit einem Wirkungsgrad von 75 % über eine Entfernung von 175 km zu übertragen. Beschreiben Sie anhand eines aussagekräftig beschrifteten Schaltbilds, wie elektrische Energie bei wirtschaftlich tragbaren Verlusten über große Entfernungen übertragen werden kann, und begründen Sie dies.

In Worte fassen

4 Energieentwertungen im Transformator ↗ S. 74/75
☐ Stellen Sie in einer Tabelle die im Transformator auftretenden Energieentwertungen und die jeweils geeigneten Gegenmaßnahmen gegenüber.

5 Transformatorunfall ↗ S. 74/75
Die Feuerwehr versucht den brennenden Transformator in einem Kraftwerk zu löschen:

a ◩ Geben Sie eine mögliche Erklärung für den Unfall unter Verwendung der Begriffe:

Energieentwertung • Erwärmung • Kühlung • Ausfall • Temperaturanstieg

b ◩ Beschreiben Sie zwei Vorsichtsmaßnahmen, die die Feuerwehr beim Löschen treffen muss.

6 Stromnetz ↗ S. 78/79
Informieren Sie sich in der Leseecke über Fernübertragung elektrischer Energie mit Wechselstrom und mit Gleichstrom.

a ◩ Nennen Sie drei Gründe dafür, dass man zur Fernübertragung hauptsächlich Hochspannungs-Wechselstromleitungen einsetzt.

b ☐ Nennen Sie zwei Vorteile der Hochspannungs-Gleichstrom-Übertragung.

Nachdenken & Kombinieren

7 Fernübertragung und Leitungsverluste ↗ S. 76/77

a ◩ Erstellen Sie einen vereinfachten Schaltplan einer Hochspannungsfernleitung ausgehend vom Kraftwerksgenerator bis zu einem elektrischen Gerät (z. B. Glühlampe) im Haushalt.

b ☐ Ergänzen Sie im Schaltplan aus Aufgabenteil **a**, wie sich die Windungszahlen der Transformatorspulen n_p und n_s jeweils zueinander verhalten.

c ■ Erläutern Sie, warum die Energieübertragung über große Distanzen nur mit Hochspannung sinnvoll ist.

Lösungen finden

8 Vorwiderstand oder Transformator ↗ S. 74/75
Zwei baugleiche LED-Lampen (12 V; 11 W) sind parallel geschaltet.

a ■ Die Lampen werden mithilfe eines Vorwiderstands an das Hausstromnetz (230 V) angeschlossen. Zeigen Sie durch Rechnung, dass der Wert des Vorwiderstands 0,12 kΩ betragen muss und dass dem Netz eine Leistung von 0,42 kW entnommen wird.

b ◩ Die beiden parallel geschalteten Lampen werden nun mithilfe eines Transformators am Netz betrieben. Dabei beträgt die Stromstärke im Primärstromkreis 108 mA. Zeigen Sie, dass der Wirkungsgrad des Transformators 89 % beträgt.

c ◩ Begründen Sie durch Berechnung des Wirkungsgrads, dass der Betrieb der Lämpchen wie in Teil **a** beschrieben unwirtschaftlich ist.

9 Lichtbogenofen ↗ S. 74/75
Ein industrieller Lichtbogenofen ist über einen Transformator mit einem Wirkungsgrad von 86 % an das 30-kV-Mittelspannungsnetz angeschlossen. Beim Betrieb beträgt die Spannung auf der Sekundärseite 16 V. Die Anlage ist auf der Primärseite mit einer 32-A-Sicherung abgesichert.

a ◩ Überprüfen Sie rechnerisch, ob es unter den genannten Bedingungen möglich ist, die für den Betrieb benötigte Stromstärke von 50 kA zu erzielen.

b ◩ Bei der Modernisierung des Lichtbogenofens soll ein Transformator mit einem Wirkungsgrad von 95 % zum Einsatz kommen. Die Primärstromstärke wird bei gleichen Spannungen auf 30 A begrenzt. Berechnen Sie die Sekundärstromstärke, die dieses Modell bereitstellen kann.

10 Elektrisches Schweißgerät ↗ S. 74/75

Ein elektrisches Schweißgerät (U_s = 3,0 V; I_s = 120 A) wird mithilfe eines Transformators mit Netzspannung (230 V) betrieben. Der Wirkungsgrad des Transformators beträgt 93 %.

a ◪ Bestätigen Sie durch Rechnung, dass die Primärstromstärke 1,7 A beträgt.

b ◪ Zeigen Sie, dass die elektrische Energie, die dem Hausstromnetz während eines 10-minütigem Schweißvorgangs entnommen wird, 0,23 MJ beträgt.

c ■ Berechnen Sie die Kosten, die bei einem Strompreis von 30,91 Cent pro kWh entstehen.

11 Deckenbeleuchtung ↗ S. 74/75

Um einen Raum auszuleuchten, wird ein Seilsystems mit drei Lampen installiert.

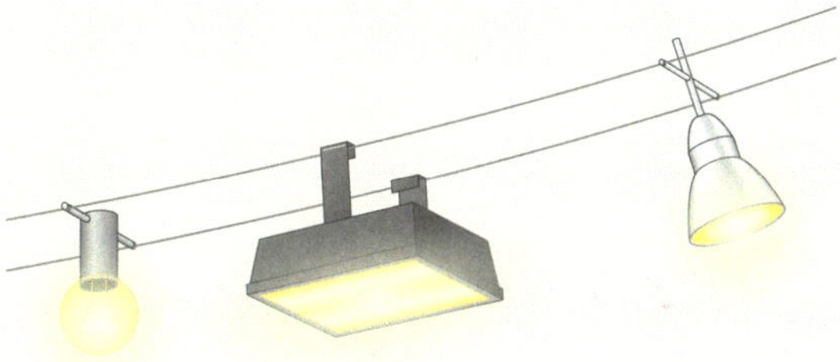

Die Metallseile, die gleichzeitig als Stromzuleitung dienen, werden mit einem Transformator mit einem Wirkungsgrad von 94 % verbunden. Dieser ist primärseitig an die Netzspannung von 230 V angeschlossen. Im Sekundärstromkreis werden die drei parallel geschalteten Glühlämpchen mit den Betriebsdaten L_1 (6,0 V; 0,55 A), L_2 (7,5 W) und L_3 (6,0 V; 80 Ω) betrieben.

a ◪ Fertigen Sie einen Schaltplan an.

b ■ Zeigen Sie durch Rechnung, dass die Sekundärstromstärke 1,9 A beträgt.

c □ Zeigen Sie durch Rechnung, dass die Sekundärleistung aller Lampen des Seilsystems 11 W beträgt.

d ◪ Im Betrieb wird dem Haushaltsstromnetz eine Leistung von 12 W entnommen. Bestätigen Sie dies durch Rechnung.

e □ Berechnen Sie die Primärstromstärke.

12 Reduzierung der Verlustleistung ↗ S. 76/77

◪ Schätzen Sie ab, um welchen Faktor sich die Verlustleistung einer Überlandleitung reduziert, wenn eine 10-mal (50-mal) höhere Übertragungsspannung gewählt wird.

13 Energieübertragung in Fernleitungen ↗ S. 76/77, 80

Zwanzig Kilometer vor München soll ein neues Gasturbinenkraftwerk gebaut werden. Die Generatoren des Kraftwerks sollen eine maximale Stromstärke von 5500 A bei einer Spannung von 21,0 kV liefern. Die Kabel einer zusätzlich geplanten Stromtrasse sollen aus Aluminium bestehen und einen Durchmesser von 5,0 cm haben.

a □ Zeigen Sie durch Rechnung, dass die Gesamtleistung des Kraftwerks 116 MW beträgt.

b ■ Zeigen Sie durch Rechnung, dass der elektrische Widerstand der Stromleitung 0,54 Ω beträgt.

c □ Berechnen Sie die Verlustleistung bei der oben beschriebenen Energieübertragung. Erläutern Sie, warum die Übertragung bei der angegebenen Stromstärke keinen Sinn macht.

d Die Gesamtleistung wird mithilfe von Transformatoren und einer Hochspannungsleitung bei einer Spannung von 380 kV übertragen. Berechnen Sie die nun verwendete Stromstärke und die theoretische Verlustleistung auf dem Übertragungsweg ohne Berücksichtigung des Wirkungsgrads der verwendeten Transformatoren.

Einfach lernen

14 Energieumwandlungen ↗ S. 74/75

a Welche Energieverluste treten beim Betrieb eines Transformators auf?

b Durch welche Maßnahmen können die Energieverluste minimiert werden?

15 Fernübertragung ↗ S. 76/77

a Von welchen Größen hängt die Verlustleistung in einer Elektrizitätsleitung ab?

b Wie werden die Energieverluste bei der Fernübertragung minimiert?

Elektromagnetische Induktion

Wird eine Spule von einem Magnetfeld durchsetzt, dessen Stärke sich im Laufe der Zeit ändert,

↓

entsteht zwischen ihren Enden eine **Induktionsspannung** U_{ind}

↓

und im geschlossenen Stromkreis fließt dann ein **Induktionsstrom** I_{ind}.

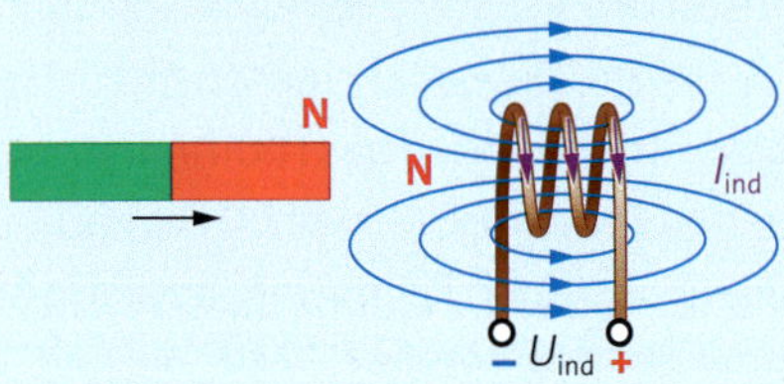

Induktionsgesetz:
Die **Induktionsspannung** ist umso größer,

- je größer die Anzahl n der Windungen der Induktionsspule ist.
- je größer die Geschwindigkeit ist, in der sich die Magnetfeldstärke ändert.
- je größer der Betrag der Änderung der Magnetfeldstärke in einer bestimmten Zeit ist.

Regel von Lenz:
Die Induktionsspannung hat eine solche Polarität, dass der **Induktionsstrom** in eine Richtung fließt, dass sein Magnetfeld seiner Entstehungsursache, also der Änderung der Magnetfeldstärke, entgegenwirkt.

Elektromagnetische Induktion in der Technik

Wirbelströme

Werden **massive Metallkörper** von einem Magnetfeld durchsetzt, das sich im Laufe der Zeit ändert, treten dort Wirbelströme auf.
Nutzen: Wirbelstrombremse, Induktionsherd u. a.
Nachteile: Wirbelströme in Eisenkernen von Elektromotoren u. a. verringern den Wirkungsgrad. → Verwendung geblätterter Eisenkerne

Wechselspannungsgenerator

Rotiert eine Spule in einem Magnetfeld, wird eine Wechselspannung induziert.

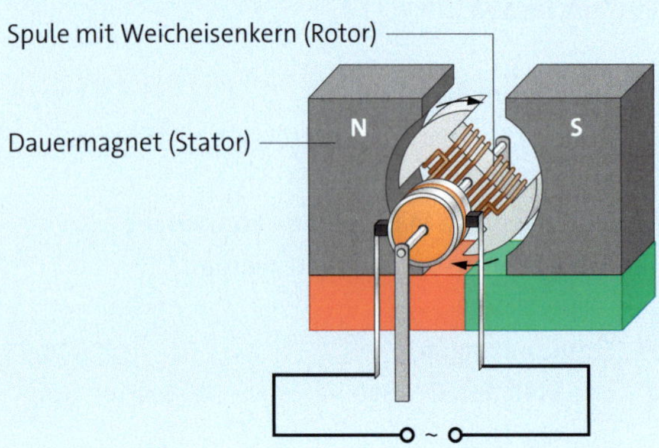

Transformatoren

Wenn eine Primärspule von einem Wechselstrom durchflossen wird, wird in einer Sekundärspule eine Wechselspannung induziert.
Mit Transformatoren können Spannungen und Stromstärken verändert werden. Dabei gilt:

$$\frac{U_s}{U_p} \approx \frac{n_s}{n_p} \quad \text{und} \quad \frac{I_p}{I_s} \approx \frac{n_s}{n_p}$$

$$\textbf{Wirkungsgrad} = \frac{\text{Sekundärleistung}}{\text{Primärleistung}} \qquad \eta = \frac{P_s}{P_p}$$

Erhöhung des Wirkungsgrads u. a. durch:

- geblätterten Weicheisenkern
- Ummantelung aus Eisen (Manteltransformator)
- Kühlung von Spulendrähten und Eisenkern

Fernübertragung elektrischer Energie

Bei der Energieübertragung über große Entfernungen steigen die Leistungsverluste mit dem Quadrat der Stromstärke: $P_V = R \cdot I^2$.
Um diese möglichst gering zu halten, erhöht man mithilfe von Transformatoren die Spannung in der Fernleitung und erhält so kleine Stromstärken.

1 Induktionsfallrohr

Im Rahmen eines Projekts haben Chris und Ali ein Induktionsfallrohr gebaut. Dazu haben sie einen Kupferdraht in einem bestimmten Abstand jeweils 20-mal um eine Kunststoffröhre gewickelt, sodass zwei Spulen entstanden sind, die in Reihe miteinander verbunden sind. Die Enden des Drahts haben sie an einen Spannungssensor angeschlossen. Bei zwei Testläufen sind folgende Diagramme entstanden:

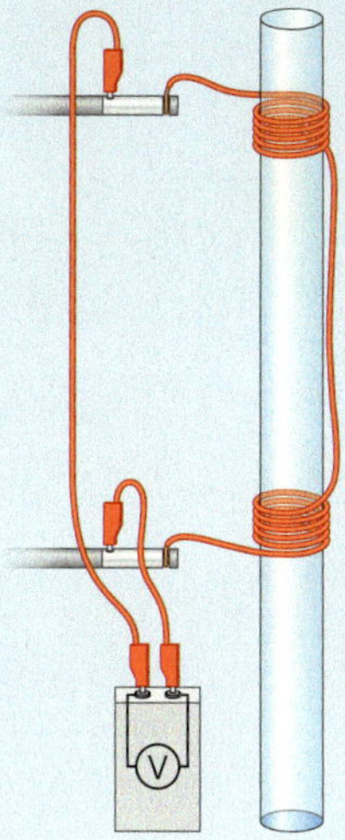

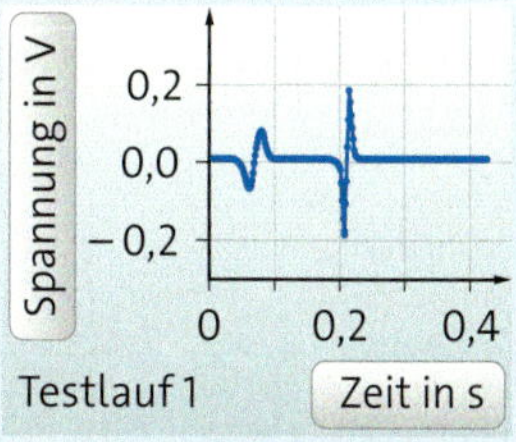

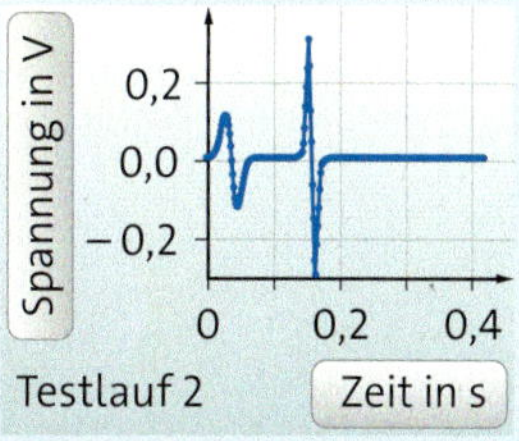

a ◪ Beschreiben Sie die prinzipielle Versuchsdurchführung und geben Sie eine Erklärung für das Auftreten der vier Spannungsimpulse.

b ◪ Beschreiben Sie, welche beiden Änderungen im Versuchsablauf zu den Abweichungen zwischen den Diagrammen 1 und 2 führen. Begründen Sie ihre Aussagen.

c ■ Chris und Ali wickeln nun den Kupferdraht ein drittes Mal um sie das Rohr. Nach einem weiteren Testlauf erhalten sie das folgende Diagramm. Erklären Sie mithilfe der Regel von Lenz, warum sich die Polarität der Spannung beim dritten Signal im Vergleich zu den beiden vorherigen ändert.

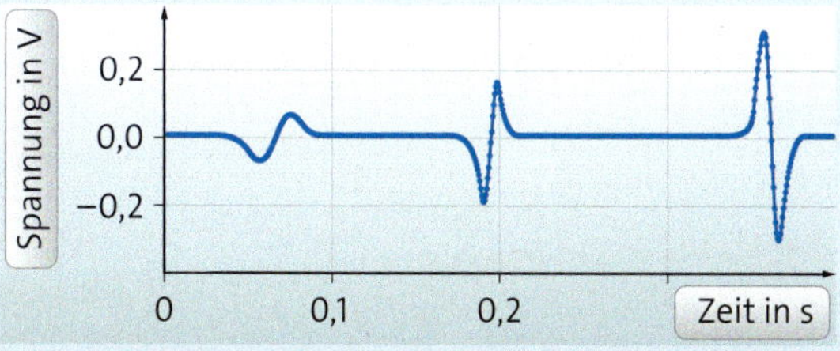

d □ Beschreiben Sie qualitativ, wie man die Windungszahlen der aufeinanderfolgenden Spulen verändern müsste, damit die Induktionsspannung bei jeder etwa gleich groß ist.

2 Schwingungsdämpfung

Um die Zeigerbewegung von mechanischen Schnellwaagen zu dämpfen, positioniert man eine kleine Aluminiumplatte am Ende des Waagenbalkens so, dass sie sich im Magnetfeld eines Hufeisenmagneten senkrecht zu dessen Feldrichtung bewegen kann:

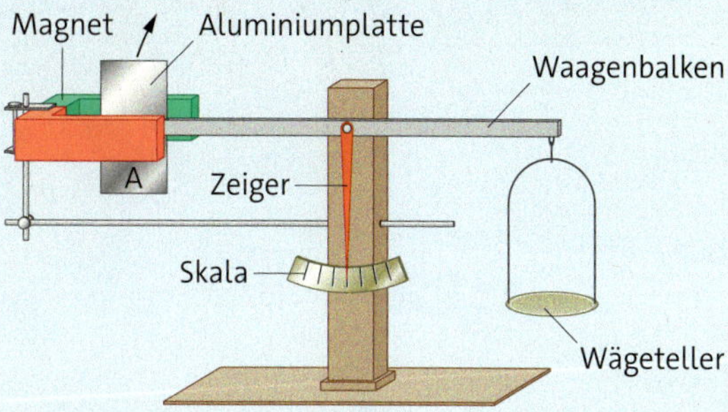

a ◪ Geben Sie eine Erklärung für die Dämpfung der Zeigerbewegung. Betrachten Sie dabei die Bewegung des Plattenteils A.

b ◪ Geben Sie an, in welchen Geräten die Vorgänge aus Aufgabenteil **a** nicht erwünscht sind und wie man dort die negative Auswirkung der Erscheinung verringern kann.

3 Fernübertragung

Transformatoren spielen bei der Übertragung elektrischer Energie über große Entfernungen eine zentrale Rolle.

a □ Erstellen Sie einen Schaltplan zu einem Versuchsaufbau, mit dem das Prinzip dieser Energieübertragung nachvollzogen werden kann.

b □ Begründen Sie die Vorgehensweise zur Energieübertragung.

c ◪ Die Generatoren eines Kraftwerks haben eine elektrische Leistung von 72 MW. Mithilfe von Transformatoren mit einem Wirkungsgrad von 98 % wird diese in das Netz eingespeist. Die Fernleitung hat einen elektrischen Widerstand von 3,0 Ω. Berechnen Sie die Stromstärke in der Fernleitung, wenn der Leistungsverlust maximal 1,2 % der von den Generatoren an die Fernleitung abgegebenen Leistung betragen soll.

d □ Nennen Sie drei Gründe dafür, dass Transformatoren stets einen Wirkungsgrad unter 100 % aufweisen. Nennen Sie Maßnahmen, die zur Erhöhung des Wirkungsgrads beitragen.

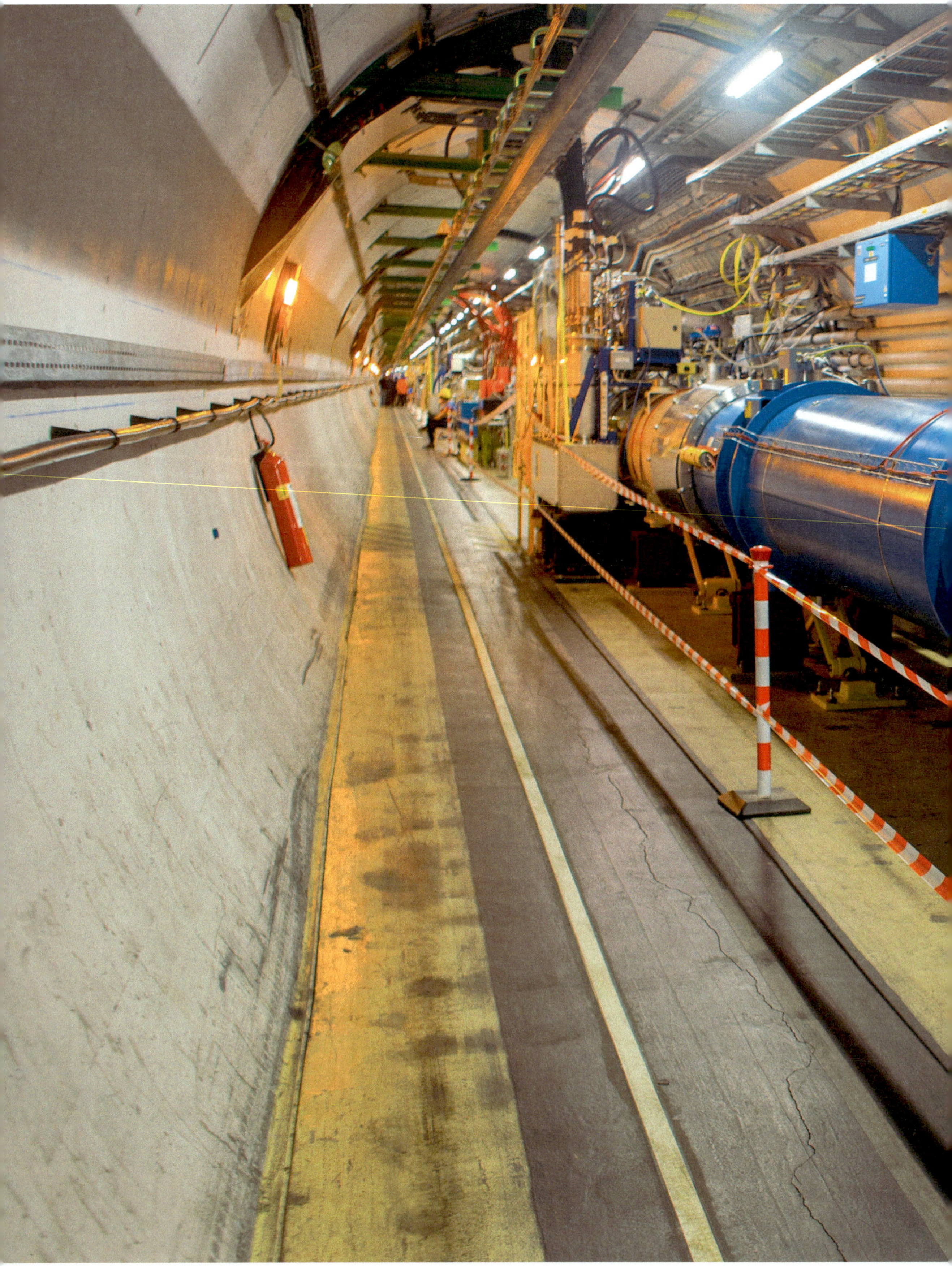

4

Atom- und Kernphysik

Am Europäischen Forschungszentrum CERN forschen Wissenschaftler, um unter anderem herauszufinden, wie Atomkerne aufgebaut sind.

In diesem Kapitel lernen Sie

- *wie man sich den Aufbau von Atomkernen und die Entstehung radioaktiver Strahlung vorstellen kann.*
- *die Eigenschaften und Nachweismöglichkeiten radioaktiver Strahlung kennen.*
- *welche Anwendungsbereiche es für radioaktive Strahlung gibt.*
- *welche Gefahren von radioaktiver Strahlung ausgehen und wie man sich vor diesen schützen kann.*

Durch ein Experiment entdeckte der französische Physiker Henri Becquerel, dass ein uranhaltiger Stein die lichtempfindliche Schicht einer in Papier gewickelten Fotoplatte belichtete. Von dem Stein ging eine bis dahin unbekannte Strahlung aus. Was ist das für eine Strahlung?

4.1 Radioaktive Strahlung

Versuch 1: Schwärzung lichtempfindlicher Schichten

Ihre Lehrkraft legt ein Metalldrahtnetz auf eine Filmkassette einer Sofortbildkamera, die mit lichtempfindlichen Fotoblättern gefüllt ist. Sie fixiert dicht oberhalb der Kassette ein Präparat, das eine Strahlung aussendet, die der entspricht, die Henri Becquerel in seinem Experiment verwendete. Nach etwa 30 Stunden wird die Filmkassette in den Einschub einer Sofortbildkamera gelegt und dort entwickelt. ↗1

Achtung: Experimente mit radioaktiven Präparaten dürfen nur von Ihrer Lehrkraft durchgeführt werden!

Wir sehen:
Wir erkennen die Umrisse des Drahtnetzes auf dem Foto. ↗2

Ergebnis:
Von dem Präparat geht eine Strahlung aus, die zwar die Kassette, jedoch nicht das Drahtnetz durchdringt und die Fotoblätter belichtet. Diese Strahlung ist durch unsere Sinne nicht wahrnehmbar, sie lässt sich aber anhand ihrer physikalischen Folgeerscheinungen feststellen. Man bezeichnet diese Strahlung als **radioaktive Strahlung**. Ein Präparat, das radioaktive Strahlung aussendet, bezeichnen wir im Folgenden als **Strahlungsquelle**.

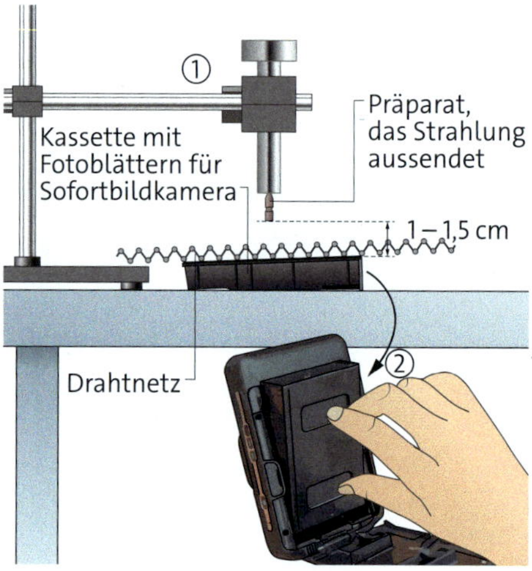

1 *Schwärzung lichtempfindlicher Schichten*

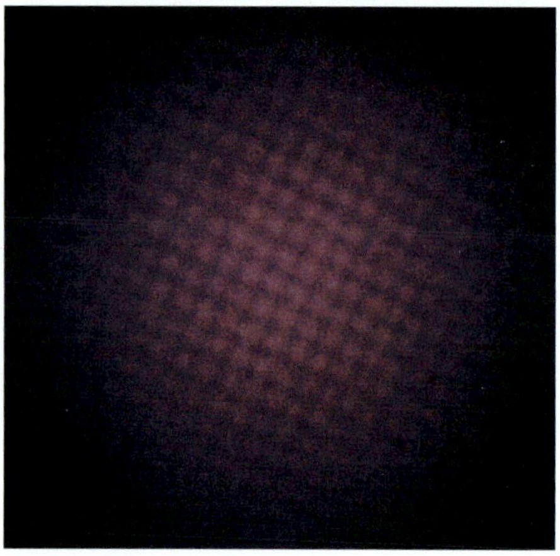
2 *Entwickeltes oberstes Fotoblatt*

Versuch 2: Funkenüberschlag

Ihre Lehrkraft schließt zwei Eisennägel an eine Elektrizitätsquelle an, die Spannungen von etwa 10 kV liefert. Sie positioniert die Eisennägel über Isolierstiele wie im Bild 3 gezeigt, sodass bei eingeschalteter Elektrizitätsquelle gerade kein Funkenüberschlag entsteht. Dann positioniert sie die Strahlungsquelle so unterhalb der beiden Nägel, dass die radioaktive Strahlung den Raum zwischen den Nagelspitzen durchsetzt. ↗3

Achtung: Hohe Spannungen sind lebensgefährlich!

Wir sehen:
Wir beobachten einen Funkenüberschlag zwischen den Nagelspitzen.

Erklärung:
Tritt radioaktive Strahlung mit einem Gasteilchen des Luftgasgemischs in Wechselwirkung, so kann ein Elektron aus der äußersten Hülle herausgeschlagen werden. Aus dem Gasteilchen entsteht ein positiv geladenes Ion. ↗ 4 Es kommt nun zu einer gerichteten Bewegung der positiven Ionen zur negativen Elektrode und der Elektronen zur positiven Elektrode. Im starken elektrischen Feld werden die Elektronen so stark beschleunigt, dass sie auf ihrem Weg zur Elektrode weitere Gasteilchen durch Zusammenstöße ionisieren können. Dies nennen wir **Stoßionisation**. Die Anzahl der Elektronen, die ihrerseits nun wieder zur Ionisation weiterer Gasteilchen beitragen können, steigt lawinenartig an. ↗ 5 Bei ausreichend großer Anzahl an Ladungsträgern zwischen den Nagelspitzen kommt es zu einem elektrischen Strom. Dieser ist am Funkenüberschlag erkennbar.

Ergebnis:
Radioaktive Strahlung hat eine **ionisierende Wirkung** auf Materie.
Die ionisierende Wirkung der sehr energiereichen radioaktiven Strahlung kann **gesundheitsschädigend** sein, wenn sie auf Lebewesen oder Pflanzen trifft. Deshalb müssen im Umgang mit radioaktiver Strahlung geeignete Schutzmaßnahmen getroffen werden. Substanzen oder Objekte, die radioaktive Strahlung aussenden, werden zudem mit Warnschildern gekennzeichnet. ↗ 6
Experimente mit radioaktiven Präparaten werden ausschließlich von Ihrer Lehrkraft durchgeführt!

Radioaktive Strahlung kann aber auch nützlich sein und findet zum Beispiel Anwendung in Medizin und Technik, auf die später im Kapitel noch eingegangen wird.

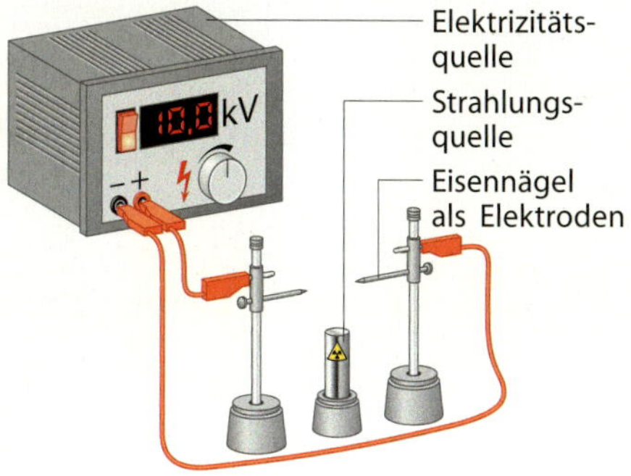

3 *Funkenüberschlag*

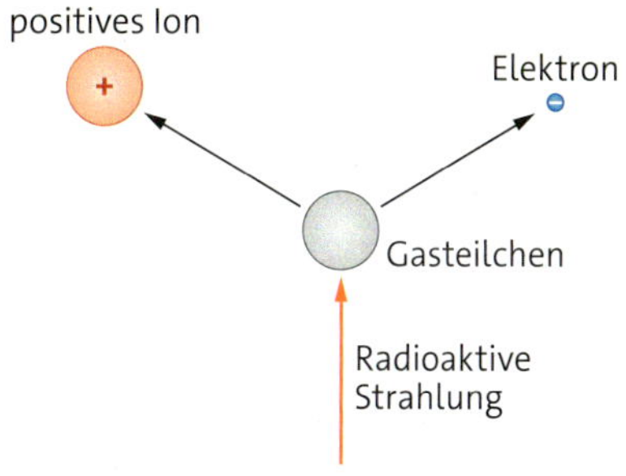

4 *Ionisation durch radioaktive Strahlung*

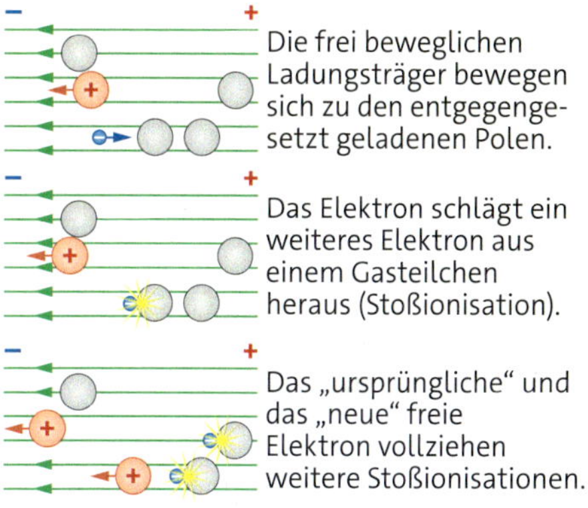

5 *Stoßionisation*

6 *Warnschild für radioaktive Strahlung*

- **In der Natur gibt es Stoffe, die energiereiche Strahlung aussenden, die wir als radioaktive Strahlung bezeichnen.**
- **Radioaktive Strahlung kann lichtempfindliche Schichten auch durch Verpackungen hindurch belichten.**
- **Radioaktive Strahlung besitzt bei Wechselwirkung mit Materie ionisierende Wirkung und kann deshalb gesundheitsschädigend für Lebewesen sein.**
- **Experimente mit radioaktiven Präparaten werden ausschließlich von Ihrer Lehrkraft durchgeführt!**

Zum Schutz der Bevölkerung wird radioaktive Strahlung in Deutschland ständig gemessen. Deshalb gibt es ungefähr 2000 Messsonden, die entsprechende Daten zur Radioaktivität erfassen und auswerten.
Wie funktionieren solche Nachweisgeräte für radioaktive Strahlung?

4.2 Nachweisgeräte für radioaktive Strahlung

Die Funktionsweise der folgenden Nachweisgeräte beruht auf der ionisierenden Wirkung radioaktiver Strahlung.

Versuch 1: Die Expansionsnebelkammer

Die nebenstehende Abbildung zeigt den prinzipiellen Aufbau einer Expansionsnebelkammer. ↗ 1 Zunächst befeuchtet Ihre Lehrkraft die Schaumstoffschicht mit einer wässrigen Alkohollösung, sodass in der geschlossenen Kammer ein Alkohol-Wasserdampf-Luft-Gemisch entsteht. Anschließend befestigt sie die Strahlungsquelle in der dafür vorgesehenen Halterung. Nun presst sie den Gummiballon zusammen und lässt ihn nach 1–2 Sekunden schlagartig los.

Wir sehen:
Es werden kurze, geradlinige Spuren sichtbar, die alle von der Strahlungsquelle ausgehen. ↗ 2

Erklärung:
Durch das schlagartige Loslassen des Gummiballons sinkt die Temperatur im Gasraum ebenfalls schlagartig. Es befinden sich dann mehr Teilchen des Alkohol-Wasserdampf-Luft-Gemischs in der gasförmigen Phase, als es bei dieser Temperatur normalerweise der Fall wäre. Bild 3 zeigt die Vorgänge, die im Gasraum durch die radioaktive Strahlung ausgelöst werden, in der Modellvorstellung. Die radioaktive Strahlung stößt bei ihrem Weg durch den Gasraum auf Gasteilchen und ionisiert diese. ↗ 3A Es entstehen positiv geladene Ionen, an denen sich Wassermoleküle anlagern. Es bilden sich sichtbare Flüssigkeitströpfchen. ↗ 3B Entlang der Bahn der radioaktiven Strahlung ist der Wasserdampf zu Wasser kondensiert. Die weißen Spuren nennen wir auch Kondensationsspuren.

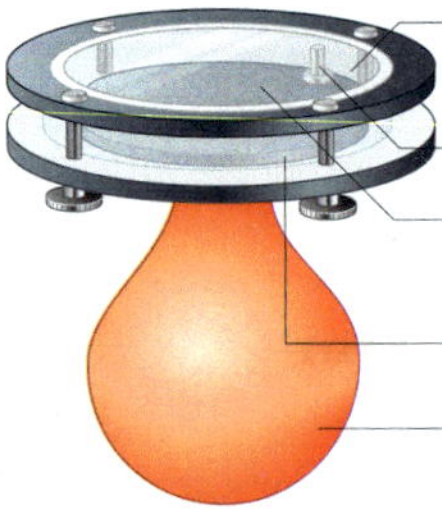

1 *Aufbau einer Expansionsnebelkammer*

2 *Kondensationsspuren*

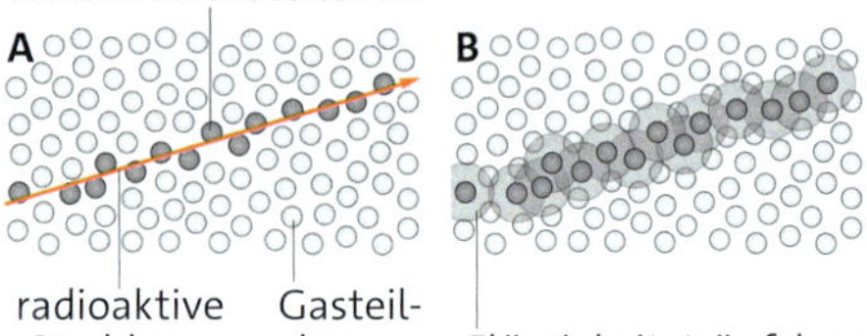

3 *Vorgänge in der Modellvorstellung*

Aufbau und Funktionsweise eines Geiger-Müller-Zählrohrs

Bild 4 zeigt den prinzipiellen Aufbau eines Geiger-Müller-Zählrohrs (GMZ). Es besteht aus einem Metalldraht in einem Metallhohlzylinder. Der Metalldraht ist über einen hochohmigen Widerstand R mit dem Pluspol einer Elektrizitätsquelle verbunden und das Metallgehäuse mit dem Minuspol. Ein Glimmerfenster verschließt das Metallgehäuse, in dem sich ein Gas unter geringem Druck befindet. Tritt Strahlung durch das Glimmerfenster ein, werden durch Ionisation aus neutralen Atomen positive Ionen und Elektronen. Die Elektronen werden im elektrischen Feld so stark zum Draht hin beschleunigt, dass sie durch Stöße weitere Ionisationen bewirken. Es entsteht eine Ladungsträgerlawine. Der Widerstand zwischen Draht und Metallgehäuse ist dann sehr klein. Nahezu die gesamte Spannung liegt somit am Widerstand R an. Sie wird elektrisch verstärkt und kann mit einem Lautsprecher hörbar gemacht bzw. auf dem Display dargestellt werden.
Geiger-Müller-Zählrohre gibt es in verschiedenen Bauarten. ↗5

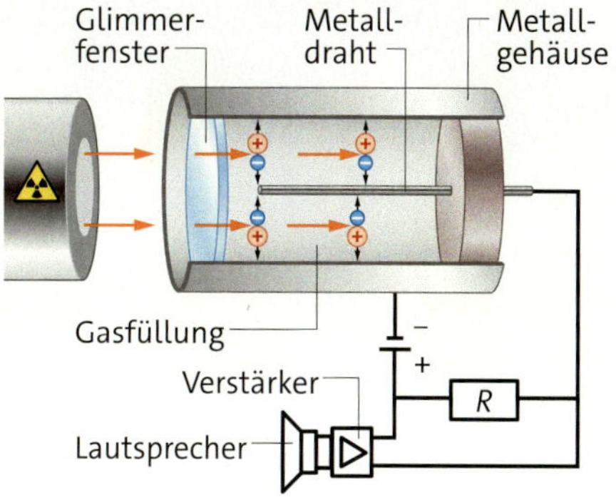

4 *Schematischer Aufbau eines GMZ und Vorgänge in der Modellvorstellung*

Versuch 2: Impulsrate und Nullrate

Ihre Lehrkraft schaltet ein GMZ ein und wartet eine Minute, ohne eine Strahlungsquelle in der Nähe. ↗6

Wir sehen:
Auch ohne ein radioaktives Präparat messen wir eine geringe Anzahl an Impulsen.

Erklärung:
Die Impulse stammen von der **terrestrischen Strahlung** der Erde und der **kosmischen Strahlung** aus dem Weltall.

Ergebnis:

Die Anzahl N, der in einer gewissen Zeitspanne t registrierten Impulse, heißt **Impulsrate n**.

Impulsrate $= \frac{\text{Anzahl der Impulse}}{\text{Zeit}}$; $n = \frac{N}{t}$; $[n] = \frac{1}{\text{s}}$

Die Impulsrate ohne Verwendung einer Strahlungsquelle nennen wir **Nullrate n_0**. Diese wird vom Ort der Messung und der Bauart des Messgeräts bestimmt. Bei Messungen von radioaktiver Strahlung muss die Nullrate n_0 stets von der gemessenen Impulsrate n^* subtrahiert werden, um die tatsächliche Impulsrate n zu ermitteln, die auf das zu untersuchende Präparat zurückzuführen ist: $n = n^* - n_0$.

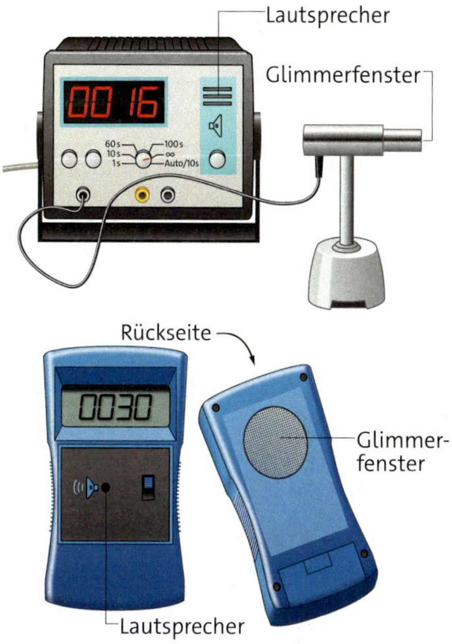

5 *Beispiele für Geiger-Müller-Zählrohre (In den im Einstieg erwähnten Messsonden wird die radioaktive Strahlung ebenfalls über Geiger-Müller-Zählrohre erfasst.)*

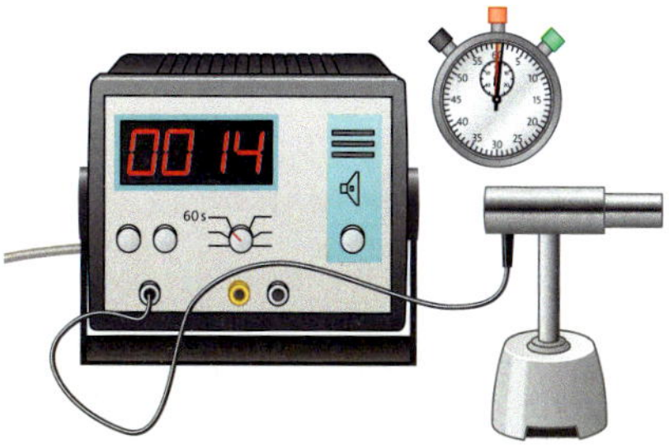

6 *Messung der Nullrate*

- **Die Expansionsnebelkammer und das Geiger-Müller-Zählrohr sind Nachweisgeräte für radioaktive Strahlung und beruhen auf ihrer ionisierenden Wirkung.**

Menschen, die beruflich mit Radioaktivität in Berührung kommen, müssen sich mit spezieller Kleidung vor der Strahlung schützen.
Wie kann man sich vor radioaktiver Strahlung schützen?

4.3 Eigenschaften radioaktiver Strahlung

Versuch 1: Einfluss auf die Impulsrate

Ihre Lehrkraft stellt ein empfindliches Geiger-Müller-Zählrohr und die Strahlungsquelle wie in Bild 1 auf. ↗1 In jedem der Teilversuche ermitteln wir die Impulsrate n^*, die wir erhalten, indem wir 60 s lang die Impulse N zählen. Von der ermittelten Impulsrate n^* subtrahieren wir die Nullrate n_0 und erhalten die um die Nullrate korrigierte Impulsrate n.

a Ihre Lehrkraft stellt das GMZ erst ca. 2,5 cm und dann ca. 15 cm von der Strahlungsquelle entfernt auf.

b Sie platziert nacheinander erst einen und dann zwei Kartons, die jeweils 2 mm dick sind, zwischen Strahlungsquelle und GMZ, die einen Abstand von 2,5 cm zueinander haben.

c Sie platziert eine Platte aus Aluminium und dann eine Platte aus Blei (jeweils 2 mm dick) zwischen Strahlungsquelle und GMZ, die einen Abstand von 2,5 cm zueinander haben.

Wir sehen:

a Je größer der Abstand ist, desto geringer ist die Impulsrate.

b Die Impulsrate sinkt durch den Karton als Abschirmung. Durch den zweiten Karton wird noch mehr Strahlung abgeschirmt.

c Die Impulsrate nimmt jeweils weiter ab. Sie liegt aber immer noch oberhalb der Nullrate. ↗2

Erklärung:

Ähnliche Abschirmversuche des Physikers E. Rutherford (1871 – 1937) zeigten, dass es drei Arten radioaktiver Strahlung gibt.

Ergebnis:

Die Intensität radioaktiver Strahlung nimmt generell mit zunehmender Entfernung ab. Die Strahlung, die durch Karton abgeschirmt werden kann, heißt **α-Strahlung (Alphastrah-**

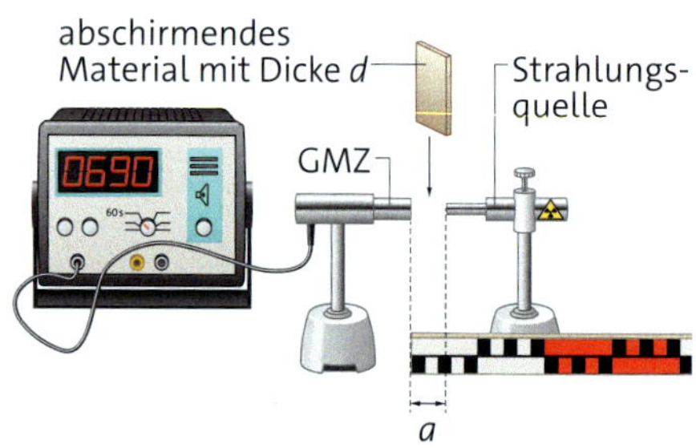

1 *Einfluss auf die Impulsrate*

a in cm	Abschirmmaterial mit Dicke d in mm	n in $\frac{1}{60\,s}$
2,5	–	690
15	–	305
2,5	1 Karton (d = 2)	96
2,5	2 Kartons (d = 4)	83
2,5	Al-Platte (d = 2)	76
2,5	Pb-Platte (d = 2)	62

2 *Impulsraten zu den Teilversuchen (gemessene Nullrate: $n_0 = 14 \cdot \frac{1}{60\,s}$)*

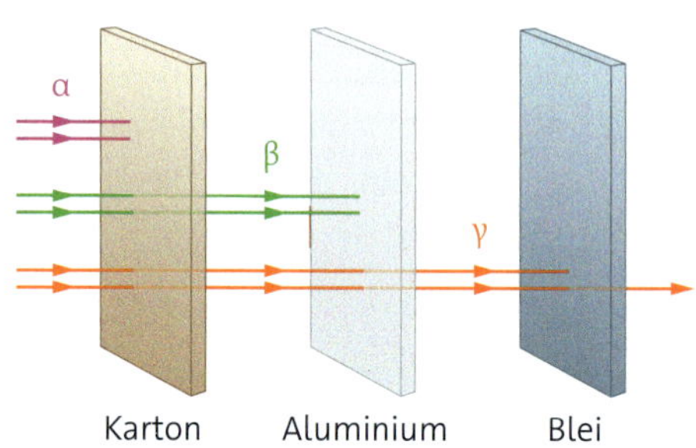

3 *Abschirmung radioaktiver Strahlung*

lung). Die Strahlung, die durch Aluminiumplatten abgeschirmt wird, heißt **β-Strahlung (Betastrahlung)**. Die Strahlung, die erst durch dicke Bleiplatten geschwächt werden kann, heißt **γ-Strahlung (Gammastrahlung)**. ↗ 3

Versuch 2: Radioaktive Strahlung im Magnetfeld

In diesem Versuch soll untersucht werden, ob radioaktive Strahlung elektrisch geladen ist. Dazu lässt man die Strahlung senkrecht in ein homogenes Magnetfeld eintreten und überprüft, ob sie abgelenkt wird.

Ihre Lehrkraft positioniert dazu das GMZ und die Strahlungsquelle etwa 15 cm entfernt voneinander.

a Wir ermitteln zunächst 60 s lang die um die Nullrate korrigierte Impulsrate *n*. Dann stellt Ihre Lehrkraft ein Stück Karton zwischen die Strahlungsquelle und das GMZ und wir ermitteln die Impulsrate erneut. Wir wiederholen das Vorgehen mit einer Aluminiumplatte gleicher Dicke.

b Ihre Lehrkraft positioniert einen Hufeisenmagneten so, dass die Magnetfeldlinien senkrecht zur austretenden Strahlung verlaufen. ↗ 4 Sie positioniert eine Winkelscheibe, wie in Bild 4 gezeigt. Dann schwenkt sie das Zählrohr in 10°-Schritten entlang der Winkelscheibe zwischen −50° und 50°. Wir messen beim jeweiligen Winkel φ für jeweils 60 s die Impulsrate.

Wir sehen:

a Der Karton schwächt die Impulsrate kaum ab. Erst durch die Aluminiumplatte sinkt die Impulsrate deutlich.

b Die Impulsrate ist bei −50° am größten. ↗ 5

Ergebnis:

a Bei dem Präparat handelt es sich um einen β-Strahler.

b β-Strahlung ist negativ geladen. Sie wird im Magnetfeld gemäß der UVW-Regel der linken Hand abgelenkt. ↗ 6

Weiterführende Untersuchungen, die wir in der Schule nicht durchführen können, haben gezeigt, dass α-Strahlung positiv elektrisch geladen ist. Gemäß der UVW-Regel der linken Hand erfährt sie im Magnetfeld eine Ablenkung in die entgegengesetzte Richtung, im Vergleich zur β-Strahlung. Analoge Versuche zur γ-Strahlung zeigen, dass sie keine Ablenkung im Magnetfeld erfährt. Sie ist ungeladen. ↗ 7

- **Radioaktive Stoffe können drei verschiedene Arten von Strahlung aussenden: α-, β- und γ-Strahlung.**
- **α-, β- und γ-Strahlung unterscheiden sich hinsichtlich ihrer elektrischen Ladung, Abschirmung und ihres Ablenkverhaltens in Magnetfeldern.**

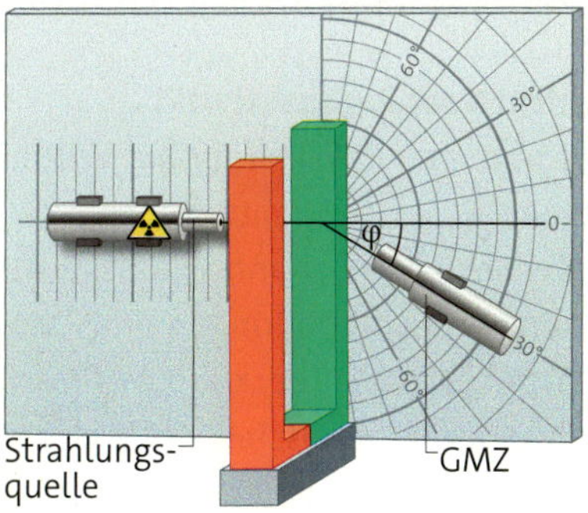

4 *Radioaktive Strahlung im Magnetfeld*

φ	n in $\frac{1}{60\,s}$
0°	24
10°	25
20°	16
30°	6
40°	5
50°	9

φ	n in $\frac{1}{60\,s}$
−10°	25
−20°	41
−30°	57
−40°	69
−50°	79

5 *Um die Nullrate $\left(n_0 = 14 \cdot \frac{1}{60\,s}\right)$ korrigierte Impulsrate, abhängig vom Winkel φ*

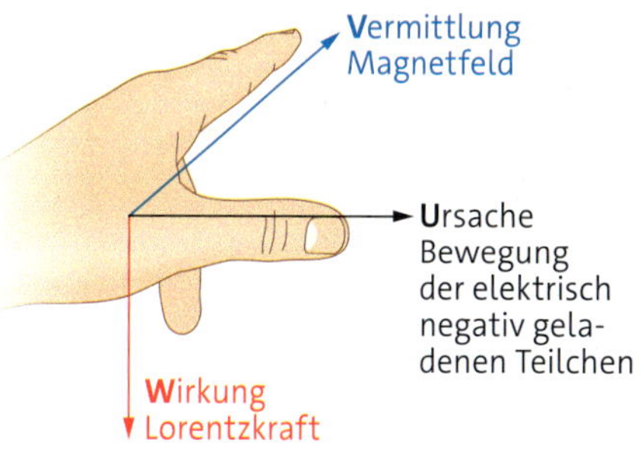

6 *UVW-Regel der linken Hand*

7 *Ablenkung im Magnetfeld*

Geschichte der Radioaktivität

Der Würzburger Physikprofessor **Wilhelm Conrad Röntgen** (1845 – 1923) entdeckte im November 1895 die nach ihm benannte Röntgenstrahlung. Sie kann Körper durchdringen und Fotoplatten schwärzen. Diese Entdeckung weckte das Interesse des französischen Physikers **Henri Becquerel** (1852 – 1903). ↗ 1 Becquerel setzte in seinen Experimenten bestimmte Gesteine über einen längeren Zeitraum dem Sonnenlicht aus und untersuchte anschließend, ob die Steine Röntgenstrahlung aussenden. Am 26.02.1896 wickelte er dafür eine unbelichtete Fotoplatte in dickes schwarzes Papier ein. Diese Fotoplatte sollte durch einen zuvor von der Sonne bestrahlten uranhaltigen Stein belichtet werden. Doch der bedeckte Himmel zwang ihn, das Experiment zu verschieben. Er legte den Stein, der nun keiner Sonnenstrahlung ausgesetzt war, auf die papierumwickelte Fotoplatte und packte beides in eine Schublade. Am 01.03.1896 holte er beides wieder aus der Schublade. Er entwickelte die Fotoplatte, obwohl er eigentlich nicht erwartete, auf dieser etwas zu entdecken. Er erkannte jedoch deutlich die Umrisse des Steins auf der Fotoplatte. ↗ 2 Becquerel folgerte aus seiner Beobachtung, dass die Strahlung nicht auf das Nachleuchten zurückzuführen war, sondern vom Gestein selbst ausgeht. Damit hatte er, wenn auch zufällig, die Radioaktivität entdeckt.
Das Ehepaar **Marie Curie** (1867–1934) und **Pierre Curie** (1859–1906) führten die Forschung zusammen mit Becquerel weiter. ↗ 3 Sie prägten den Begriff Radioaktivität und fanden heraus, dass auch andere Stoffe wie Thorium radioaktiv sind. Im Jahr 1903 erhielten beide den Nobelpreis.

1 *Henri Becquerel*

2 *Belichtete Fotoplatte*

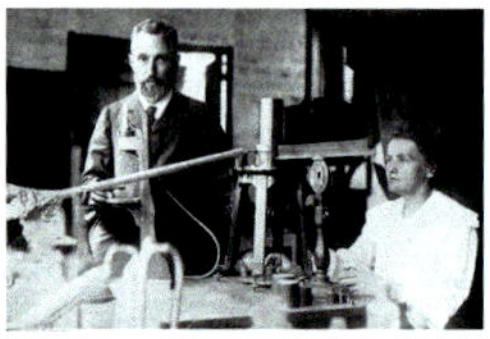

3 *Marie und Pierre Curie*

Spektrum elektromagnetischer Strahlung

Radioaktive Strahlung lässt sich im elektromagnetischen Spektrum einordnen. ↗ 4 **Radiowellen** verwendet man unter anderem im Bereich Mobilfunk. Sie sind nicht sehr energiereich. Für die Datenübermittlung per Bluetooth oder bei Mikrowellenherden nutzt man **Mikrowellen**. **Infrarotstrahlung** verwendet man beispielsweise bei Infrarotaufnahmen zur Temperaturmessung. **UV-Strahlung** ist eine energiereiche Strahlung, die Zellschäden hervorrufen kann. Dies kann man feststellen, wenn man sich über einen längeren Zeitraum ohne ausreichenden Schutz intensiver Sonnenstrahlung aussetzt. **Röntgenstrahlung** ist eine energiereiche Strahlung, die durch Energieänderungen von Elektronen in der Atomhülle entsteht. Man verwendet sie in der medizinischen Diagnostik. **Gammastrahlung** ist die energiereichste Strahlung im gesamten elektromagnetischen Spektrum. Sie kann gesundheitsschädlich auf Lebewesen wirken.

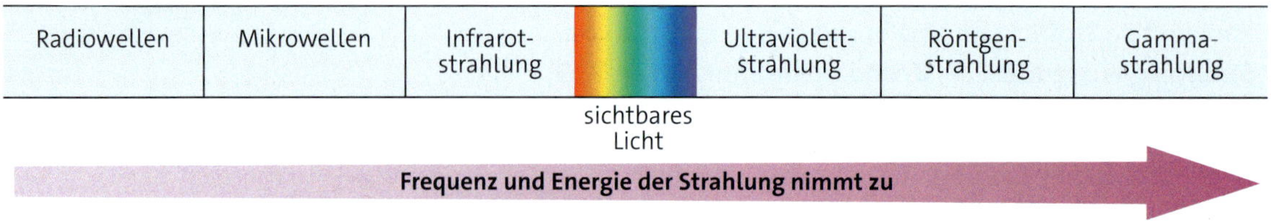

4 *Elektromagnetisches Spektrum*

Lösungen finden

1 Nullrate ↗ S. 90/91

Für ein Experiment muss Ihre Lehrkraft die Nullrate n_0 im Physiksaal bestimmen. Es ergeben sich folgende Messwerte:

Messung	1	2	3	4	5	6	7
n_0 in $\frac{1}{60\,\text{s}}$	15	17	12	20	16	14	20

a ☐ Beschreiben Sie, wodurch die Nullrate verursacht wird.

b ☐ Geben Sie die Nullrate im Physiksaal sinnvoll an.

Nachdenken & Kombinieren

2 Versuchsergebnisse interpretieren ↗ S. 92/93

◪ Eine Probe wird auf unbekannte Radioaktivität untersucht. Sie wird dazu 1,5 cm vor einem Geiger-Müller-Zählrohr positioniert. Nacheinander werden verschiedene Materialien zwischen Probe und Zählrohr gebracht und jeweils die Impulsrate *n* ermittelt. Interpretieren Sie die Messergebnisse:

Material	n in $\frac{1}{60\,\text{s}}$
Luft	206
Karton (2 mm)	121
Aluminiumplatte (2 mm)	72
Bleiplatte (2 mm)	13

3 Abschwächung der γ-Strahlung ↗ S. 92/93

In einem Versuch wurde die Abschirmung von γ-Strahlung beim Durchgang durch Bleiplatten gemessen. Die Tabelle zeigt die Impulsrate *n* in Abhängigkeit von der Plattendicke *d*:

d in mm	0	5	9	14	20	25	30	32	36
n in $\frac{1}{60\,\text{s}}$	888	734	635	502	382	300	255	222	201

a ☐ Werten Sie die Tabelle grafisch aus.

b ◪ Bestimmen Sie mithilfe Ihres Diagramms die Plattendicke, bei der die Hälfte der γ-Strahlung abgeschirmt wird. Man spricht von der Halbwertsdicke.

c ◪ Ermitteln Sie anhand Ihres Diagramms, bei welcher Plattendicke 20 % der Strahlung abgeschirmt werden.

4 Radioaktive Strahlung im Magnetfeld ↗ S. 92/93

Ein radioaktives Mischpräparat sendet Strahlung aus, die entsprechend der Abbildung ein Magnetfeld durchquert:

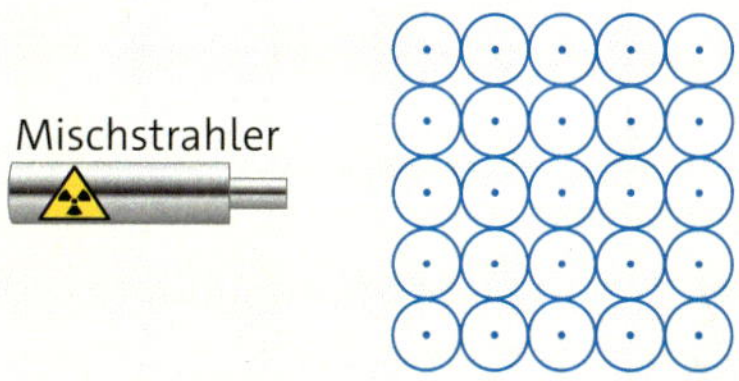

a ◪ Übertragen Sie die Skizze und zeichnen Sie den Verlauf der Strahlung ein.

b ◪ Begründen Sie den Verlauf der Strahlung.

c ◪ Geben Sie an, welche Veränderungen beim Strahlungsverlauf auftreten, wenn man zwischen Präparat und Magnetfeld einen ca. 2 mm dicken Karton hinzufügt.

d ◪ Geben Sie an, wie sich der Strahlungsverlauf aus Aufgabenteil **a** verändern würde, wenn das Magnetfeld in die Papierebene hineingerichtet wäre.

Recherchieren

5 Eigenschaften radioaktiver Strahlung ↗ S. 92/93

Eigenschaften	α-Strahlung	β-Strahlung	γ-Strahlung
?	?	?	?

◪ Übertragen Sie die dargestellte Tabelle und ergänzen Sie folgende Eigenschaften zu den Strahlungsarten. Recherchieren Sie hierfür in geeigneten Quellen.

Ladung • Masse • Reichweite in Luft • Abschirmung • Ablenkung im Magnetfeld • Ionisierungsfähigkeit in Luft

Ernest Rutherford formulierte das Kern-Hülle-Modell als Vorstellungshilfe für den Aufbau der Atome. Bis heute forschen Wissenschaftler beispielsweise am CERN mit aufwendigen Apparaturen, um herauszufinden, wie es im „Inneren von Atomkernen" aussieht.
Wie sind Atomkerne aufgebaut und warum zerfallen sie?

4.4 Kernumwandlungen

Aufbau der Atomkerne

Atomkerne bestehen aus positiv geladenen **Protonen** und ungeladenen **Neutronen**. ↗ 1 Diese beiden Kernbausteine nennt man **Nukleonen**. Die Anzahl an Protonen wird als Kernladungszahl Z (oder auch als Ordnungszahl) und die Anzahl an Neutronen als Neutronenzahl N bezeichnet. Für die Massenzahl A gilt: $A = Z + N$. Eine Atomsorte mit einer bestimmten Anzahl an Protonen und Neutronen im Kern wird **Nuklid** genannt. Wir verwenden die sogenannte **Nuklidschreibweise**, um den Aufbau eines Atomkerns zu beschreiben: ↗ 2

$^{A}_{Z}X$
- Massenzahl (Anzahl der Nukleonen)
- Elementsymbol
- Kernladungszahl (Anzahl der Protonen)

Da die Kernladungszahl für jedes Element eindeutig ist, kann diese Schreibweise auch zu *X-A* verkürzt werden.
Es gibt Nuklide mit der gleichen Protonenzahl, aber mit verschiedener Neutronenzahl. Diese nennen wir **Isotope**. Hinsichtlich ihrer chemischen Eigenschaften unterscheiden sie sich nicht. Wasserstoff kommt z. B. in drei Isotopen vor. ↗ 3

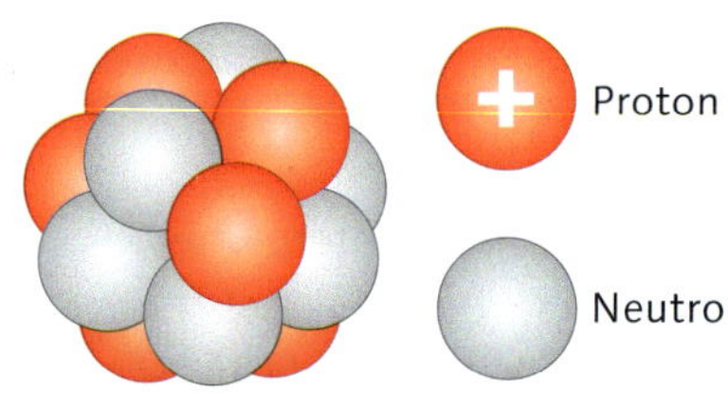

1 *Aufbau eines Atomkerns*

Eisenkern

26 Protonen $Z = 26$
30 Neutronen $N = 30$ $\quad ^{56}_{26}Fe$
56 Nukleonen $A = 56$

2 *Kernbausteine und Nuklidschreibweise*

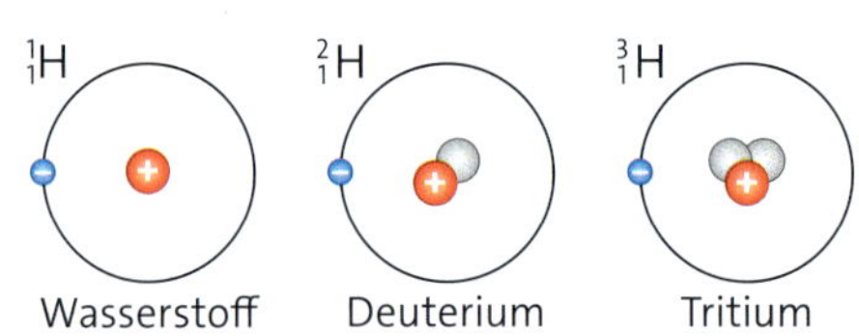

3 *Isotope des Wasserstoffs*

Natürliche Kernumwandlungen

Die Nuklide radioaktiver Substanzen sind instabil und können unter Aussendung von Strahlung spontan zerfallen.

Emission von α-Strahlung – der α-Zerfall

Beim α-Zerfall wird ein Heliumatomkern emittiert. Wir bezeichnen diesen als α-Teilchen. Dabei verringert sich die Massenzahl des radioaktiven Elements um 4 und die Kernladungszahl um 2. ↗ 4 Beim α-Zerfall tritt häufig auch γ-Strahlung auf.

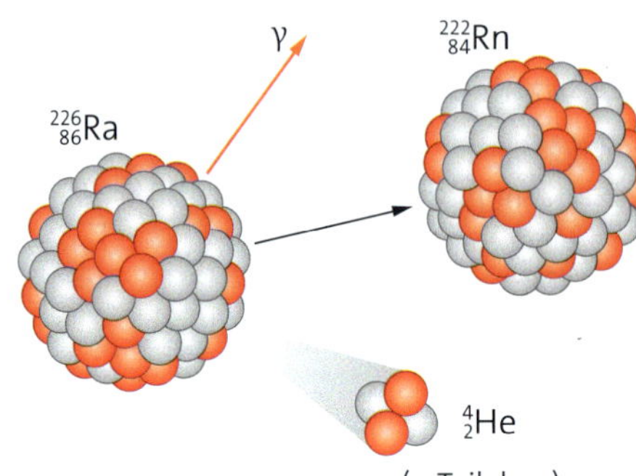

4 *α-Zerfall von Radium-226*

Emission von β-Strahlung – der β-Zerfall
Beim β-Zerfall zerfällt in einem Atomkern ein Neutron zu einem Proton und einem Elektron. Das Elektron wird aus dem Kern emittiert. Wir bezeichnen es als β-Teilchen. Die Kernladungszahl des Elements wird dabei um 1 erhöht. Die Massenzahl bleibt unverändert. Auch beim β-Zerfall tritt häufig γ-Strahlung auf. ↗ 5

Mögliche Begleiterscheinung: Emission von γ-Strahlung
Atomkerne können sich in verschiedenen Energiezuständen befinden. Beim Übergang von einem angeregten in den Grundzustand wird energiereiche elektromagnetische Strahlung abgegeben, die man **γ-Strahlung** nennt. ↗ 6 Dabei kommt es zu keiner Elementumwandlung. Den angeregten Zwischenzustand kennzeichnen wir durch den Buchstaben m, zum Beispiel $^{137m}_{56}Ba$ bzw. Ba-137m (metastabil; griech. meta: zwischen).

Künstliche Kernumwandlungen
Den deutschen Chemikern Otto Hahn (1879 – 1968) und Fritz Straßmann (1902 – 1980) gelang im Jahr 1938 die **Kernspaltung** des Uranisotops U-235. Dabei werden U-235-Kerne mit langsamen Neutronen beschossen, die man auch als **thermische Neutronen** bezeichnet. Nach dem Einfang eines Neutrons wird der Urankern hantelförmig verformt und in zwei mittelschwere Kerne gespalten, wobei zwei oder drei Neutronen freigesetzt werden. ↗ 7 Bei der Kernspaltung wird Energie freigesetzt. Die Spaltung von 1,0 kg U-235 liefert etwa 3 Millionen Mal so viel Energie wie die Verbrennung von 1,0 kg Steinkohle.
Die Verschmelzung zweier leichter Kerne zu einem schwereren Kern heißt **Kernfusion**. Auch bei der Kernfusion wird Energie abgegeben. Bei der Fusion von Deuterium und Tritium entsteht ein Heliumkern. ↗ 8 Die Teilchen müssen dafür sehr hohe Geschwindigkeiten haben, um die elektrischen Abstoßungskräfte zu überwinden. Dies ist erst bei Temperaturen von etwa 150 Mio. °C der Fall.

- **Atomkerne bestehen aus Protonen und Neutronen. Diese Kernbausteine nennt man Nukleonen.**
- **Beim α-Zerfall wird ein Heliumatomkern emittiert, beim β-Zerfall ein Elektron. Bei der Emission von γ-Strahlung gehen Atomkerne von einem angeregten Zustand in den Grundzustand über.**
- **Bei einer Kernspaltung werden schwere Atomkerne durch Neutronenbeschuss in leichtere Kerne gespalten.**
- **Die Verschmelzung zweier leichter Kerne zu einem schwereren Kern heißt Kernfusion.**

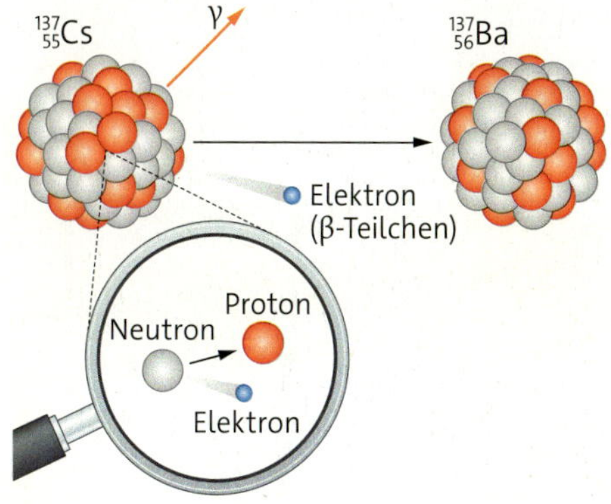

5 *β-Zerfall von Cäsium-137*

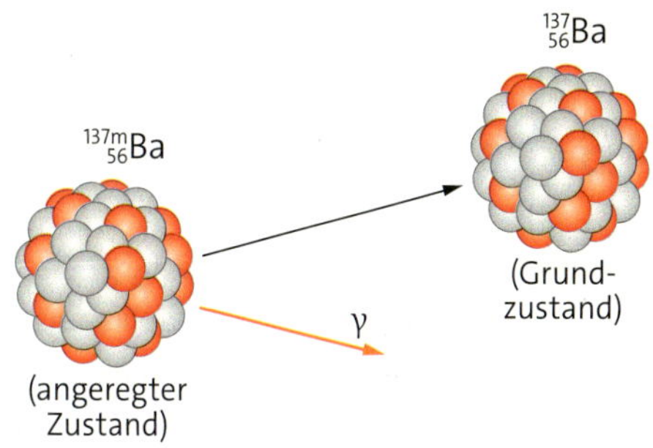

6 *Emission von γ-Strahlung*

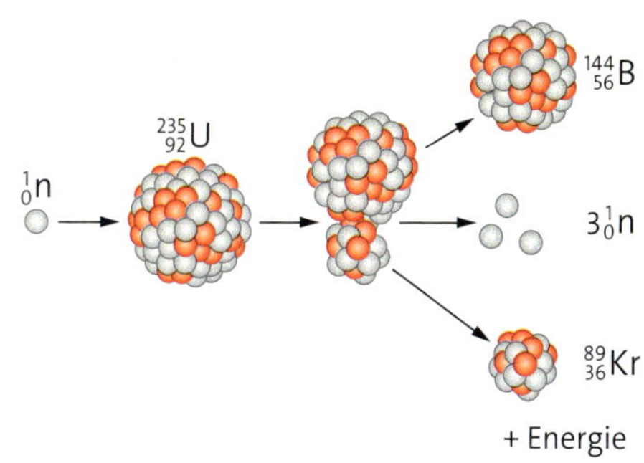

7 *Spaltung des U-235-Kerns*

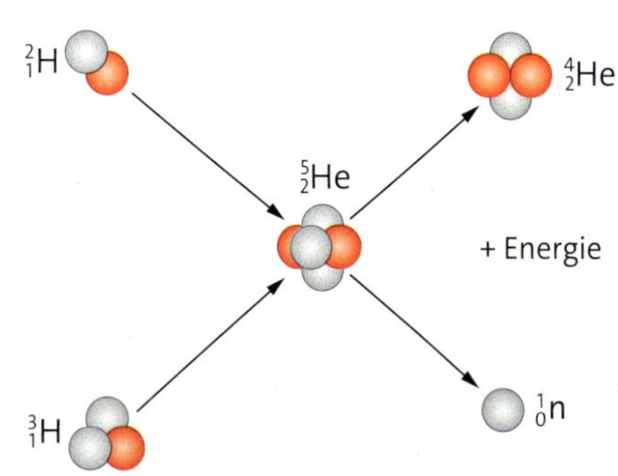

8 *Deuterium-Tritium-Fusion*

↗ NEWTON AKTIV Seite 100/101 Aufgabe 2, 3, 9, 11

Am 26.04.1986 ereignete sich der Reaktorunfall in einem Kernkraftwerk nahe der ukrainischen Stadt Tschernobyl. Nicht nur am Unglücksort selbst, sondern auch noch Hunderte Kilometer entfernt ließ sich damals radioaktive Strahlung nachweisen.
Ist auch heute noch eine Belastung durch Radioaktivität vorhanden?

4.5 Zeitlicher Verlauf des radioaktiven Zerfalls

Versuch 1: Impulsrate in Abhängigkeit der Zeit

Ihre Lehrkraft schüttelt einen Behälter mit dem Präparat Protactinium Pa-234m und stellt diesen vor das Geiger-Müller-Zählrohr. ↗ 1 In einer Zeitspanne von etwa 5 min bestimmen wir alle 30 s die Impulsrate n^* und verringen diese jeweils um die Nullrate n_0. Wir erhalten die um die Nullrate korrigierte Impulsrate n. Mithilfe eines Tabellenkalkulationsprogramms erstellen wir ein $n(t)$-Diagramm und werten die Messwerte grafisch aus.

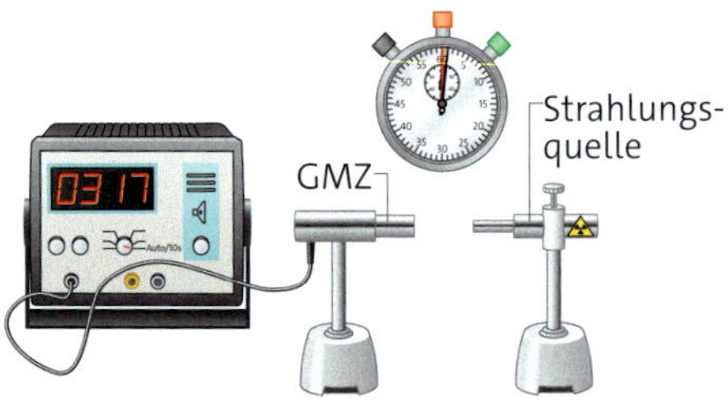

1 *Messung der Impulsrate*

Wir sehen:
Mit zunehmender Zeit t sinkt die Impulsrate n. ↗ 2 Wir erkennen, dass der zeitliche Verlauf des radioaktiven Zerfalls am besten durch den Graphen einer abnehmenden Exponentialfunktion beschrieben wird. ↗ 3
Wir ermitteln mithilfe des Diagramms drei Zeitspannen Δt_1, Δt_2 und Δt_3, in denen die Impulsrate n jeweils auf die Hälfte ihres Wertes abnimmt. Wir stellen fest, dass diese Zeitspannen näherungsweise immer gleich sind und ca. 75 s betragen.

t in s	30	60	90	120	...
n in $\frac{1}{30\,\text{s}}$	441	317	272	176	...

2 *Ausschnitt der Messwerttabelle*

Ergebnis:
Die Zeitspanne, in der die Hälfte der ursprünglich vorhandenen Atomkerne zerfällt, ist charakteristisch für eine radioaktive Substanz. Sie lässt sich nicht durch äußere Einflüsse wie Druck oder Temperatur beeinflussen. Wir nennen sie **Halbwertszeit** T. Für das Nuklid Pa-234m haben wir im Experiment eine Halbwertszeit von ungefähr 75 s ermittelt. Der Literaturwert liegt bei 70,2 Sekunden. ↗ 4 Die Halbwertszeit liefert keinen Hinweis darauf, wann einzelne Atomkerne zerfallen. Sie ist lediglich ein statistischer Mittelwert.

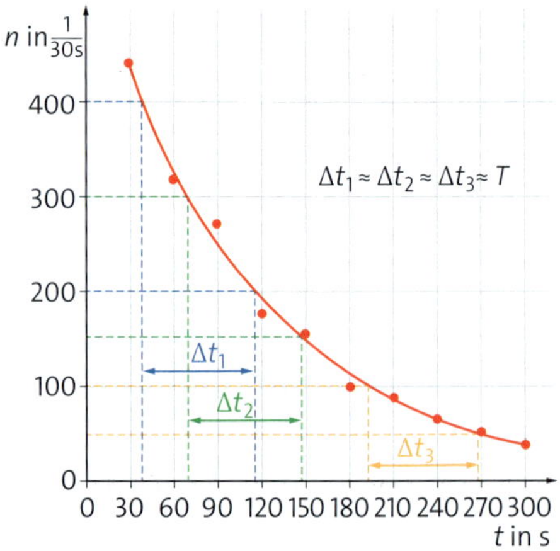

3 *Zeitlicher Verlauf der Impulsrate*

Ein Nuklid, das beim Reaktorunfall 1986 in der Nähe von Tschernobyl freigesetzt wurde, war Cäsium-137 mit einer Halbwertszeit von 30,08 Jahren. Das heißt, dass die Hälfte der beim Unfall freigesetzten Cs-137-Kerne erst nach etwa 30 Jahren zerfallen waren.

Isotop	Halbwertszeit T
Cäsium Cs-137	30,08 a
Iod I-131	8,0228 d
Kohlenstoff C-14	5730 a
Plutonium Pu-239	$2{,}411 \cdot 10^4$ a
Protactinium Pa-234m	70,2 s
Radium Ra-226	1600 a
Radon Rn-220	55,6 s
Radon Rn-222	3,825 d
Technetium Tc-99m	6,0 h
Uran U-235	$7{,}038 \cdot 10^8$ a
Uran U-238	$4{,}468 \cdot 10^9$ a

4 *Beispiele einiger Halbwertszeiten*

Altersbestimmung durch radioaktiven Zerfall

Mineralien, Gesteine oder archäologische Fundstücke können Radionuklide enthalten, die im Laufe der Zeit zerfallen. Aus dem Verhältnis der entsprechenden Radionuklide und ihren Zerfallsprodukten kann auf das Alter der Objekte zurückgeschlossen werden. Der amerikanische Wissenschaftler Willard Libby (1908–1980) entwickelte die **Radiokarbonmethode**, auch **C-14-Methode** genannt, die bei organischen Materialien wie altem Holz oder Knochenfunden angewendet wird. Sie eignet sich zur Datierung von Fundstücken, die etwa 1000 bis 60 000 Jahre alt sind.

Neben dem stabilen Kohlenstoffisotop C-12 existiert auch das radioaktive Isotop C-14 mit einer Halbwertszeit von ca. 5730 Jahren. In der Erdatmosphäre wird es laufend gebildet, da N-14-Kerne mit Neutronen der kosmischen Strahlung reagieren. ↗ 5 Das Verhältnis von C-12- und C-14-Kernen der Atmosphäre ist seit Jahrtausenden nahezu im Gleichgewicht. Dabei sorgen Windbewegungen und Meeresströmungen für eine ausgeglichene Verteilung des C-14-Isotops auf der Erde. Durch Atmung oder Nahrungsaufnahme gelangt das radioaktive C-14 in lebende Organismen. Die Konzentration des C-14 im lebenden Gewebe ist in etwa die gleiche wie in der Atmosphäre. Stirbt ein Lebewesen, so nimmt es keine C-14-Kerne mehr auf und deren Anzahl verringert sich durch radioaktiven Zerfall. Durch Messung kann das Verhältnis von C-14 in lebenden und toten Organismen ermittelt werden und daraus, wann die Aufnahme des C-14 endete. Dies entspricht dem Alter des toten Organismus.

Im Jahr 1991 entdeckten Touristen in den Ötztaler Alpen eine mumifizierte Leiche, die durch einen abgeschmolzenen Gletscher freigelegt wurde. ↗ 6 Mithilfe der C-14-Methode datierte man das Alter von „Ötzi" auf ca. 5300 Jahre.

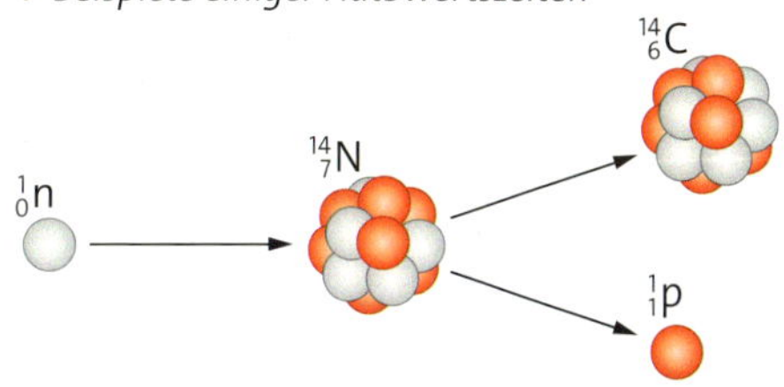

5 *Entstehung von C-14 in der Erdatmosphäre*

6 *Im Museum ausgestellte Mumie des Gletschermannes „Ötzi"*

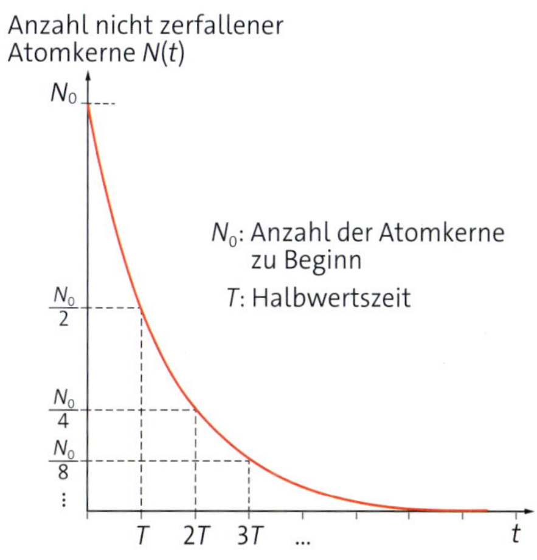

7 *Verlauf des radioaktiven Zerfalls*

- **Radioaktive Stoffe zerfallen exponentiell.**
- **Die Zeitspanne, in der die Hälfte der ursprünglich vorhandenen Atomkerne zerfällt, nennen wir Halbwertszeit.** ↗ 7
- **Der Zerfall von Radionukliden kann zur Altersbestimmung genutzt werden.**

Experimentieren

1 „Schokolinsenzerfall“ ↗ S. 98/99

Material: 100 flache Schokolinsen, die auf einer Seite beschriftet sind, ein kleiner Karton

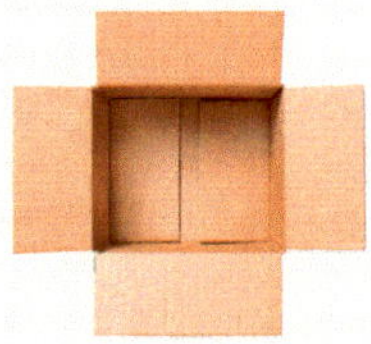

- Lassen Sie alle Schokolinsen aus etwa 30 cm Höhe in den Karton fallen. Schokolinsen, deren Schriftzug nach unten zeigen, entsprechen im Gedankenexperiment zerfallenen Linsen. Sortieren Sie diese aus und notieren Sie die Anzahl der verbleibenden, noch nicht „zerfallenen“ Schokolinsen.
- Wiederholen Sie den Vorgang so oft, bis alle Schokolinsen „zerfallen“ sind. Notieren Sie für jeden Wurf die verbleibenden Linsen in einer Tabelle:

Wurfzahl	Anzahl Schokolinsen
1	?
2	?

- Erstellen Sie ein Diagramm, in dem Sie die Anzahl der verbleibenden Linsen in Abhängigkeit der Wurfanzahl auftragen. Interpretieren Sie das Ergebnis des Experiments.

Lösungen finden

2 Nukilde ↗ S. 96/97

a ☐ Erklären Sie den Begriff Nuklid.

b ☐ Im Periodensystems der Elemente (PSE) ist zu lesen: $^{88}_{38}$Sr. Deuten Sie diese Angabe hinsichtlich des Aufbaus des Strontiumnuklids.

c ◪ Geben Sie mithilfe des PSE (im Anhang auf S. 155) an, wieviele Protonen und Neutronen die Nuklide Pb-206, Cs-133 und Bi-209 besitzen.

3 Kernumwandlungen ↗ S. 96/97

☐ Entscheiden Sie für die folgenden Fälle, ob es sich um eine natürliche, eine künstliche oder keine Kernumwandlung handelt. Benennen Sie außerdem die Kernumwandlungen mit dem jeweiligen Fachbegriff.

a Das angeregte Manganisotop Mn-56m sendet elektromagnetische Strahlung aus und geht dadurch in den energetischen Grundzustand über.

b Beim Zerfall des Isotops I-131 wird ein Elektron emittiert.

c Beim Neutronenbeschuss von Bor-10 entstehen Lithium-7 und Helium-4.

d Durch radioaktiven Zerfall hat sich die Protonenanzahl eines Schwefelatoms um 1 erhöht und das Element Chlor ist entstanden.

e Wird das Nuklid Berylium-9 mit Helium beschossen, so entsteht Kohlenstoff-12 und ein Neutron.

Nachdenken & Kombinieren

4 Halbwertszeit aus Diagramm ablesen ↗ S. 98/99

◪ In einem Experiment wird für das Präparat Rn-222 die Impulsrate in Abhängigkeit von der Zeit gemessen. Es ergibt sich folgendes um die Nullrate korrigiertes $n(t)$-Diagramm:

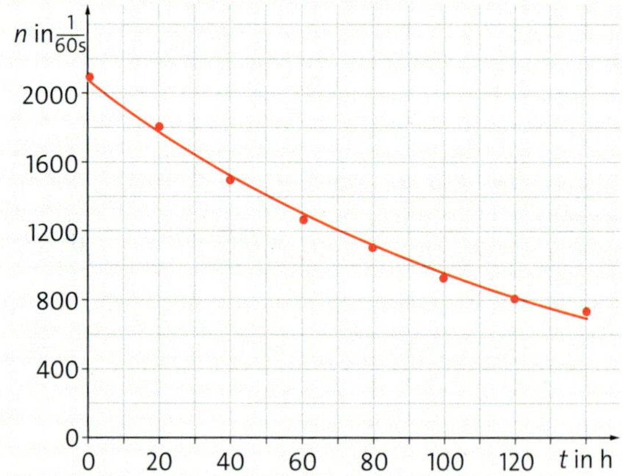

Entnehmen Sie dem Diagramm nachvollziehbar die Halbwertszeit von Rn-222.

5 Messreihe auswerten ↗ S. 98/99

Bei der Messung der Impulsrate von Thallium-201 in Abhängigkeit der Zeit ergeben sich folgende um die Nullrate korrigierten Messwerte:

t in h	0	10	20	30	40	50	60	70	80	90
n in $\frac{1}{60\,s}$	5978	5450	4933	4499	4098	3724	3397	3070	2797	2535

a □ Werten Sie die Messreihe grafisch aus.

b ◪ Bestimmen Sie mithilfe des Diagramms aus Aufgabenteil **a** die Halbwertszeit von Thallium-201.

6 Tschernobyl ↗ S. 98/99

■ Am 26.04.1986 ereignete sich der Reaktorunfall in Tschernobyl. Dabei wurde der β-Strahler Cäsium-137 (T = 30,08 a) freigesetzt.
Erstellen Sie eine Zerfallskurve für den radioaktiven Zerfall von Cs-137 über drei Halbwertszeiten. Entnehmen Sie dem Diagramm, bis zu ungefähr welchem Jahr die Anzahl der Cs-137-Atomkerne auf 40 % der ursprünglich vorhandenen Kerne abgenommen hat.

In Worte fassen

7 C-14-Methode ↗ S. 98/99

Bringen Sie die Satzbausteine zur C-14-Methode in eine sinnvolle Reihenfolge:

1 Stirbt der Organismus,
2 Durch Aufnahme und Zerfall von C-14-Isotopen
3 kann das Alter einer Probe bestimmt werden.
4 Lebende Organismen nehmen über die Nahrung und die Atmung
5 Mithilfe des C-14-Gehalts von lebenden und toten Organismen,
6 so wird die Aufnahme von C-14 gestoppt.
7 neben dem stabilen C-12-Isotop auch C-14-Isotope auf.
8 stellt sich ein Gleichgewichtszustand ein,
9 die C-14-Isotope im Laufe der Zeit.
10 Im toten Organismus zerfallen
11 sodass ihre Konzentration nahezu konstant bleibt.

8 Alter einer Speerspitze ↗ S. 98/99

◪ In seiner Nachrichten-App liest Tim, dass bei einer Ausgrabung eine keltische Speerspitze aus Eisen entdeckt wurde. Sie ist laut Bericht aus dem 4. Jahrhundert v. Chr. Daraufhin meint Tim: „Das Alter dieser Speerspitze wurde bestimmt mit der C-14-Methode ermittelt."
Bewerten Sie Tims Aussage kritisch.

9 Künstliche Kernumwandlungen ↗ S. 96/97

a □ Beschreiben Sie den Vorgang bei der Kernspaltung eines U-235-Kerns in Worten.

b ◪ Erläutern Sie, warum Kernfusionen nur bei sehr hohen Temperaturen stattfinden können.

Recherche

10 Altersbestimmung

Recherchieren Sie nach weiteren Methoden der Altersbestimmungen, die auf dem radioaktiven Zerfall beruhen. Erstellen Sie für eine recherchierte Methode Ihrer Wahl ein Informationsblatt mit einer Beschreibung, dem Einsatzbereich und Beispielen für bereits erfolgte Altersbestimmungen.

Einfach lernen

11 Modellvorstellung zur Radioaktivität ↗ S. 98/99

a Woraus bestehen Atomkerne?

b Welche Arten natürlicher Kernumwandlungen gibt es?

c Welche Arten künstlicher Kernumwandlungen gibt es?

12 Radioaktiver Zerfall ↗ S. 98/99

a Wie verläuft der Zerfall von radioaktiven Stoffen?

b Was versteht man unter der Halbwertszeit?

Kurz nach Entdeckung der Kernspaltung im Jahr 1938 suchte man Möglichkeiten, Kernenergie in technisch nutzbare Energie umzuwandeln. Bereits 1942 gelang es Enrico Fermi, einen Reaktor zu bauen, der die Kettenreaktion längere Zeit aufrechterhalten konnte.
Wie funktioniert ein Kernkraftwerk?

4.6 Kernkraftwerke

Kernkraftwerke sind Wärmekraftwerke, in denen elektrische Energie aus der Bindungsenergie bestimmter Atomkerne gewonnen wird. Bild 1 zeigt den prinzipiellen Aufbau. ↗1

Reaktor eines Kernkraftwerks

Eine wichtige Komponente eines Kernkraftwerks bildet der Kernreaktor. ↗2 In Kernreaktoren wird oft das Uranisotop U-235 als **Kernbrennstoff** genutzt. Der Kernbrennstoff wird zu Tabletten gepresst, die in etwa 5 m lange Brennstäbe gefüllt werden. Mehrere solche **Brennstäbe** bilden ein **Brennelement**. ↗3 Die Brennelemente sind von Wasser umgeben. Das Wasser dient als Kühlmittel und es transportiert die bei der Kernspaltung frei werdende Wärme.

2 *Kernreaktor*

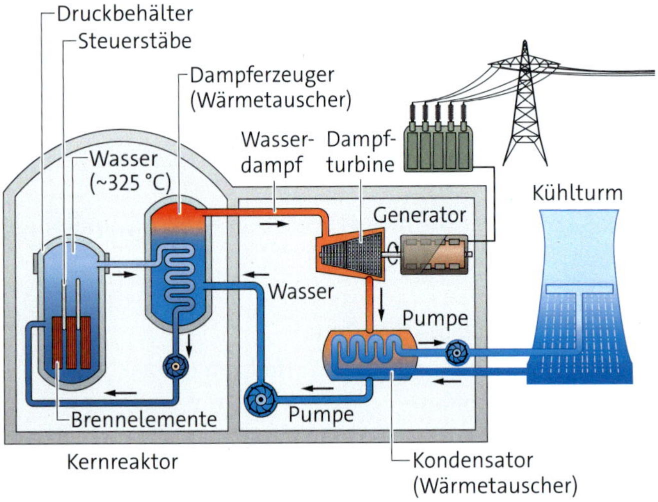

1 *Aufbau eines Kernkraftwerks mit Druckwasserreaktor*

3 *Brennelement mit Brennstäben*

Außerdem bremst es die Neutronen, die zu schnell sind, um weitere Kernspaltungen auszulösen. ↗ 4 Die Anzahl an langsamen, sogenannten thermischen Neutronen steigt somit. Man sagt, das Wasser übernimmt die Aufgabe des **Moderators**.

Sicherungssysteme eines Kernkraftwerks

Die Anzahl der Kernspaltungen lässt sich durch **Steuerstäbe** regulieren. Diese bestehen aus einem Material, das Neutronen einfangen kann, zum Beispiel aus Cadmium. Die Steuerstäbe können zwischen die Brennelemente eingeschoben werden und je nach Einschubtiefe die Anzahl der Spaltungen reduzieren. ↗ 5 Dadurch soll im Notfall eine unkontrollierte Kettenreaktion verhindert werden. Kernkraftwerke verfügen außerdem über Notkühlsysteme und zahlreiche manuelle Steuermöglichkeiten, um die Sicherheit zu erhöhen.

Funktionsweise eines Kernkraftwerks

Die meisten Kernkraftwerke in Deutschland verfügen über **Druckwasserreaktoren.** Bild 1 zeigt ein Kraftwerk mit einem solchen Kernreaktor. Man nutzt die aus den Kernspaltungen freigesetzte Energie, um Wasser im Druckbehälter auf etwa 325 °C zu erwärmen. Der Druck im Behälter ist so hoch, dass das Wasser trotz der hohen Temperatur nicht siedet. Es wird in den Dampferzeuger gepumpt, von wo es wieder zurück in den Druckbehälter fließt. Im Dampferzeuger herrscht ein geringerer Druck, sodass Wasser unter Abgabe thermischer Energie verdampft. Der Wasserdampf strömt durch eine Turbine, die einen Generator antreibt. Im Kondensator gibt der Dampf Wärme an den Kühlkreis ab. Er wird dadurch wieder flüssig und wird zurück in den Dampferzeuger geleitet.

In **Siedewasserreaktoren** wird das Wasser bereits im Druckgefäß zum Sieden gebracht. Der etwa 300 °C heiße Dampf strömt unter hohem Druck durch eine Turbine, die mit einem Generator gekoppelt ist. ↗ 6

Der Wirkungsgrad moderner Kernkraftwerke beträgt ca. 35 %.

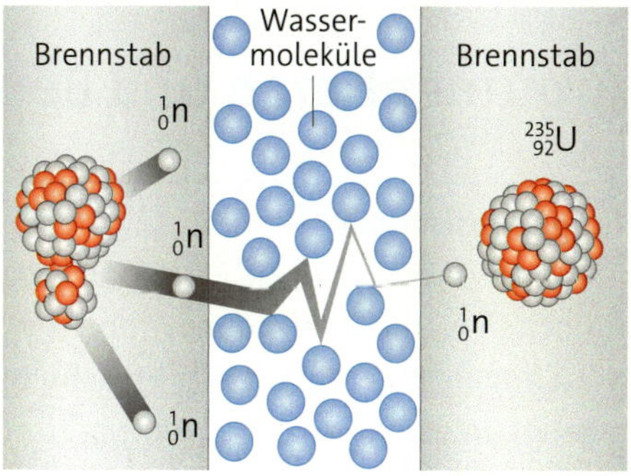

4 *Wasser als Moderator*

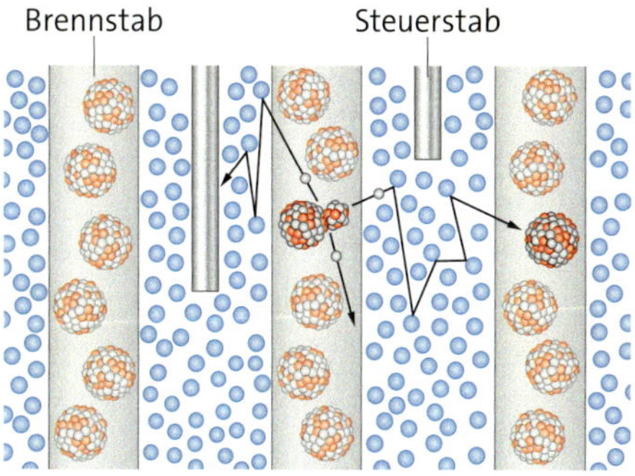

5 *Regelbare Steuerstäbe*

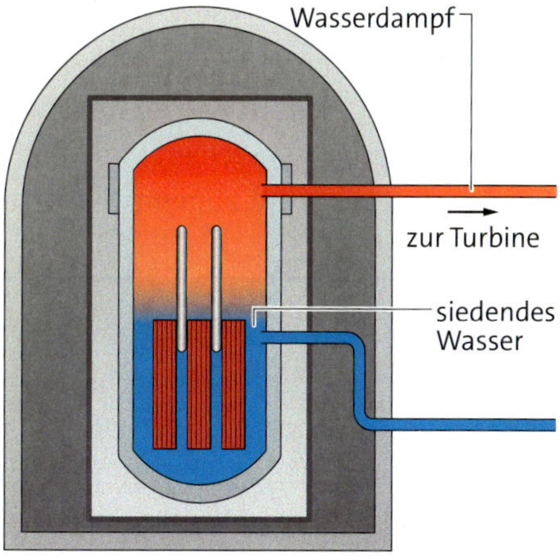

6 *Siedewasserreaktor*

- **In Kernkraftwerken lässt sich Kernenergie in nutzbare elektrische Energie umwandeln.**
- **In Kernreaktoren nutzt man häufig Uran als Brennstoff, das sich in Tablettenform in den Brennstäben befindet. Mehrere Brennstäbe bilden ein Brennelement.**
- **Durch Steuerstäbe und andere Vorrichtungen lässt sich die Sicherheit eines Kernkraftwerks erhöhen.**
- **Man unterscheidet Kernkraftwerke mit Druckwasser- und Siedewasserreaktoren.**

↗ **NEWTON AKTIV** Seite 105 Aufgabe 1–3

METHODE

Argumentieren und Bewerten

Aufgabenstellung

Im Forschungsreaktor FRM II in Garching bei München werden Neutronenstrahlen mithilfe von hoch angereichertem Uran zu Forschungszwecken erzeugt. In einem kritischen Beitrag zum Reaktor sagt ein Bürger: „Wozu forschen wir noch? Atomkraft ist doch OUT!" Was spricht für den Betrieb des Forschungsreaktors, was dagegen? Nennen Sie verschiedene Pro- und Kontra-Argumente.

Erinnern Sie sich

Naturwissenschaftliche Erkenntnisse spielen eine bedeutsame Rolle in der Gesellschaft. Sie sind aus verschiedenen Gründen nicht immer unumstritten und bedürfen einer Bewertung. Einer Bewertung sollte immer eine sorgfältige Abwägung von Pro- und Kontra-Argumenten vorausgehen. Diese müssen nicht nur naturwissenschaftlicher Art sein, es können beispielsweise auch historische, ökologische, ökonomische, medizinische Betrachtungen miteinbezogen werden. Die Argumente müssen immer sorgfältig recherchiert und durch seriöse Quellen belegbar bzw. allgemein anerkannt sein.

Argumente

Ein **naturwissenschaftliches Argument** beruht auf Beobachtungen oder Messwerten.
Beispiel Pro-Argument: Laut Technischer Universität München (TUM) wird im Forschungsreaktor unter anderem an der Verbesserung von Lithiumionen-Akkumulatoren geforscht.

Ein **historisches Argument** beruht beispielsweise auf zurückliegenden Erfahrungen, die in ähnlichen Kontexten gewonnen worden sind.
Beispiel Kontra-Argument: Trotz verschiedener Sicherheitsbarrieren kann im Fall von Naturkatastrophen, menschlichem Versagen oder kriegerischen Angriffen der Austritt erhöhter radioaktiver Strahlung nicht verhindert werden.

Ein **ökologisches Argument** beruht u. a. auf der Betrachtung von Folgen für Natur und Umwelt.
Beispiel Pro-Argument: Durch die Erforschung von Biomasse mithilfe von Neutronenstrahlen kann diese effektiver genutzt werden und damit einen Beitrag zur Verringerung des Treibhauseffekts beitragen. (Quelle: TUM)

Ein **ökonomisches Argument** beruht u. a. auf den Kosten oder den wirtschaftlichen Folgen.
Beispiel Kontra-Argument: Laut Forum für Ökologisch-Soziale Marktwirtschaft ist der Betrieb eines Forschungsreaktors mit hohen Kosten verbunden.

Ein **medizinisches Argument** beruht u. a. auf der Auswirkung auf die Gesundheit von Menschen.
Beispiel Kontra-Argument: Menschen, die im Forschungsreaktor arbeiten, sind ständig der Gefahr ausgesetzt, mit erhöhter radioaktiver Strahlung belastet zu werden.

Ein **ethisches Argument** beruht auf Werten und Normen.
Beispiel Pro-Argument: In Forschungsreaktoren wird Grundlagenforschung u. a. im Bereich der Medizin, der Energietechnik, der Informationstechnologie oder zur Materialforschung betrieben, um Probleme der modernen Gesellschaft zu verringern.

Weitere Beispiele für Argumente:

Forschungsergebnisse können auch zu kriegerischen Zwecken genutzt werden.

Mithilfe des Forschungsreaktors werden sehr viele Menschen beschäftigt und die Forschungsergebnisse bilden die Grundlage für viele innovative Produkte, die wiederum Arbeitsplätze schaffen.

Laut Komitee für Forschung mit Neutronen (KFN) war es in der Vergangenheit mithilfe der Neutronenforschung möglich, effiziente neue Materialien herzustellen.

Radioaktive Abfälle, wie sie im Reaktor anfallen, strahlen viele Millionen Jahre radioaktive Strahlung aus und können nicht sicher gelagert werden.

Im Forschungsreaktor werden radioaktive Isotope für die medizinische Diagnose und Therapie hergestellt.

In Worte fassen

1 Kernkraftwerke ↗ S. 102/103

a ◪ Erklären Sie die Funktionsweise eines Druckwasserreaktors.

b ☐ Beschreiben Sie den Unterschied zwischen einem Druckwasser- und einem Siedewasserreaktor.

c ◪ Erklären Sie die Rolle des sogenannten Moderators in einem Kernkraftwerk.

d ◪ Vervollständigen Sie das Energieflussdiagramm eines Kernkraftwerks in Ihrem Heft.

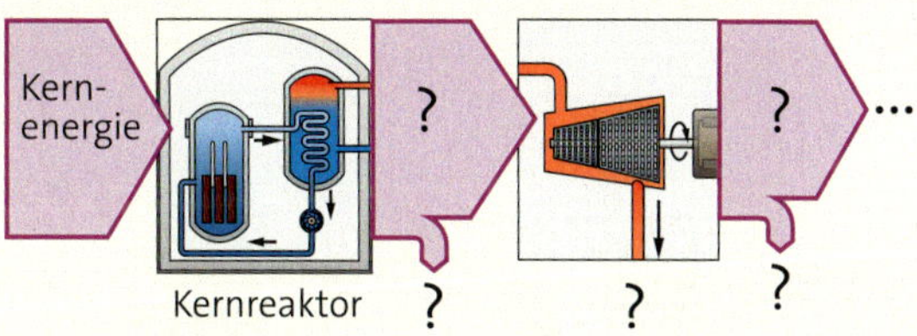

Nachdenken & Kombinieren

2 Kettenreaktion ↗ S. 102/103

Die bei der Spaltung von Uran-235-Kernen freigesetzten Neutronen können selbst weitere Kernspaltungen auslösen. Man spricht von einer Kettenreaktion. Bei einer unkontrollierten Kettenreaktion steigt die Anzahl der Kernspaltungen lawinenartig an:

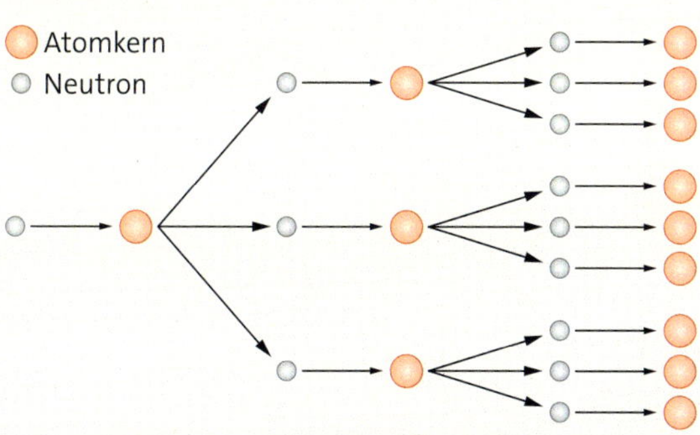

a ◪ Bei einer kontrollierten Kettenreaktion darf nach jeder Kernspaltung jeweils nur ein Neutron wieder eine Kernspaltung auslösen. Erstellen Sie in Ihrem Heft ein Schema, das den Verlauf einer kontrollierten Kettenreaktion darstellt.

b ☐ Beschreiben Sie, wie in einem Kernkraftwerk die Kettenreaktion kontrolliert wird.

3 Brennstoffmasse berechnen ↗ S. 102/103

Ein kleineres Kernkraftwerk hat eine Leistungsabgabe von $1{,}2 \cdot 10^3$ MW.

a ◪ Berechnen Sie, wie viel Uran-235 während eines Betriebs von 72 h abgebrannt wird, wenn durch 1,0 kg U-235 ca. $2{,}4 \cdot 10^7$ kWh an Energie freigesetzt werden.

b ◪ Berechnen Sie die Masse an Heizöl, die verbrannt werden muss, um dieselbe Energie freizusetzen wie in Aufgabenteil **a**. Durch 1,0 kg Heizöl werden ca. 11,5 kWh Energie freigesetzt.

Bewerten

4 Argumentieren ↗ S. 104

Informieren Sie sich auf der Methoden-Seite über verschiedene Kategorien von Argumenten.

a ◪ Die Argumente in den Kästchen auf S. 104 beziehen sich auf die Frage, ob es sinnvoll ist, Forschungsreaktoren weiterzubetreiben. Ordnen Sie die Argumente den in der Methode genannten Kategorien zu. Entscheiden Sie, ob es sich jeweils um ein Argument für oder gegen den Betrieb eines Forschungsreaktors handelt.

b ■ In einem Zeitungsartikel steht:

Mithilfe der Solar-Wasserstoff-Technik ist es möglich, Sonnenlicht in Wasserstoff umzuwandeln. Damit könnte das Energieproblem der Menschheit gelöst und Kernkraftwerke könnten abgeschaltet werden.

Formulieren Sie nach entsprechender Recherche Pro- und Kontra-Argumente, die ein Physiker, ein Wirtschaftsvertreter und ein Umweltaktivist jeweils zum Einsatz der beiden Techniken (Solar-Wasserstoff-Technik und Kernkraftwerke) nennen könnten.

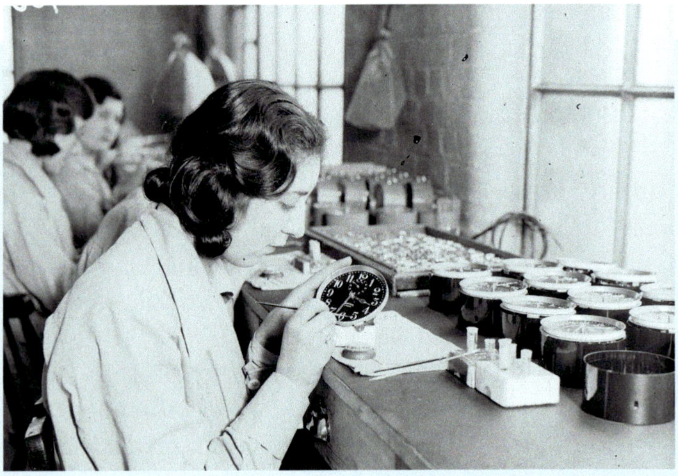

Radium galt lange als Wundermittel. Die sogenannten „Radium-Girls“ waren Fabrikarbeiterinnen, die in den 1920er-Jahren die Zifferblätter von Uhren mit radioaktiver Leuchtfarbe bemalten. Dafür spitzten sie die Pinsel mit den Lippen und nahmen dabei kleine Portionen Radium auf. Viele Arbeiterinnen wurden schwer krank oder starben. Wie gefährlich ist radioaktive Strahlung für Lebewesen?

4.7 Strahlenschutz

Strahlungsquellen

Die auf der Erde vorkommende ionisierende Strahlung wird durch **natürliche** und **künstliche Strahlungsquellen** verursacht. Das Diagramm zeigt die Quellen der durchschnittlichen Strahlenbelastung eines Menschen in Deutschland. ↗ 1 Zu den natürlichen Strahlungsquellen zählen die kosmische Strahlung des Weltalls und die terrestrische Strahlung, die von Radionukliden in Gesteinen der Erde ausgeht. Der größte Teil der natürlichen Belastung entfällt dabei auf das radioaktive Edelgas Radon, das in Gebäude gelangen und sich dort ansammeln kann. ↗ 2 Die Belastung durch künstliche Strahlungsquellen ist zum größten Teil auf medizinische Anwendungen zurückzuführen, hauptsächlich durch Röntgenstrahlung. Der restliche Anteil der künstlichen Strahlenbelastung ist unter anderem die Folge von Reaktorunfällen oder Kernwaffentests.

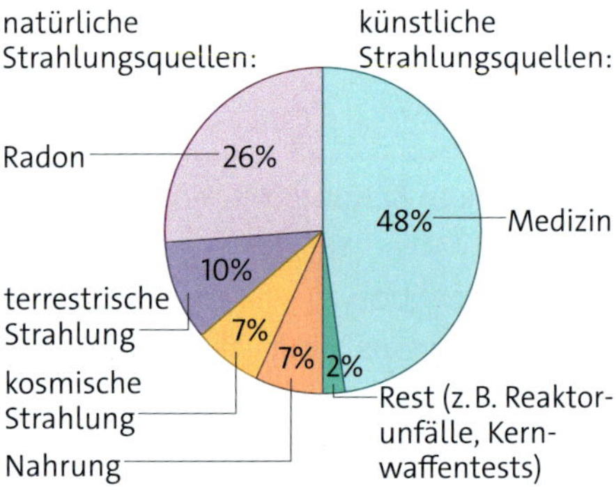

1 *Durchschnittliche Strahlenbelastung eines Menschen in Deutschland (Quelle: Helmholtz Zentrum München, Stand 2020)*

Wirkung radioaktiver Strahlung auf Lebewesen

Radioaktive Strahlung kann schädlich für Lebewesen sein. Kommt es zur inneren Strahlungsaufnahme, so können Moleküle im Körper ionisiert werden. Dies kann zur Veränderung des Erbguts bzw. zur Zerstörung von Zellen führen. Kleinere Schäden von Zellen können durch körpereigene Reparaturmechanismen behoben werden, jedoch kann der Organismus auch schwerwiegend betroffen sein. Betreffen die Schädigungen das bestrahlte Lebewesen selbst, spricht man von **somatischen Schäden**. Diese können unmittelbar auftreten, zum Beispiel Verbrennungen. Es kann auch zu Auswirkungen kommen, die erst zu einem späteren Zeitpunkt auftreten, zum Beispiel Krebs oder Sterilität. Sind erst die Nachkommen durch die Einwirkung radioaktiver Strahlung zum Beispiel durch Missbildungen geschädigt, spricht man von **genetischen Schäden.** ↗ 3

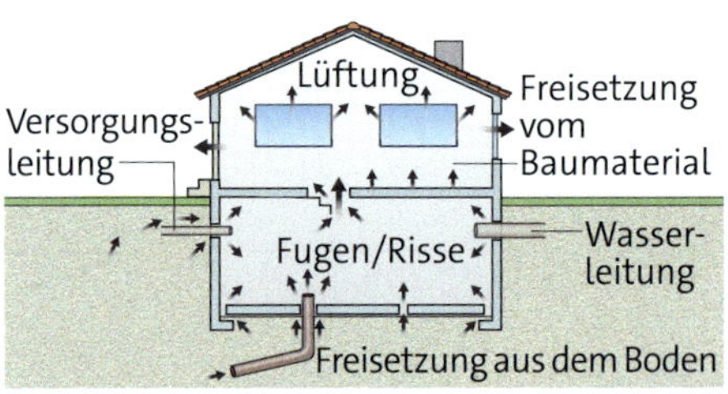

2 *Radonzirkulation in Gebäuden*

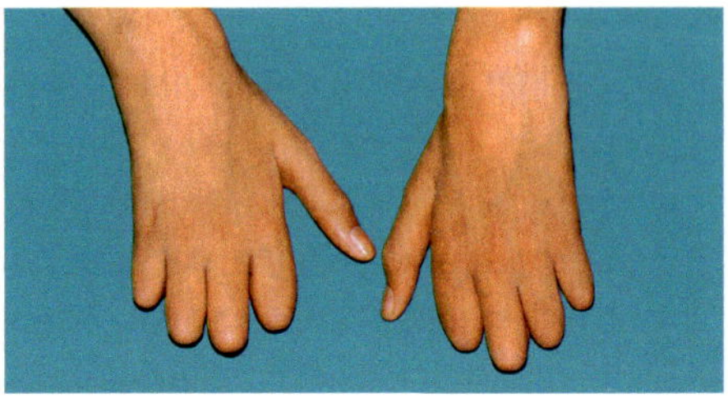

3 *Genetische Schäden*

Quantitative Erfassung der Strahlenbelastung

Um die Wirkung radioaktiver Strahlung quantitativ zu beschreiben, hat man die **Energiedosis *D*** definiert. Sie ist der Quotient aus der von einem Körper aufgenommenen Strahlungsenergie *E* und seiner Masse *m*. ↗ 4

$$D = \frac{E}{m} \quad [D] = \frac{[E]}{[m]};\ [D] = 1\,\frac{\text{J}}{\text{kg}};\ [D] = 1\,\text{Gy (1 Gray)}$$

Die schädigende Wirkung radioaktiver Strahlung auf Lebewesen bezeichnen wir als biologische Wirkung. Sie hängt von der Dauer der Strahlungseinwirkung, dem betroffenen Organ und von der Strahlungsart ab. Bei gleicher Energiedosis ruft α-Strahlung eine etwa 20-mal größere biologische Wirkung hervor als β-Strahlung. ↗ 5 Um die biologische Wirkung unterschiedlicher Strahlungsarten vergleichen zu können, hat man die **Äquivalentdosis *H*** eingeführt. Sie ist das Produkt aus einem **Qualitätsfaktor *q*** und der Energiedosis *D*. ↗ 5, 6

$$H = q \cdot D; \quad H = q \cdot \frac{E}{m}$$

$$[H] = \frac{[E]}{[m]};\ [H] = 1\,\frac{\text{J}}{\text{kg}};\ [H] = 1\,\text{Sv (1 Sievert)}$$

Bei einer Flugreise von etwa 5 Stunden beträgt die Strahlenbelastung je nach Flughöhe zwischen 0,01 und 0,02 mSv. Beim Lungenröntgen beträgt sie ca. 0,03 mSv pro Aufnahme. ↗ 7 Tabelle 8 zeigt Beispiele für Strahlenschäden, die bei bestimmten Strahlenbelastungen zu erwarten sind. ↗ 8

Schutzmaßnahmen vor ionisierender Strahlung

Im Umgang mit ionisierender Strahlung gelten die fünf **A** des Strahlenschutzes:

- **A**bschirmungsmaßnahmen ergreifen (z. B. Bleischürze beim Röntgen tragen)
- **A**bstand zu Strahlungsquellen möglichst groß halten
- **A**ufenthaltsdauer möglichst kurz halten
- **A**ktivität so klein wie möglich halten
- **A**ufnahme in den Körper vermeiden

- **Radioaktive Strahlung kann somatische und genetische Schäden hervorrufen.**
- **Der Quotient aus der von einem Körper aufgenommenen Strahlungsenergie *E* und seiner Masse *m* heißt Energiedosis *D*.**
- **Die biologische Wirkung einzelner Strahlungsarten lässt sich durch die Äquivalentdosis *H* vergleichen. Sie ist das Produkt aus dem Qualitätsfaktor *q* und der Energiedosis.**

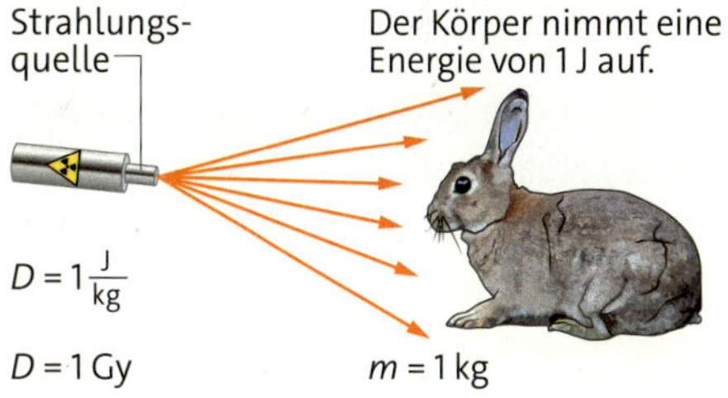

4 *Energiedosis D*

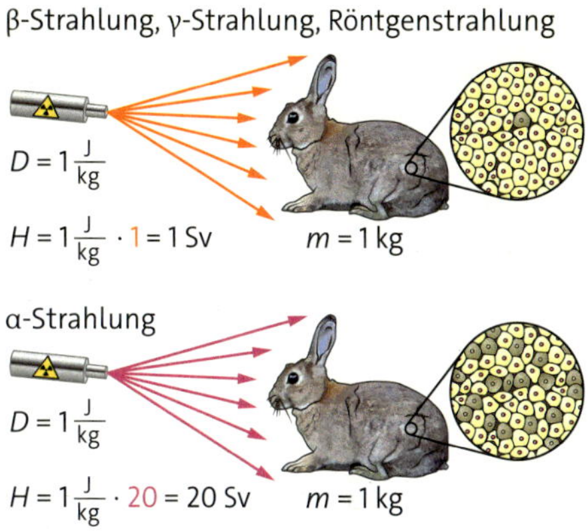

5 *Äquivalentdosis H*

Strahlungsart	*q*
Röntgenstrahlung, β-Strahlung, γ-Strahlung	1
langsame Neutronen	2 – 5
schnelle Neutronen, Protonen	10
α-Strahlung	20

6 *Qualitätsfaktor q für verschiedene Strahlungsarten*

7 *Beispiele für Strahlenbelastungen*

H in Sv	Strahlenschäden
0,2–0,5	Veränderung des Blutbilds
1,0	akute Gesundheitsgefahr, Übelkeit
2,0	Hautschäden, Übelkeit mit Erbrechen
3,0	Blutungen, 20 % Todesfälle
4,0	Entzündungen, 50 % Todesfälle
6,0	> 90 % Todesfälle

8 *Zu erwartende Strahlenschäden*

Radioaktive Strahlung in der Medizin

In der Nuklearmedizin wird radioaktive Strahlung zur Diagnose und zur Therapie eingesetzt.
Bei **nuklearmedizinischen Diagnosen** werden Organe auf Erkrankungen untersucht. Hierfür verabreicht man den Patienten schwach radioaktive Substanzen mit relativ kurzer Halbwertszeit. Bei der Untersuchung der Schilddrüse kann man das Präparat Technetium-99m mit einer Halbwertszeit von etwa 6 Stunden verwenden. Die radioaktive Substanz lagert sich vor allem in der Schilddrüse ab. Die von dort emittierte Strahlung wird erfasst und mithilfe eines Computers bildlich dargestellt. ↗ 1 Der Arzt kann aus solchen Aufnahmen Erkenntnisse über den Gesundheitszustand der Schilddrüse ableiten. Diese bildgebenden Diagnoseverfahren können auch zur Untersuchung anderer Organe, etwa der Lunge, herangezogen werden. Dabei lassen sich verschiedene Erkrankungen wie Krebs feststellen.

Bei der **Strahlentherapie** geht es um die Behandlung von Krebserkrankungen. Dabei versucht man, Tumorzellen von außen mit radioaktiver Strahlung zu zerstören. ↗ 2 Als Strahlungsquelle verwendet man hierzu häufig Cobalt-60. Das Ziel der Bestrahlung ist, die Tumorzellen zu zerstören und die umgebenden gesunden Zellen dabei möglichst wenig zu schädigen. Daher versucht man, die Bestrahlungszeit des umgebenden Gewebes möglichst kurz zu halten. Um dies zu erreichen, bestrahlt man den Tumor aus unterschiedlichen Richtungen. ↗ 3

Radioaktive Strahlung wird in der Medizin auch zur **Sterilisation**, also zur Entkeimung, benutzt. Medizinische Instrumente wie Spritzen oder Arzneimittel müssen frei von Viren, Bakterien und Sporen sein. ↗ 4 Sie dürfen jedoch nicht durch zu hohe Wärmeeinwirkung sterilisiert werden, da sie sonst zerstört werden. Man verwendet deshalb energiereiche γ-Strahlung.

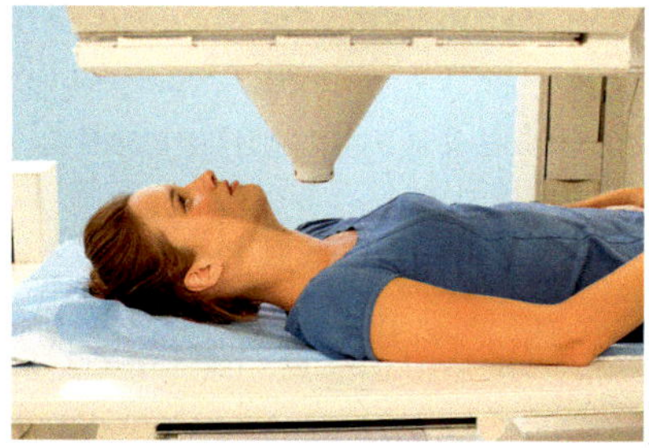

1 *Bildaufnahme einer Schilddrüse*

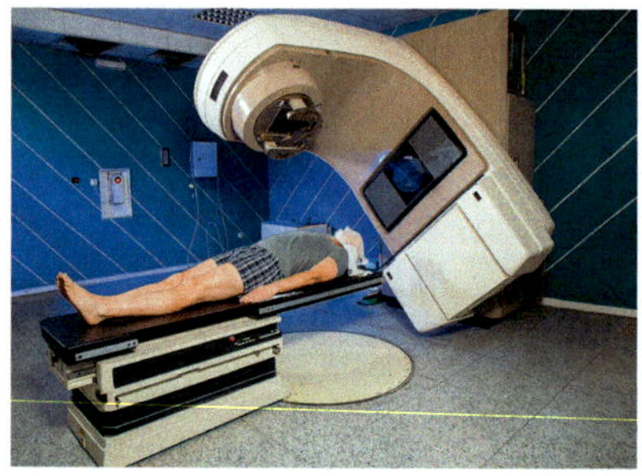

2 *Bestrahlung eines Tumors*

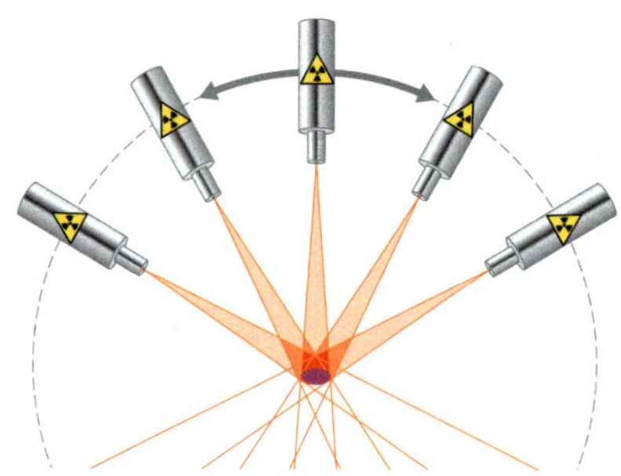

3 *Bewegung der Strahlungsquelle entlang eines Kreisbogens*

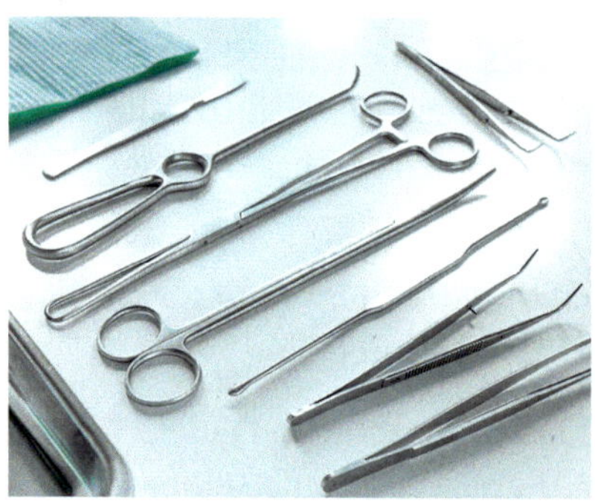

4 *Sterile medizinische Instrumente*

↗ **NEWTON AKTIV** Seite 110/111 Aufgabe 3, 10, 13 d

Radioaktive Strahlung in der Chemie

Radionuklide werden zur **Altersbestimmung** historischer Fundstücke genutzt. In diesem Kontext kennen wir bereits die C-14-Methode. Eine weitere Anwendungsmöglichkeit ist die **Behandlung von Kunststoffen** mit radioaktiver Strahlung. Werden gewisse Kunststoffe einer β-Strahlung ausgesetzt, führt dies zur Vernetzung der Molekülketten. Infolge der Strahleneinwirkung wird der Kunststoff weniger hitzeempfindlich und widerstandsfähiger. Lebensmittelchemiker verwenden die γ-Strahlung von Cobalt-60 für die **Konservierung von Lebensmitteln**. In Deutschland ist das Verfahren nur bei ausgewählten Lebensmitteln zugelassen.

Radioaktive Strahlung in der Biologie

In der **Landwirtschaft** versucht man das Erbgut gewisser Pflanzen wie Tomaten durch radioaktive Bestrahlung zu verändern, um ertragreichere und schädlingsresistentere Sorten zu züchten. ↗ 5 Radioaktive Präparate werden auch in der **Schädlingsbekämpfung** eingesetzt. Schädlinge wie die Mittelmeerfruchtfliege stellen eine Gefahr für die Ernteproduktion dar. ↗ 6 Bei der Sterilen-Insekten-Technik werden männliche Fliegen mittels Bestrahlung unfruchtbar gemacht und mit Flugzeugen über den betroffenen Gebieten freigesetzt. Die Befruchtung der dort lebenden Weibchen bleibt ohne Nachkommen. Durch mehrfache Wiederholung dieses Vorgangs geht die Population der Fliege zurück, ohne dass andere Lebewesen geschädigt werden. Durch diese Art der Schädlingsbekämpfung kann der Einsatz von Chemikalien minimiert werden.

5 *Tomatenpflanze*

6 *Mittelmeerfruchtfliege*

Radioaktive Strahlung in der Technik

Die **Schichtdickenprüfung** bestimmter Materialien wie Folien oder Kunststoff kann mithilfe radioaktiver Strahlung durchgeführt werden. Das zu prüfende Material läuft dabei zwischen einer Strahlungsquelle und einem Zählrohr entlang. ↗ 7 Weicht die Schichtdicke von einem definierten Sollwert ab, ändert sich auch die registrierte Impulsrate. Mithilfe von Computern können diese Abweichungen erfasst werden.

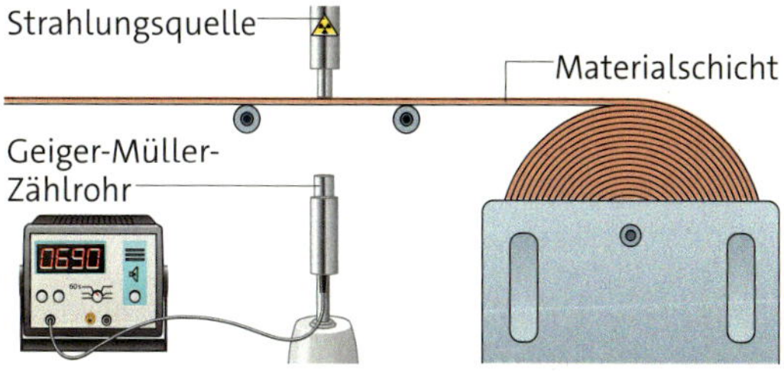

7 *Schichtdickenprüfung*

Radionuklide verwendet man außerdem bei sogenannten **Tracermethoden** (engl. to trace: einer Spur folgen). Dabei versucht man, unterirdische Lecks in Öl- oder Gasrohrleitungen aufzuspüren, indem man eine radioaktive Substanz hineingibt und anschließend die Aktivität entlang der Leitung misst. An Stellen mit hoher Aktivität muss der Rohstoff ausgetreten sein. Das Leck kann auf diese Weise lokalisiert und behoben werden. ↗ 8

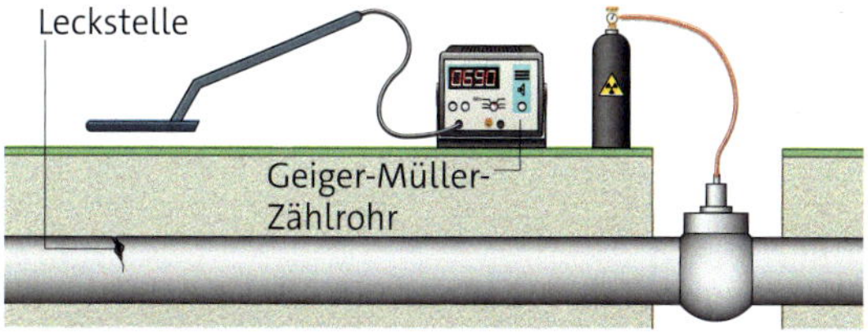

8 *Lecksuche einer unterirdischen Rohrleitung*

Radioaktive Strahlung wird auch in Alltagsgegenständen genutzt. Die selbstleuchtenden Ziffern von **Armbanduhren** enthalten meist Tritium, einen schwachen β-Strahler. ↗ 9 Damit das Tritiumgas nicht durch das Uhrengehäuse entweichen kann, befindet es sich in abgedichteten Glasröhrchen.

9 *Tritium-Armbanduhr*

In Worte fassen

1 Gefahr der Radioaktivität ↗ S. 106/107

a □ Geben Sie zwei Strahlungsquellen an, denen jeder Mensch zwangsläufig ausgesetzt ist.

b □ Begründen Sie, dass der Mensch heute einer höheren Strahlenbelastung ausgesetzt ist als vor 500 Jahren.

c □ Nennen Sie die Faktoren, von denen die schädigende Wirkung der Radioaktivität auf lebende Organismen abhängt. Gehen Sie dabei auch auf die unterschiedlichen Strahlungsarten ein.

2 Strahlenschäden ↗ S. 106/107

□ Immer wieder wird die Gefahr, die von Radioaktivität ausgeht, diskutiert. Im Falle eines Reaktorunglücks kann es zu verheerenden Strahlenschäden bei Lebewesen kommen. Beschreiben Sie, welche Strahlenschäden auftreten können. Verwenden Sie physikalische Fachbegriffe und geben Sie jeweils ein Beispiel an.

3 Nutzen der Radioaktivität ↗ S. 106/107

a □ Radioaktivität kann auch nützlich sein. Erläutern Sie die Rolle der Radioaktivität in der Medizin.

b ◪ Erklären Sie mithilfe der Grafik 3 auf Seite 108, wie man bei der Bestrahlung von Tumorzellen vorgeht, um das umgebende gesunde Gewebe möglichst wenig zu schädigen.

c □ Nennen Sie weitere Beispiele, in denen Radioaktivität gewinnbringend eingesetzt wird.

4 Jahresdosis ↗ S. 106/107

a □ Nennen Sie die Anteile, aus denen sich die mittlere Energiedosis pro Person in Deutschland zusammensetzt.

b ◪ Die durchschnittliche Energiedosis beträgt in Deutschland pro Person im Jahr etwa 4 mSv. Nennen Sie mindestens zwei Gründe, warum die mittlere Energiedosis von Kleinkindern in Deutschland in der Regel deutlich niedriger ist.

c □ Einige Quellen der typischen Jahresdosis belasten uns auf jeden Fall, andere kann man vermeiden. Nennen Sie jeweils zwei vermeidbare und zwei nicht vermeidbare Faktoren.

Bewerten

5 Wohin mit dem Müll? ↗ S. 106/107

◪ Immer wieder wird über die gefährliche Lagerung radioaktiver Abfallprodukte aus Kernkraftwerken berichtet. Daraufhin meint Emma: *„Man könnte den entstehenden Müll doch einfach mit einer Rakete ins Weltall schicken."* Bewerten Sie Emmas Vorschlag kritisch.

6 Im radiochemischen Labor ↗ S. 106/107

In einem radiochemischen Labor können Untersuchungen mit radioaktiven Stoffen unter Einhaltung der Strahlenschutzmaßnahmen durchgeführt werden. Bewerten Sie das Verhalten des Studenten in Hinblick auf die 5-A-Regeln des Strahlenschutzes:

Nachdenken & Kombinieren

7 Radon-222 ↗ S. 106/107

Beim Element Rn-222 handelt es sich um ein radioaktives Edelgas, das vorwiegend aus dem Erdreich stammt. Rn-222 ist ein α-Strahler.

a ◪ Begründen Sie kurz, welches Körperorgan durch Aufnahme des Rn-222 am stärksten gefährdet wird.

b ◪ Nennen Sie mindestens drei Maßnahmen, mit denen die Belastung durch Rn-222 beim Aufenthalt in Häusern verringert werden kann.

8 Strahlenschäden beim Menschen ↗ S. 106/107

In einem Buch findet Yvonne folgende Grafik:

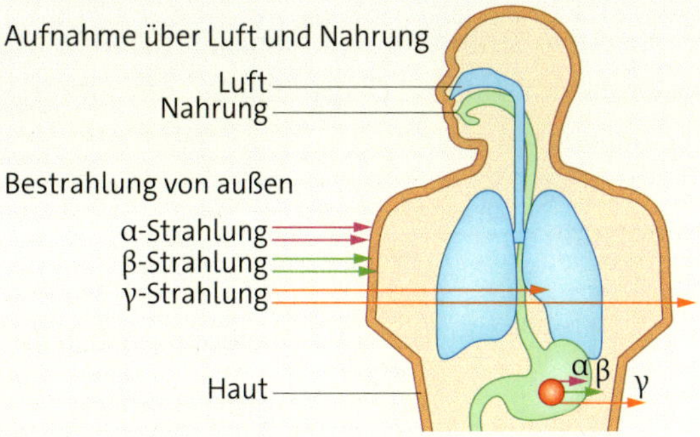

a Beschreiben Sie, was mit dieser Grafik dargestellt wird.

b Beurteilen Sie die einzelnen Strahlungsarten hinsichtlich der schädigenden Wirkung auf den Menschen.

9 Füllstandsmessung

Radioaktive Strahlung kann zur berührungslosen Füllstandsmessung in Stahlbehältern eingesetzt werden, die mit giftigen oder sterilen Flüssigkeiten befüllt sind.

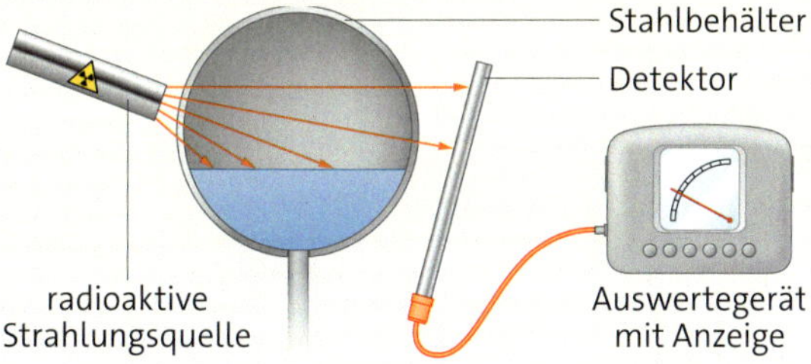

a ☐ Beurteilen Sie die einzelnen Strahlungsarten hinsichtlich ihrer Eignung zur dargestellten Füllstandsmessung.

b Beschreiben Sie, wie sich das vom Detektor empfangene Signal ändert, wenn die Füllhöhe im Behälter zunimmt. Begründen Sie Ihre Aussage.

c ☐ Der Einsatz von radiometrischen Methoden wie der hier beschriebenen ist nicht unumstritten. Nennen Sie hierfür zwei Gründe.

10 Sterilisation medizinischer Geräte ↗ S. 108

Für bestimmte medizinische Produkte, z. B. für Implantate, dient die γ-Strahlung des Cobaltisotops Co-60 zur Sterilisation, also der Abtötung gesundheitsgefährdender Keime.

a Erklären Sie, wie diese Art der Sterilisation funktioniert. Überlegen Sie dazu, welche Eigenschaft der Strahlung dafür genutzt wird.

b Die Sterilisation mittels γ-Strahlung kann palettenweise erfolgen, nachdem die Produkte bereits verpackt sind. Begründen Sie diese Möglichkeit.

Recherchieren

11 Halbwertszeit

In der Medizin spielt neben der physikalischen auch die biologische Halbwertszeit eine Rolle. Recherchieren Sie hierzu in geeigneten Quellen. Erstellen Sie eine Tabelle, in der Sie biologische und physikalische Halbwertszeiten einiger Radionuklide einander gegenüberstellen.

12 Dosimeter

Bei Personen, die beruflich vermehrt mit radioaktiver Strahlung arbeiten, muss die individuelle Strahlenbelastung überwacht werden. Dies erfolgt mit Dosimetern. Recherchieren Sie den groben Aufbau und die Funktionsweise.

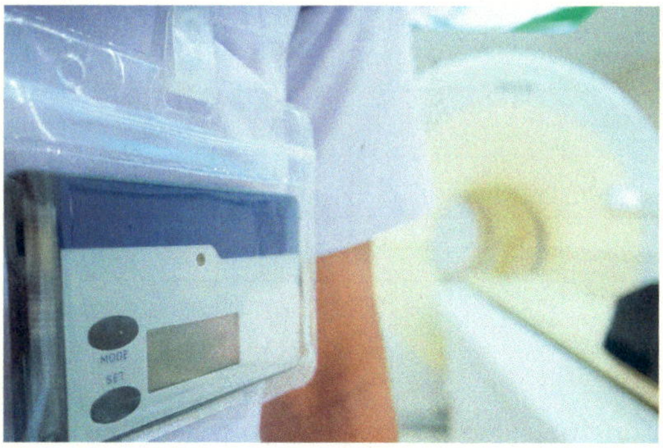

Einfach lernen

13 Gefahren und Nutzen ↗ S. 106–109

a Welche Wirkung hat radioaktive Strahlung auf Lebewesen?

b Was versteht man unter Energiedosis bzw. Äquivalentdosis?

c Wie lauten die 5 A des Strahlenschutzes?

d Welchen Nutzen kann radioaktive Strahlung haben?

Atom- und Kernphysik

Aufbau der Atomkerne

Atomkerne bestehen aus positiv geladenen **Protonen** und ungeladenen **Neutronen**. Diese Kernbausteine nennt man **Nukleonen**.

Kernladungszahl *Z*: Anzahl der Protonen
Neutronenzahl *N*: Anzahl der Neutronen
Massenzahl *A*: $A = Z + N$

Beispiel: Eisenkern

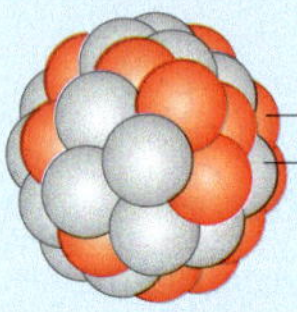

Protonen $Z = 26$
Neutronen $N = 30$
Nukleonen $A = 56$

Nuklid-schreibweise: $^{56}_{26}\text{Fe}$

Isotope sind Nuklide mit der gleichen Protonenzahl, aber mit verschiedener Neutronenzahl, z. B.: $^{1}_{1}\text{H}$ (Wasserstoff), $^{2}_{1}\text{H}$ (Deuterium), $^{3}_{1}\text{H}$ (Tritium).

Radioaktive Strahlung

Radioaktive Strahlung wirkt ionisierend auf Materie und kann u. a. mit Geiger-Müller-Zählrohren nachgewiesen werden.

Impulsrate $= \frac{\textbf{Anzahl der Impulse}}{\textbf{Zeit}}$; $n = \frac{N}{t}$; $[n] = \frac{1}{s}$

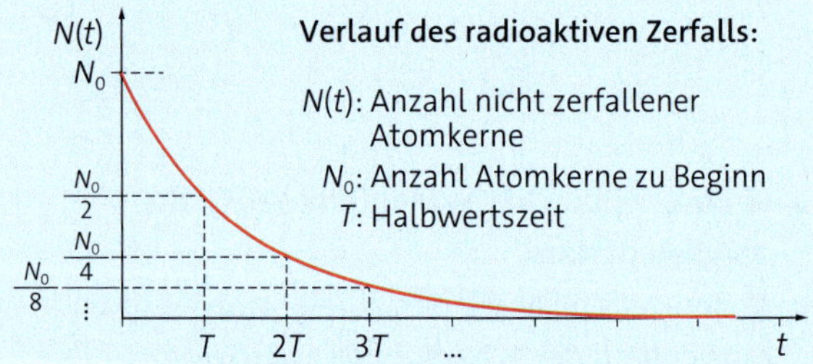

Verlauf des radioaktiven Zerfalls:

$N(t)$: Anzahl nicht zerfallener Atomkerne
N_0: Anzahl Atomkerne zu Beginn
T: Halbwertszeit

Nach der **Halbwertszeit** ist die Hälfte der ursprünglich vorhandenen Atomkerne zerfallen.

Strahlungsarten

	α-Strahlung	β-Strahlung	γ-Strahlung
besteht aus ...	Heliumkernen	Elektronen	elektromagn. Strahlung
Ladung	+2e	−1e	keine
Zerfallsgleichung (Beispiel)	$^{226}_{86}\text{Ra} \rightarrow {}^{222}_{84}\text{Rn} + {}^{4}_{2}\text{He}\ (+\gamma)$	$^{137}_{55}\text{Cs} \rightarrow {}^{137}_{56}\text{Ba} + {}^{0}_{-1}\text{e}\ (+\gamma)$	$^{137m}_{56}\text{Ba} \rightarrow {}^{137}_{56}\text{Ba} + \gamma$ (m: angeregter Zustand)
Masse	$6{,}6 \cdot 10^{-27}$ kg (relativ groß)	$9{,}1 \cdot 10^{-31}$ kg (relativ klein)	keine
Reichweite in Luft	einige Zentimeter	einige Meter	sehr weit
Abschirmung	Papier oder Karton	Aluminium	dicke Bleischichten
Ablenkung im Magnetfeld	ja (entgegengesetzt zu β)	ja (UVW-Regel)	nein

Künstliche Kernumwandlungen

Kernspaltung: Spaltung schwerer Atomkerne durch Beschuss mit thermischen Neutronen
Kernfusion: Verschmelzung zweier leichter Kerne

Strahlenschäden

somatische Schäden bei Lebewesen selbst (z. B. Verbrennung, Krebs)
genetische Schäden bei Nachkommen (z. B. Fehlgeburt, Missbildung)

Nutzen radioaktiver Strahlung

medizinische Diagnostik, Strahlentherapie, Altersbestimmung (C-14-Methode), Schädlingsbekämpfung, Sterilisation, Schichtdickenprüfung u. a.

C-14-Methode

Der Gehalt des radioaktiven Kohlenstoffisotops C-14 in einem Organismus nimmt nach dessen Tod durch radioaktiven Zerfall ab. Durch Messung des verbliebenen C-14-Gehalts kann auf das Alter geschlossen werden.

1 Altersbestimmung

Mit der Uran-Thorium-Datierung kann das Alter von Gesteinen in Höhlen bestimmt werden, die durch Ablagerungen entstanden sind. Geringe Mengen des Uranisotops U-234 sind im Tropfwasser gelöst und werden in das Kristallgitter eines Tropfsteins eingebaut. Das U-234 zerfällt mit einer Halbwertszeit von $2{,}5 \cdot 10^5$ Jahren, wodurch sich das Zerfallsprodukt Thorium-230 anreichert. Aus dem Verhältnis von Uran zu Thorium lässt sich das Alter der Gesteinsschicht bestimmen.

a ☐ Beim radioaktiven Zerfall von U-234 in Thorium entstehen zwei verschiedene Arten von Strahlung. Benennen Sie die Strahlungsarten.

b ◪ Beschreiben Sie die wesentlichen Vorgänge im Kern beim spontanen Zerfall von U-234, mit denen die Entstehung der beiden Strahlungsarten erklärt werden können.

c ■ Beschreiben Sie, wie man die Strahlungsarten jeweils experimentell nachweisen kann, die vom Uranisotop U-234 emittiert werden.

d ■ Die chemische Analyse einer Gesteinsprobe ergibt, dass 37 % der ursprünglich vorhandenen U-234-Kerne in Thorium zerfallen sind. Erstellen Sie eine Zerfallskurve für den radioaktiven Zerfall von U-234 über drei Halbwertszeiten. Entnehmen Sie dieser das Alter der Gesteinsprobe.

e ◪ Geben Sie die Bezeichnung für die Methode zur Altersbestimmung von organischen Stoffen wie Holz oder Geweben von Tieren an und beschreiben Sie die Methode.

2 Zigarettenasche

In einem Experiment untersuchen Lea und Micha mithilfe eines empfindlichen Geiger-Müller-Zählrohrs die von Zigarettenasche ausgehende radioaktive Strahlung.

Sie bringen die Asche und das Zählrohrfenster in geringem Abstand zusammen und halten nacheinander 1 mm dicke Platten aus Pappe, Aluminium und Blei dazwischen. Sie erstellen die folgende Tabelle:

Zigarettenasche, Impulse in 60 s

Nr.	ohne was	Asche	Asche + Pappe	Asche + Alu	Asche + Blei
1	48	151	122	75	53
2	51	148	108	65	65
3	47	146	136	71	36

a ☐ Geben Sie eine genaue Erklärung für die Impulsraten in der Spalte „ohne was".

b ◪ Interpretieren Sie die Messwerte hinsichtlich der von der Asche emittierten Strahlungsarten.

c ◪ Zigarettentabak enthält unter anderem das radioaktive Poloniumisotop Po-210. Dies ist ein Isotop, das aus dem Zerfall von Bismut entsteht und in ein stabiles Bleiisotop zerfällt. Benennen Sie die Strahlungsart, die das Po-210 aussendet, und begründen Sie dies.

d ◪ Das Poloniumisotop Po-210 kann nicht mithilfe eines Ganzkörperzählers nachgewiesen werden, sondern nur über Ausscheidungen des Körpers. Geben Sie hierfür eine Erklärung.

e ☐ Geben Sie drei verschiedene Schutzmaßnahmen vor radioaktiver Belastung durch Po-210 an.

f ☐ Benennen Sie die beiden grundsätzlichen Schäden, die bei einem Organismus durch radioaktive Belastung zu erwarten sind. Nennen Sie jeweils auch ein Beispiel.

5

Energie-versorgung

Wohlstand und Lebensqualität sind heutzutage unmittelbar mit dem Bedarf an Energie verknüpft. Die steigende Nutzung von Energieträgern führt aber gleichzeitig zu schwerwiegenden globalen Problemen.

In diesem Kapitel lernen Sie

- *was Wärmekraftmaschinen sind.*
- *verschiedene Energieträger kennen, die zu unserer Energieversorgung beitragen und welche Vor- und Nachteile mit ihrer Nutzung verbunden sind.*
- *unter welchen Kriterien Energiewandlungssysteme wie Kraftwerke bewertet werden können.*
- *verschiedene Möglichkeiten kennen, Energie zu speichern und zu transportieren.*

Carl Benz meldete 1886 seinen sogenannten Motorwagen zum Patent an. Der darin verbaute Verbrennungsmotor bedeutete für den Straßenverkehr die Weiterentwicklung von der Kutsche hin zum Automobil.
Wie funktioniert ein Verbrennungsmotor?

5.1 Verbrennungsmotoren

Versuch: Verbrennung von Benzin

a Ihre Lehrkraft gibt etwas Feuerzeugbenzin in eine feuerfeste Schale und zündet es mit einem langen Streichholz an. Anschließend deckt sie die Schale mit einem feuerfesten Deckel ab. ↗ 1

b Ihre Lehrkraft gibt ein paar Tropfen Feuerzeugbenzin in eine unten verschlossene Pappröhre, in der sich zur besseren Durchmischung einige Münzen befinden. Nach dem Aufsetzen eines Deckels wird die Röhre mehrere Male kräftig geschüttelt. Durch ein Loch wird nun ein langes brennendes Streichholz in die Röhre eingeführt. ↗ 2

Wir sehen:

a Auf dem Benzin bildet sich eine Flamme, es verbrennt allmählich. Nach dem Auflegen des Deckels erlischt die Flamme, der Deckel bleibt einfach liegen.

b Der aufgesetzte Deckel wird nach oben geschossen.

Erklärung:

a Die reine Verbrennung von Benzin ist nicht geeignet, um mit der frei gewordenen inneren Energie mechanische Arbeit zu verrichten.

b Durch das Schütteln entsteht ein Benzindampf-Luft-Gemisch, das in einer Explosion verbrennt. Temperatur und Druck des entstehenden Verbrennungsgases und somit seine innere Energie nehmen dabei stark zu. Durch die Volumenvergrößerung des Gases wird Arbeit am Deckel verrichtet, der dadurch kinetische Energie erhält.

Maschinen, die innere Energie in kinetische Energie umwandeln, heißen **Wärmekraftmaschinen.**

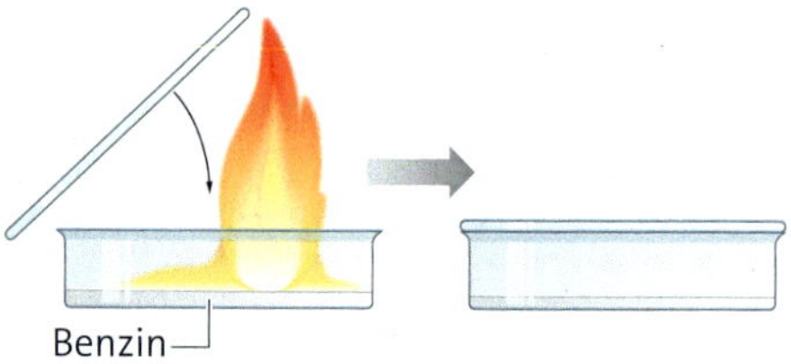

1 *Verbrennung von Benzin*

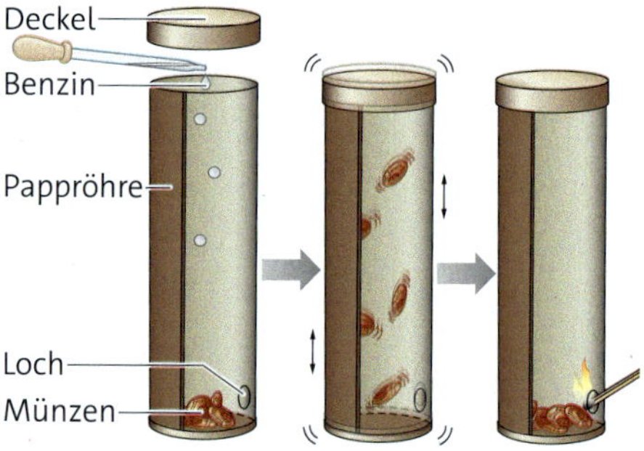

2 *Verbrennung eines Benzindampf-Luft-Gemischs*

Aufbau und Funktionsweise eines Viertakt-Ottomotors

Nikolaus Otto entwickelte 1886 einen Verbrennungsmotor, den Viertakt-Ottomotor. Die Verbrennung findet dabei in einem **Zylinder** statt. Eine **Nockenwelle** steuert das Öffnen und Schließen eines **Ein-** und **Auslassventils.** Zwischen beiden Ventilen ist eine **Zündkerze** angebracht. Ein beweglicher **Kolben** schließt den Verbrennungsraum unten ab und ist über eine **Pleuelstange** mit einer **Kurbelwelle** verbunden. Der höchste Punkt, den der Kolben erreicht, heißt **oberer Totpunkt,** der niedrigste **unterer Totpunkt.** ↗ 3 Am Ende der Kurbelwelle befindet sich eine **Schwungscheibe.** ↗ 4 Der Wirkungsgrad eines Viertakt-Ottomotors beträgt bis zu 35 %. ↗ 5 Die Vorgänge beim Ottomotor können in vier Takte unterteilt werden: ↗ 6

1. Ansaugtakt

Die Nockenwelle öffnet das Einlassventil, das Auslassventil ist geschlossen. Der Vergaser zerstäubt das Benzin und erzeugt so das Benzindampf-Luft-Gemisch, kurz BDL-Gemisch. Durch die Bewegung des Kolbens zum unteren Totpunkt entsteht im Verbrennungsraum ein Unterdruck. Das Gemisch strömt hinein.

2. Verdichtungstakt

Ein- und Auslassventil sind geschlossen. Durch die Bewegung des Kolbens zum oberen Totpunkt wird das BDL-Gemisch verdichtet. Temperatur und Druck des Gases nehmen stark zu.

3. Arbeitstakt

Ein- und Auslassventil sind geschlossen. Da die Entflammung des BDL-Gemischs eine bestimmte Zeit benötigt, zündet die Zündkerze bereits kurz vor dem oberen Totpunkt mit einem Funken das BDL-Gemisch. Dieses verbrennt explosionsartig zu einem Verbrennungsgas, dessen Druck und Temperatur stark zunehmen. Es dehnt sich aus, sodass der Kolben nach unten bewegt wird. Das Gas verrichtet mechanische Arbeit am Kolben.

4. Ausstoßtakt

Das Einlassventil ist geschlossen, die Nockenwelle öffnet das Auslassventil. Durch die Trägheit der sich drehenden Schwungscheibe bewegt sich der Kolben über den unteren Totpunkt hinaus wieder nach oben. Die verbrannten Gase werden aus dem Verbrennungsraum gedrückt und über den Auspuff ins Freie transportiert. Der Prozess beginnt nun wieder von vorne.

- **Wärmekraftmaschinen wandeln innere Energie teilweise in kinetische Energie um.**
- **Bei Verbrennungsmotoren wird ein Treibstoff-Luft-Gemisch in einem Zylinder explosionsartig verbrannt und dadurch ein Kolben angetrieben.**

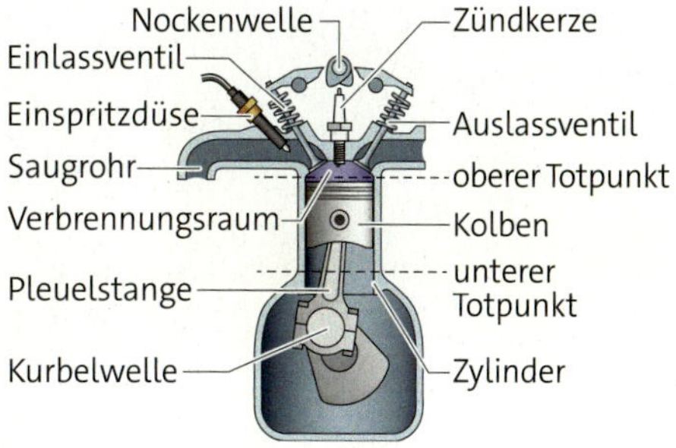

3 *Querschnitt eines Viertakt-Ottomotors*

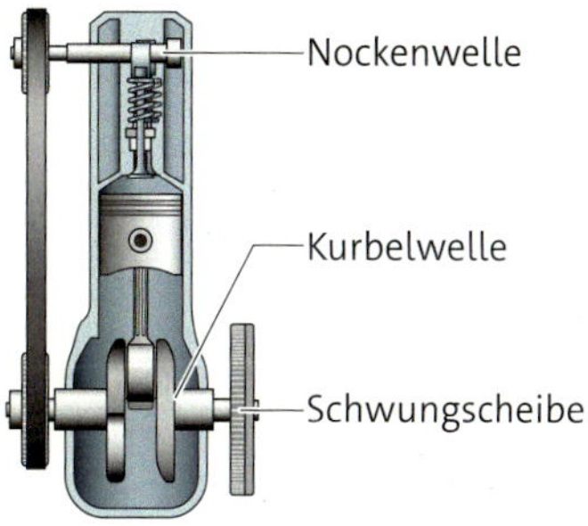

4 *Ottomotor mit einem Zylinder (Querschnitt)*

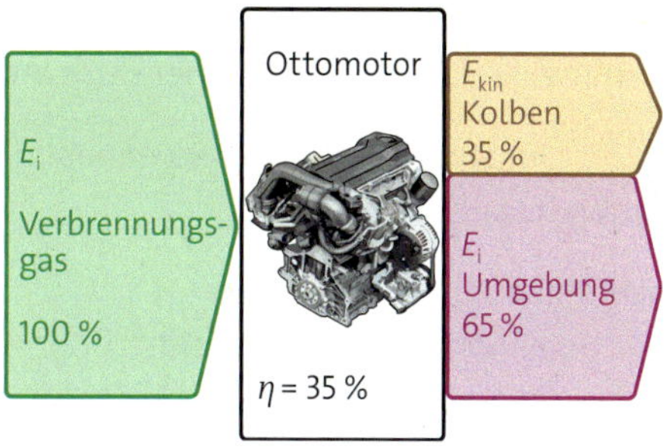

5 *Wirkungsgrad eines Ottomotors*

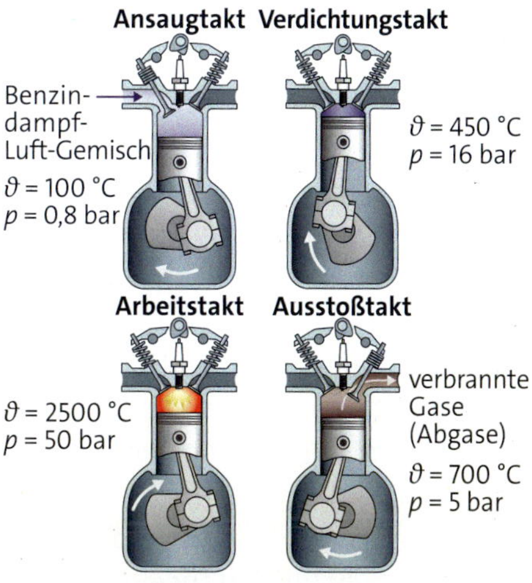

6 *Vier Takte eines Ottomotors*

Ein grundlegender Bestandteil von vielen Kraftwerken zur Bereitstellung von elektrischer Energie sind Dampfturbinen.
Wie funktioniert eine Dampfturbine?

5.2 Dampfturbinen

Versuch: Antrieb eines Windrads mit Wasserdampf

Wir erhitzen Wasser in einem Glaskolben mit der Flamme eines Gasbrenners. Den entstehenden Wasserdampf leiten wir in unterschiedlicher Art auf ein Windrad:

a ohne weitere Hilfsmittel ↗ 1
b mit einem Glasrohr einheitlichen Durchmessers ↗ 2
c mit einem Glasrohr mit einer Düse am Ende ↗ 3

Beim Umgang mit dem Gasbrenner müssen die Sicherheitshinweise beachtet werden.

Wir sehen:

a Das Windrad dreht sich nicht.
b Das Windrad bewegt sich ein wenig, dreht sich jedoch nicht.
c Das Windrad dreht sich. Je stärker die Dampfentwicklung und damit die Geschwindigkeit des ausströmenden Dampfes ist, desto schneller ist diese Bewegung.

Erklärung:
Durch die ständige Wärmezufuhr nehmen die Temperatur und damit die innere Energie des Wasserdampfs zu. Die mittleren kinetischen Energien der Dampfteilchen steigen demnach. Da sich der Wasserdampf außerdem ausdehnt, steigen auch die mittleren potenziellen Energien der Teilchen, und der Dampf strömt durch das Glasrohr. Durch die Düse nehmen die Strömungsgeschwindigkeit und damit die kinetischen Energien der Dampfteilchen nochmals zu. Treffen die Dampfteilchen auf das Windrad, so verrichten diese an ihm mechanische Arbeit. Die kinetische Energie des Windrads steigt.
Dieser Versuch zeigt das Funktionsprinzip einer Dampfturbine, die ein weiteres Beispiel für eine Wärmekraftmaschine ist.

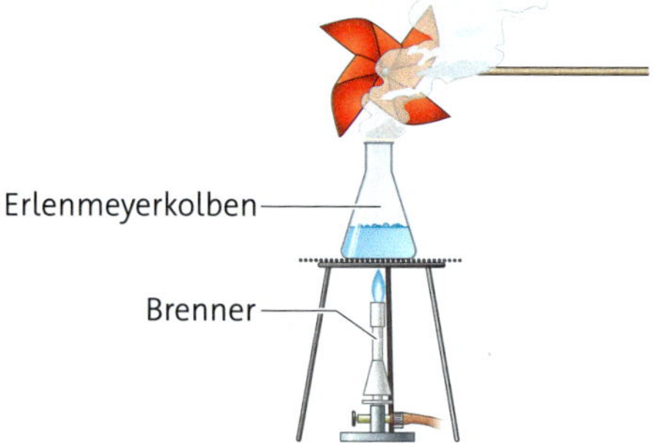

1 *Antrieb mit Wasserdampf*

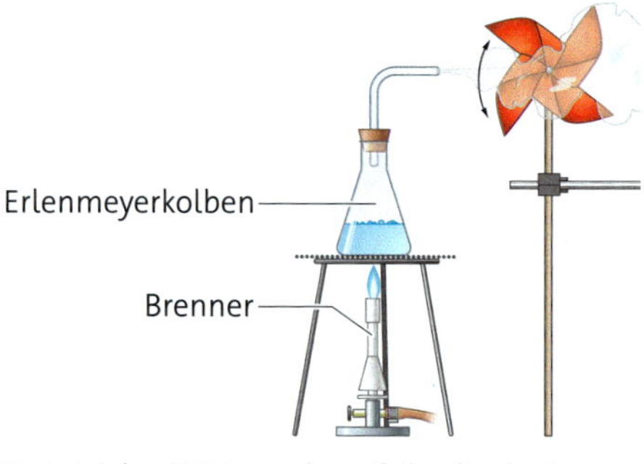

2 *Antrieb mit Wasserdampf, der durch ein Glasrohr strömt*

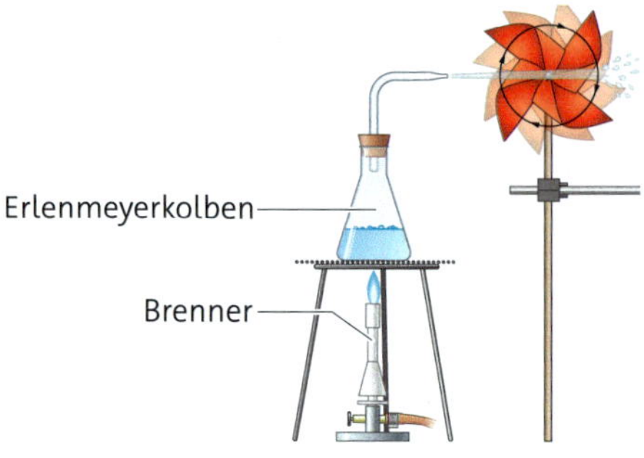

3 *Antrieb mit Wasserdampf, der durch ein Glasrohr mit Düse strömt*

Aufbau und Funktionsweise einer Dampfturbine

Eine Dampfturbine besteht aus einer **Welle,** an der in einem abgeschlossenen Gehäuse mehrere **Laufräder** hintereinander angebracht sind. Vor jedem Laufrad befinden sich kreisförmig angeordnete **Leitgitterdüsen.** ↗ 4

Bei einer Dampfturbine wird die Rotationsbewegung der Welle nicht über den Umweg einer Auf- und Abbewegung eines Kolbens erreicht wie beim Verbrennungsmotor. Die Rotationsbewegung entsteht wie folgt:

Durch Wärmezufuhr wird in einem Kessel aus Wasser Dampf hergestellt und auf hohe Temperatur (400 °C bis 600 °C) sowie hohen Druck (bis zu 180 bar) gebracht. Man sagt, der Dampf wird **hochgespannt.** Über die Leitgitterdüsen wird der Dampf auf ein Laufrad gelenkt. Die Dampfteilchen geben einen Teil ihrer kinetischen Energie an das Laufrad ab. Dieses wird hierdurch in eine Rotationsbewegung versetzt und treibt so die Welle an. Hierbei sinken der Druck und die Temperatur des Dampfs. Man sagt, er entspannt sich. Der Dampf wird nun über weitere Leitgitterdüsen auf das nächste Laufrad gelenkt. Die Dampfteilchen geben wieder einen Teil ihrer kinetischen Energie an das Laufrad ab, wodurch das Laufrad und damit die Welle angetrieben werden. Dieser Prozess wiederholt sich einige Male. Um hierbei mit dem jeweils verringerten Druck des Dampfs die gleiche Rotationsgeschwindigkeit bei den Laufrädern zu erzeugen, müssen diese von Stufe zu Stufe größer sein.

In modernen Dampfturbinenanlagen werden **mehrstufige Dampfturbinen** eingesetzt. Der hochgespannte Dampf durchläuft zunächst eine **Hochdruckturbine.** Danach wird der Dampf von geringerer Temperatur und geringerem Druck in eine **Mitteldruckturbine** geleitet und anschließend in eine oder mehrere **Niederdruckturbinen.** Die Turbinen sind alle mit derselben **Welle** verbunden, die durch ihre Rotation einen **Generator** antreibt. ↗ 5 Dieser wandelt die kinetische Energie der Laufräder in elektrische Energie um.

Ist der Dampf so weit entspannt, dass sein Druck unter 1 bar liegt und seine Temperatur nur noch 30 °C bis 50 °C beträgt, so reicht dies nicht mehr aus, um damit Laufräder anzutreiben. Der Dampf wird dann in einen **Kondensator** geleitet. Dort wird er abgekühlt, zum Beispiel im kalten Wasser eines Flusses oder Kühlturm. Der Dampf kondensiert so zu Wasser, das wieder in den Kessel gepumpt wird. Der Prozess beginnt von Neuem.

Bei Dampfturbinen werden Wirkungsgrade von beinahe 50 % erreicht. ↗ 6

- **Eine Dampfturbine ist eine Wärmekraftmaschine, die innere Energie von Wasserdampf in kinetische Energie von Laufrädern umwandelt.**

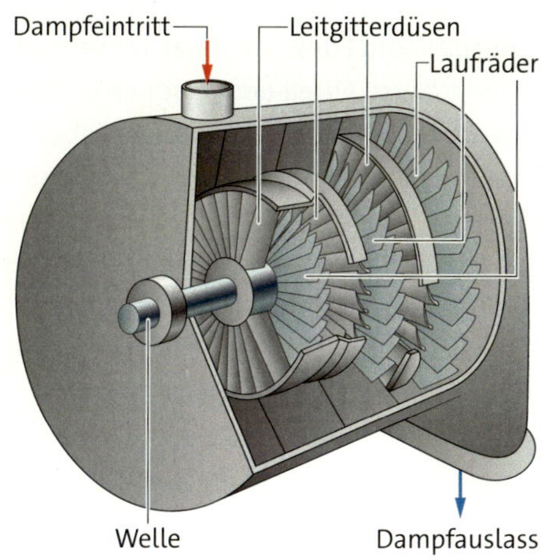

4 *Dampfturbine (Querschnitt)*

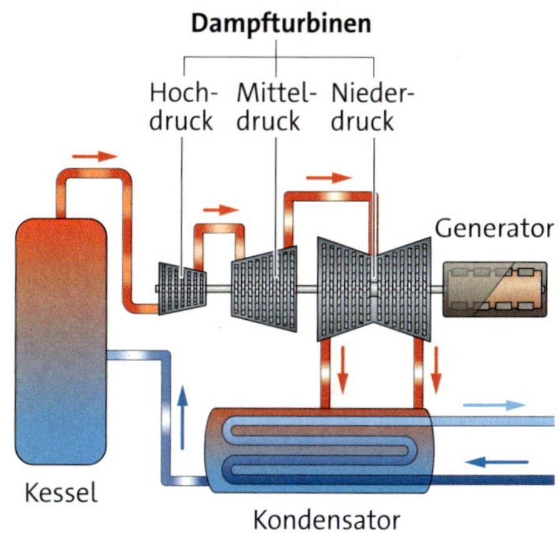

5 *Dampfturbinenanlage (Querschnitt)*

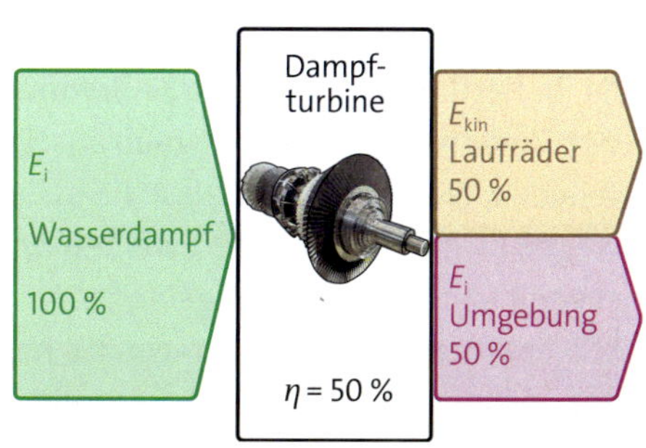

6 *Wirkungsgrad einer Dampfturbine*

Aufbau und Funktion eines Dieselmotors

Der größere Anteil der Personenkraftwagen wird aktuell von Ottomotoren angetrieben. In Lastkraftwagen wird in der Regel ein **Dieselmotor** eingesetzt. Dieser 1897 von Rudolf Diesel entwickelte Motor benötigt aufgrund seiner Funktion keinen Vergaser und keine Zündkerze, jedoch eine **Einspritzdüse** für den Kraftstoff, das Dieselöl. ↗1
Das Arbeitsspiel eines Dieselmotors ist in die gleichen vier Takte unterteilt wie beim Ottomotor. ↗2 Allerdings ergeben sich in der Funktion auch einige Unterschiede:
Im Ansaugtakt wird statt eines Benzindampf-Luft-Gemischs reine Luft angesaugt. Das Gas wird im Verdichtungstakt deutlich stärker komprimiert als beim Ottomotor. Hierdurch entstehen ein höherer Druck und eine höhere Temperatur. Am Ende dieses Takts wird durch die Einspritzdüse das Dieselöl in den Verbrennungsraum geleitet. Da die Temperatur der verdichteten Luft hierbei über der Zündtemperatur des Dieselöls liegt, entzündet sich dieses anschließend im Arbeitstakt von selbst. Der hierbei auftretende Druck liegt mit bis zu 80 bar deutlich über dem Druck, der im Arbeitstakt des Ottomotors auftritt. Deshalb und wegen der bei der Verbrennung des Dieselöls größeren Freisetzung von Energie gegenüber der Verbrennung von Benzin erreichen Dieselmotoren einen höheren Wirkungsgrad von bis zu 40 %.

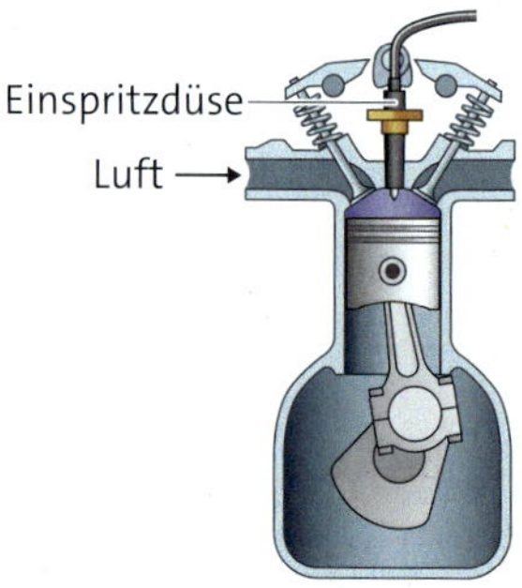

1 *Viertakt-Dieselmotor (Aufbau)*

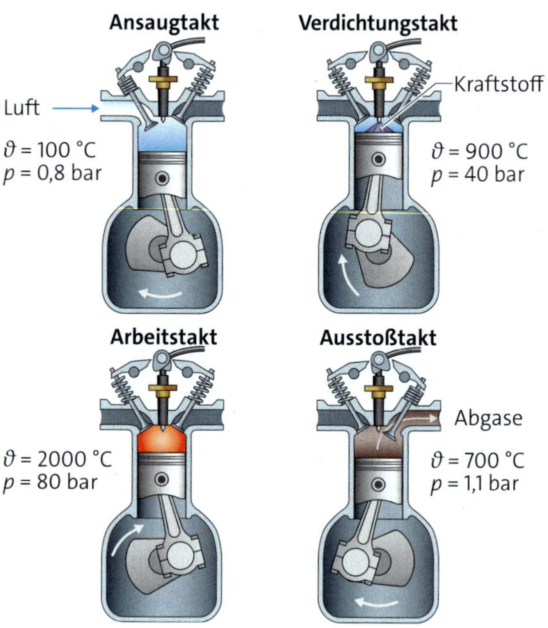

2 *Arbeitsspiel eines Viertakt-Dieselmotors*

↗ NEWTON AKTIV Seite 122/123 Aufgabe 1

Umweltbelastung durch Verbrennungsmotoren

Verbrennungsmotoren sind in die Kritik geraten, da ihr Betrieb begrenzte **fossile Brennstoffe** benötigt. Zudem stoßen sie **Feinstaub** aus. Das sind Teilchen, die so klein sind, dass sie in den Atemwegen nicht herausgefiltert werden und teilweise sogar in den Blutkreislauf gelangen. Hierdurch können Atemwegserkrankungen bis hin zu Krebs begünstigt werden. Bei Dieselmotoren entstehen zudem in größerem Ausmaß schädliche **Stickstoffoxide.** Beide Schadstoffbelastungen versucht man durch entsprechende Filter zu reduzieren.

Problematisch ist zudem der Ausstoß von Treibhausgasen, vor allem **Kohlenstoffdioxid** (CO_2). Diese begünstigen den menschengemachten **Treibhauseffekt** und tragen zur globalen Erwärmung bei. Aktuell gibt es keine Möglichkeit, den Ausstoß von CO_2 in die Umwelt zu verhindern. Der Dieselmotor stößt bis zu 15 % weniger CO_2 aus als der Ottomotor. Da jedoch der Verkehr mit Lkws kontinuierlich zunimmt, steigt die Emission von CO_2 weiter an. Ein weiterer Grund hierfür ist das stetige Anwachsen der Anzahl zugelassener Pkws.

↗ NEWTON AKTIV Seite 122/123 Aufgabe 9, 10

Stirlingmotor

Ein **Stirlingmotor** wird mit Helium oder Luft betrieben. Das Arbeitsgas befindet sich in einem abgeschlossenen Raum und wird nicht ständig ausgewechselt. Ein Stirlingmotor besitzt zwei Kolben, die jeweils mit demselben Schwungrad verbunden sind. Die beiden Kolben können gemeinsam in einem Zylinder verbaut sein. ↗ 3

1. Das Gas wird im heißen Bereich des Zylinders erhitzt, seine innere Energie steigt. Es dehnt sich aus, drückt den Arbeitskolben in Richtung des gekühlten Bereichs und verrichtet so mechanische Arbeit an ihm sowie am Schwungrad. ↗ 4 A, B

2. Durch die Trägheit des Schwungrads dreht sich dieses weiter und bewegt so den Verdrängerkolben in den heißen Bereich. Das Arbeitsgas strömt daran vorbei in den kalten Bereich. Es kühlt ab, wodurch der Druck sinkt. Damit entsteht im Vergleich zum äußeren Druck ein Unterdruck. ↗ 4 B, C

3. Durch den Unterdruck wird der Arbeitskolben wieder nach innen gezogen. Der Verdrängerkolben bewegt sich in den kalten Bereich und verdrängt das abgekühlte Gas wieder in den heißen Bereich. ↗ 4 C, D Der Prozess beginnt wieder neu.

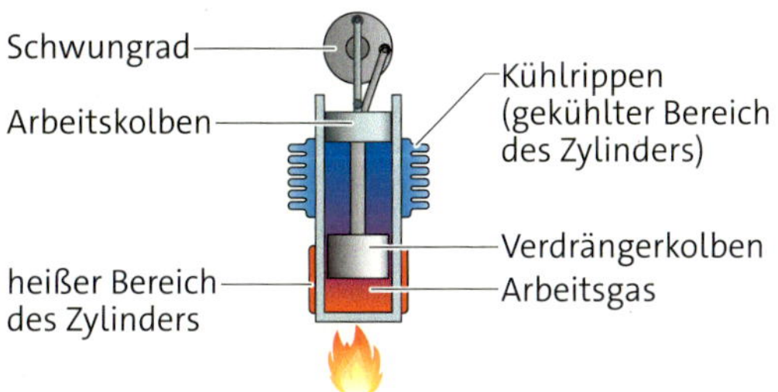

3 *Stirlingmotor (Aufbau)*

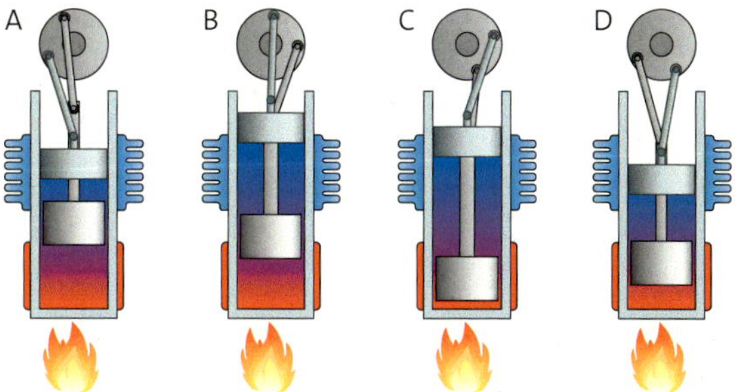

4 *Arbeitsspiel eines Stirlingmotors*

↗ **NEWTON AKTIV** Seite 122/123 Aufgabe 4, 5

Strahltriebwerk

Ein Strahltriebwerk ist eine **Wärmekraftmaschine,** die unter anderem zum Antrieb von Flugzeugen und Raketen eingesetzt wird. ↗ 5

Durch den Lufteinlass wird kühle Umgebungsluft in das Stahltriebwerk gesaugt und durch zwei Kompressoren verdichtet. Diese bestehen aus Laufrädern und Leitgitterdüsen. Druck und Temperatur der Luft nehmen hierbei auf bis zu 20 bar und 200 °C zu, ihre kinetische Energie steigt. Das heiße Gas strömt nun in die Brennkammern, wo der Treibstoff, meistens Kerosin, selbst enzündet. Das Verbrennungsgas erwärmt sich bis auf 2000 °C. Es dehnt sich aus und strömt durch eine Turbine. Dabei gibt es kinetische Energie an die Laufräder der Turbine ab. Turbinen, die so angetrieben werden, heißen **Gasturbinen.** Die Laufräder rotieren und treiben so die Kompressoren hinter dem Lufteinlass an. Durch eine anschließende Düse strömen die Verbrennungsgase mit hoher Geschwindigkeit aus dem Triebwerk aus. Hierdurch entsteht eine antreibende Schubkraft. ↗ 6

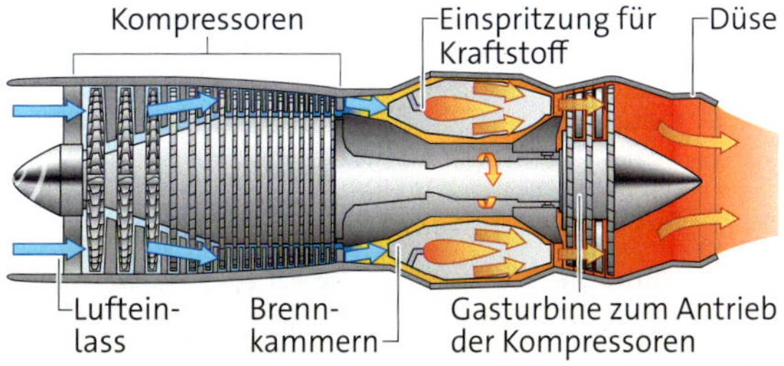

5 *Strahltriebwerk (Aufbau)*

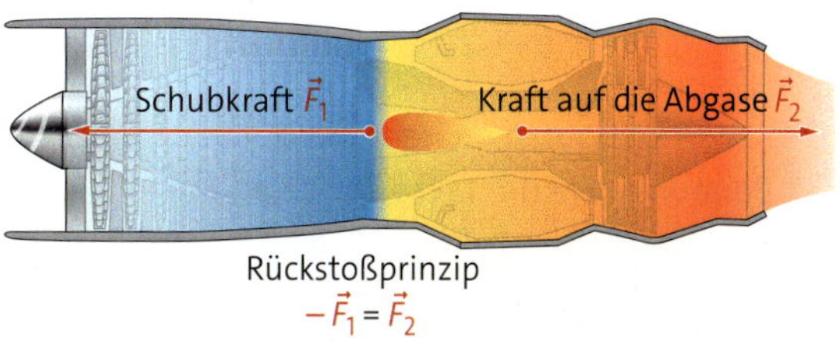

6 *Rückstoßantrieb bei einem Strahltriebwerk*

↗ **NEWTON AKTIV** Seite 122/123 Aufgabe 6

Nachdenken & Kombinieren

1 Vergleich von Ottomotor und Dieselmotor ↗ S. 116/117, 120

a ☐ Erstellen Sie eine vollständig beschriftete Skizze des Dieselmotors und geben Sie einen bautechnischen Unterschied zum Ottomotor an.

b ☐ Erstellen Sie eine Tabelle, in der Sie die Vorgänge in den jeweiligen Takten beim Otto- und beim Dieselmotor miteinander vergleichen.

Takt	Ansaugen	?
Ventilstellung	Einlassventil ? Auslassventil ?	?
Ottomotor	Kolbenbewegung nach ? Ansaugen von ?	?
Dieselmotor	?	?
Ursache der Kolbenbewegung	?	?

2 Motoren mit mehreren Zylindern ↗ S. 116/117

War im Motorwagen von Carl Benz ein Viertakt-Ottomotor mit nur einem Zylinder verbaut, findet man in aktuellen Pkws meistens vier Zylinder, die alle Kraft auf dieselbe Kurbelwelle ausüben:

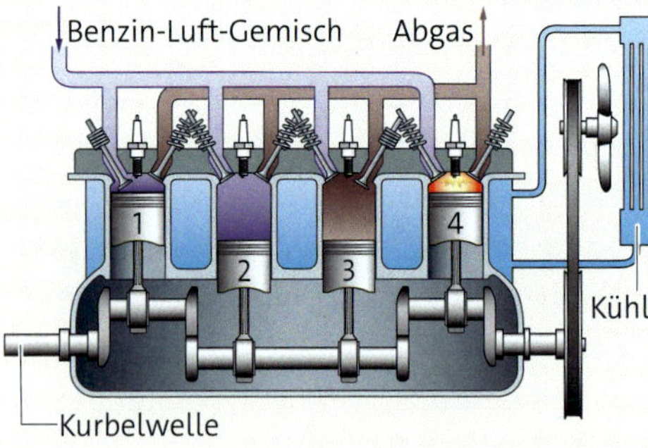

a ◪ Begründen Sie, warum es nicht sinnvoll ist, die Zylinder so zu synchronisieren, dass sie zur gleichen Zeit den gleichen Takt durchlaufen.

b ◪ Benennen Sie die Takte, in denen sich die im Bild dargestellten Zylinder 1–4 befinden.

c ◪ Geben Sie dann an, wie weit sich die Kurbelwelle bei einem Motor mit vier Zylindern dreht, bis einer der Zylinder seinen Arbeitstakt durchläuft.

3 Wirkungsgrad des Ottomotors ↗ S. 116/117

Der Wirkungsgrad eines Ottomotors beträgt 35 %.

a ◪ Nennen Sie drei Dinge, die außer dem Antrieb des Pkw noch mit diesen 35 % der aufgewendeten Energie betrieben werden.

b ☐ Geben Sie an, was mit den restlichen 65 % der aufgewendeten Energie passiert.

4 Kaffeetassen-Stirlingmotor ↗ S. 121

In einem Kaffeetassen-Stirlingmotor dient eine Tasse heißer Kaffee als Wärmequelle.

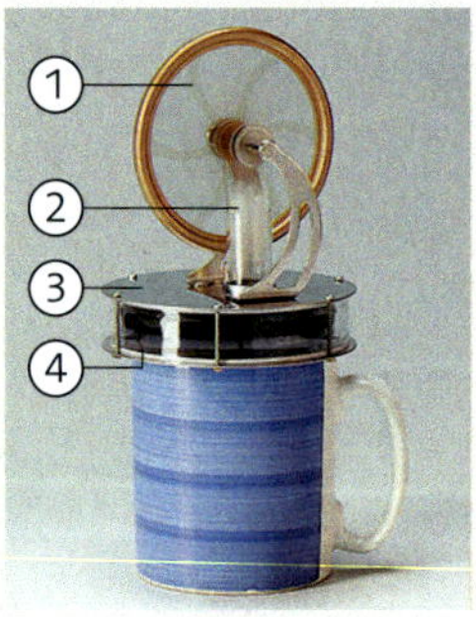

a ◪ Benennen Sie die nummerierten Bauteile mithilfe des in der Leseecke beschriebenen Stirlingmotors.

b ◪ Beschreiben Sie, wie sich der Kaffeetassen-Stirlingmotor von dem in der Leseecke beschriebenen Stirlingmotor im Aufbau unterscheidet.

c ■ Beschreiben Sie die Funktionsweise des Kaffeetassen-Stirlingmotors.

5 Stirlingmotor zum Antrieb eines Generators ↗ S. 121

In manchen Blockheizkraftwerken treibt ein Stirlingmotor einen Generator zur Umwandlung von mechanischer in elektrische Energie an.

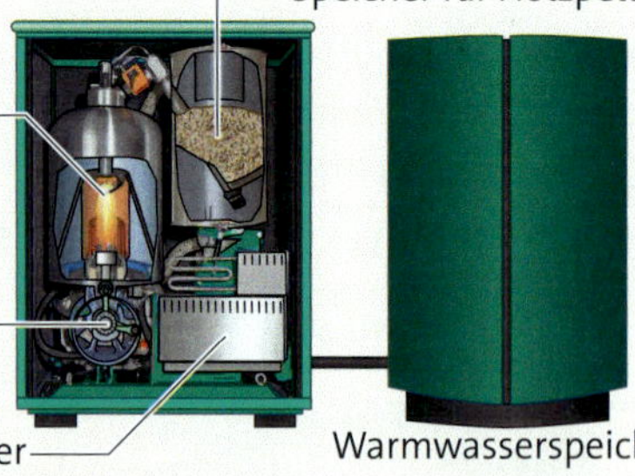

a ◪ „Ein Stirlingmotor erzeugt keine Abgase." Nehmen Sie Stellung zu dieser Aussage.

b ◪ Stirlingmotoren besitzen Wirkungsgrade, die bei 30 % liegen. Beschreiben Sie, wie man möglichst viel der restlichen 70 % der aufgewendeten Energie in einem Blockheizkraftwerk nutzen kann.

6 Strahltriebwerk ↗ S. 121

a ◪ Beschreiben Sie den Raketenantrieb durch ein Strahltriebwerk mithilfe des Wechselwirkungsgesetzes.

b ◪ Beschreiben Sie zwei Unterschiede in der Funktion zwischen der im Strahltriebwerk verbauten Gasturbine und einer Dampfturbine.

In Worte fassen

7 Kolben ↗ S. 116/117

a ■ Begründen Sie, warum eine geringe Kolbenmasse für den Betrieb eines Motors vorteilhaft ist.

b ■ Die abgebildeten Kolben bestehen aus Aluminium (A) bzw. Stahl (B). Begründen Sie, warum bei gleicher Größe des Zylinders das Volumen eines Stahlkolbens geringer sein sollte als das eines Aluminiumkolbens.

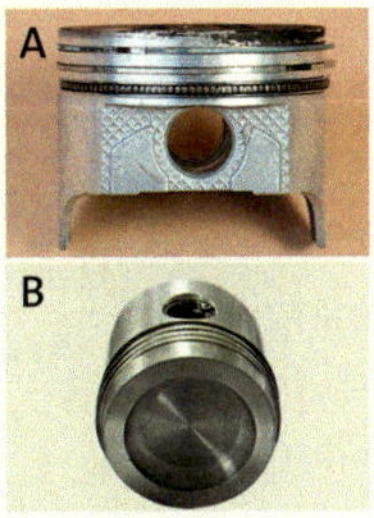

8 Dampfturbine ↗ S. 118/119

□ Beschreiben Sie den Aufbau und die Funktionsweise einer Dampfturbine.

Recherchieren

9 Umweltbelastung durch Kraftfahrzeuge ↗ S. 120

Informieren Sie sich in der Leseecke über die Umweltverträglichkeit von Verbrennungsmotoren.

a □ Nennen Sie drei negative Einflüsse von Verbrennungsmotoren auf die Umwelt bzw. den Menschen.

b ◪ Informieren Sie sich über technische Fortschritte, die bereits in Pkws verbaut wurden, um diese umweltfreundlicher zu machen. Nennen Sie drei Beispiele.

c ◪ Zwischen 2010 und 2019 stieg der CO_2-Ausstoß im Straßenverkehr kontinuierlich an. Recherchieren Sie nach Ursachen. Nennen Sie drei. Beschreiben Sie anschließend die aktuelle Entwicklung.

d ◪ Informieren Sie sich über weitere Quellen von Feinstaub im Straßenverkehr und nennen Sie zwei.

10 Kraftstoffverbrauch ↗ S. 120

Die folgenden Diagramme zeigen, wovon der Kraftstoffverbrauch eines Pkw unter anderem abhängt.

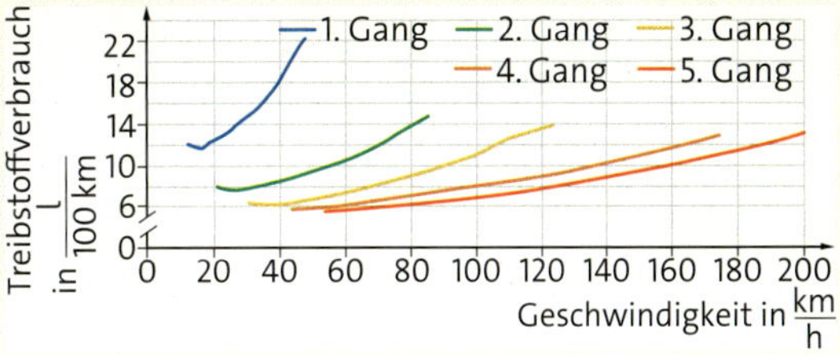

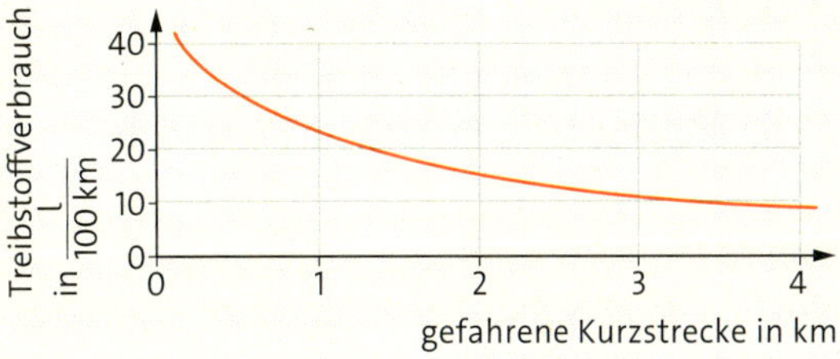

a ◪ Stellen Sie fünf Regeln für möglichst kraftstoffsparendes Fahren auf.

b ■ Der Luftwiderstand spielt bei Fahrten mit kleinen Geschwindigkeiten für den Kraftstoffverbrauch keine große Rolle. Ab einer Geschwindigkeit von 80 $\frac{km}{h}$ ist er jedoch nicht mehr zu vernachlässigen. Recherchieren Sie, wovon der Luftwiderstand abhängt, und geben Sie dann an, wie sich diese Einflussfaktoren auf den Kraftstoffverbrauch auswirken.

c ◪ In politischen Diskussionen kommt immer wieder die Forderung nach einer Geschwindigkeitsbegrenzung von 130 $\frac{km}{h}$ auf deutschen Autobahnen auf. Sammeln Sie Argumente für und gegen eine solche Geschwindigkeitsbegrenzung. Wägen Sie die Argumente anschließend ab. Ziehen Sie Ihr persönliches Fazit.

Einfach lernen

11 Ottomotor ↗ S. 116/117

Wie heißen die Takte bei Viertaktmotoren?

12 Dampfturbine ↗ S. 118/119

Welche Energieumwandlungen finden bei einer Dampfturbine statt?

Fossile Brennstoffe sind in Kraftwerken zur Energieversorgung und in Fahrzeugen mit Verbrennungsmotor über hundert Jahre zur Bereitstellung von Energie genutzt worden. Sie haben einen nicht unerheblichen Anteil an der Entwicklung unseres Wohlstands. Sie geraten aber auch nicht erst seit Beginn des 21. Jahrhunderts in die Kritik.
Was sind die Kennzeichen fossiler Energieträger?

5.3 Fossile Energieträger

Von der Primärenergie zur Nutzenergie

Wir sind es gewohnt, bei alltäglichen Handlungen mit Energie versorgt zu sein. Fahren wir zum Beispiel in einem Auto, so besitzt dieses kinetische Energie. Woher kommt diese Energie? Energie ist zunächst in Stoffen oder Körpern gespeichert, die in der Natur vorkommen. Diese Energie nennt man **Primärenergie**. Stoffe oder Körper, die Energie speichern, nennt man auch **Energieträger**. Ein solcher Energieträger, der Primärenergie speichert, ist zum Beispiel Erdöl. Die Primärenergie wird in vielen Zwischenschritten in Sekundärenergieformen umgewandelt, bis sie dem Nutzer als **Endenergie** zur Verfügung gestellt wird. ↗1 Aus dem Erdöl wird zum Beispiel in Raffinerien Benzin gewonnen. Das Benzin ist der Energieträger, der die Endenergie speichert. Die Endenergie wird vom Verbraucher dann als **Nutzenergie** für bestimmte Zwecke eingesetzt. Die im Benzin gespeicherte Energie wird über den Verbrennungsmotor im Auto in kinetische Energie umgewandelt.

Bei Umwandlung und Transport der Primärenergie bis zur tatsächlich eingesetzten Nutzenergie werden unter anderem aufgrund der Wirkungsgrade der beteiligten Systeme teilweise erhebliche Energiemengen als nicht nutzbare Energie an die Umgebung abgegeben. Der **Gesamtwirkungsgrad η** einer Energieumwandlungskette ergibt sich dabei als Produkt der Wirkungsgrade $\eta_1, \eta_2, \eta_3, \ldots, \eta_n$ der einzelnen Energieumwandlungsprozesse, die an der Umwandlungskette beteiligt sind. ↗2

$$\eta = \eta_1 \cdot \eta_2 \cdot \eta_3 \cdot \ldots \cdot \eta_n$$

Über alle Umwandlungsformen gemittelt, beträgt die Nutzenergie etwa nur noch ein Drittel der Energie, die im Primärenergieträger gespeichert war. ↗1

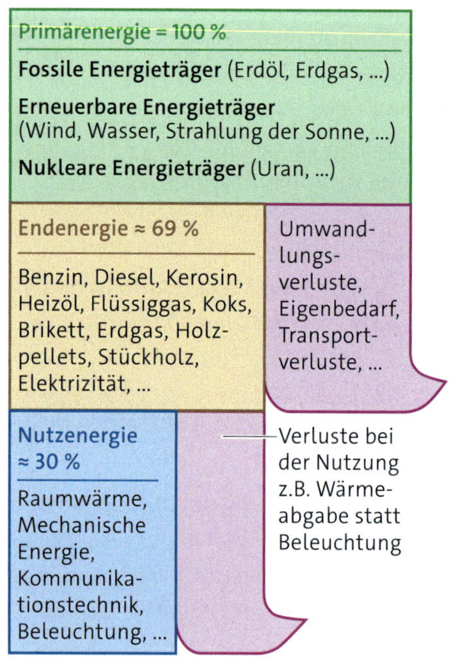

1 *Umwandlung von Primär- zu Nutzenergie mit Energieträgern (Flächen sind nicht maßstäblich)*

Umwandler	Wirkungsgrad
Wärmekraftwerke	0,3 – 0,5
Raffinerie	0,8 – 0,9
Gasverteilsystem	0,85 – 0,97
Elektrisches Netz	0,9 – 0,95

2 *Beispiele für Umwandlungswirkungsgrade*

Fossile Energieträger

Fossile Energieträger haben in den vergangenen 200 Jahren einen maßgeblichen Anteil zur wirtschaftlichen Entwicklung von Ländern beigesteuert. Im Jahr 2020 wurde der weltweite Primärenergiebedarf zu etwa 84 % durch die fossilen Energieträger **Kohle**, **Erdöl** oder **Erdgas** gedeckt, in Deutschland etwa zu 77 %.

Fossile Energieträger sind im Verlauf von mehreren Hundert Millionen Jahren aus abgestorbenen Pflanzen und anderen Organismen entstanden. Die in ihnen gespeicherte chemische Energie lässt sich durch Verbrennung in innere Energie umwandeln. Diese kann direkt zur Bereitstellung von Wärme genutzt oder mithilfe von Energiewandlern in andere Energieformen überführt werden. In Kohle-, Gas- oder Ölkraftwerken wird die innere Energie zum Beispiel in elektrische Energie umgewandelt.

Die von Energieträgern, die verbrannt werden, gespeicherte Energiemenge wird durch ihren **Heizwert** ***H*** beschrieben. Der Heizwert gibt an, wie viel chemische Energie pro Masseneinheit (oder auch pro Volumeneinheit) im betreffenden Energieträger gespeichert ist.

$$\text{Heizwert} = \frac{\text{Energie}}{\text{Masse}};\ H = \frac{E}{m};\ [H] = 1\,\frac{\text{J}}{\text{kg}}$$

Mit diesem Quotienten lässt sich auch das Energiespeichervermögen anderer Energiespeichersysteme beschreiben. Man nennt das Verhältnis aus gespeicherter Energie pro Masseneinheit dann **Energiedichte**.

Im Vergleich zu anderen Energieträgern weisen fossile Energieträger eine relativ hohe Energiedichte auf. ↗ 3 Die Transportkosten für Energie werden dadurch niedriger und es ist möglich, eine relativ große Energiemenge auf kleinem Raum bereitzustellen. Die hohe Energiedichte ist letztlich der physikalische Grund dafür, dass fossile Energieträger bis in die Gegenwart eine so zentrale Bedeutung bei der Bereitstellung von Wärme und elektrischer Energie durch Kraftwerke haben.

Die Abgase, die bei der Verbrennung fossiler Energieträger entstehen, sind gesundheits- und umweltschädlich. Das Gas Kohlenstoffdioxid CO_2 spielt dabei eine besondere Rolle. Dessen zunehmende Konzentration in der Atmosphäre trägt maßgeblich zum Treibhauseffekt bei, der zu Klimaveränderungen mit teilweise erheblichen negativen Folgen für das Leben auf der Erde führt. ↗ 4, 5

- **Fossile Energieträger haben eine relativ hohe Energiedichte.**
- **Die Nutzung fossiler Energieträger ist mit dem Ausstoß gesundheits- und umweltschädlicher Gase verbunden.**

Stoff/System	Energiedichte in $\frac{\text{MJ}}{\text{kg}}$
Elektrolytkondensator	0,000 05
Blei-Akku	0,11
Li-Ionen-Akku	0,36
Hausmüll	10
Holz	13–20
Holzpellets	18
Erdgas	38
Braunkohle	16
Steinkohle	30
Pflanzenöl	37
Heizöl und Benzin	42
Wasserstoff	120
Kernspaltung Natururan (0,72 % U-235)	648 000

3 *Energiedichten (durchschnittliche Werte)*

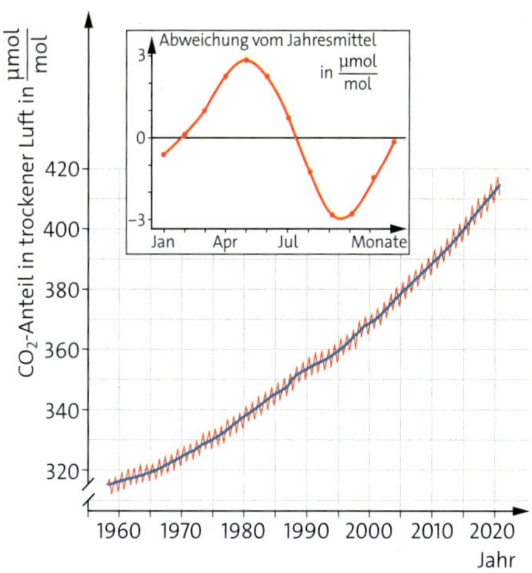

4 *Veränderung der CO_2-Konzentration in der Atmosphäre auf Hawaii (Keeling-Kurve)*

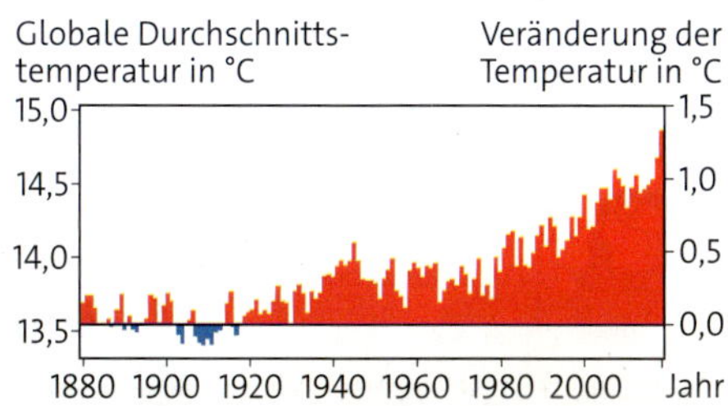

5 *Veränderung der globalen Durchschnittstemperatur zwischen 1880 und 2016 (Quelle: EZMW)*

In Deutschland erfolgt die Bereitstellung elektrischer Energie aktuell zum größten Teil durch Wärmekraftwerke.
Welche Arten von Wärmekraftwerken gibt es und wie funktionieren sie?

5.4 Konventionelle Wärmekraftwerke

Primärenergiequellen konventioneller Wärmekraftwerke

Wärmekraftwerke können nach der zum Betrieb nötigen Energie unterteilt werden. Bei Kernkraftwerken ist dies die in Atomkernen gespeicherte **Kernenergie.** Bei Kohle-, Öl- und Gaskraftwerken ist es die chemische Energie des jeweiligen Stoffs Kohle, Öl oder Gas. Da diese Stoffe vor langer Zeit aus Abbauprodukten von toten Tieren oder Pflanzen entstanden sind, spricht man von **fossilen Energieträgern.** Für nicht weiterverarbeitete Energieträger bezeichnet man die Energie als **Primärenergie**.

Aufbau und Funktionsweise von Wärmekraftwerken

Der größte Anteil der Wärmekraftwerke in Deutschland sind aktuell **Kohlekraftwerke.** Das Funktionsprinzip von Wärmekraftwerken ist letztlich bei allen Kraftwerksarten ähnlich und wird hier beispielhaft am Kohlekraftwerk dargestellt: ↗ 1, 2

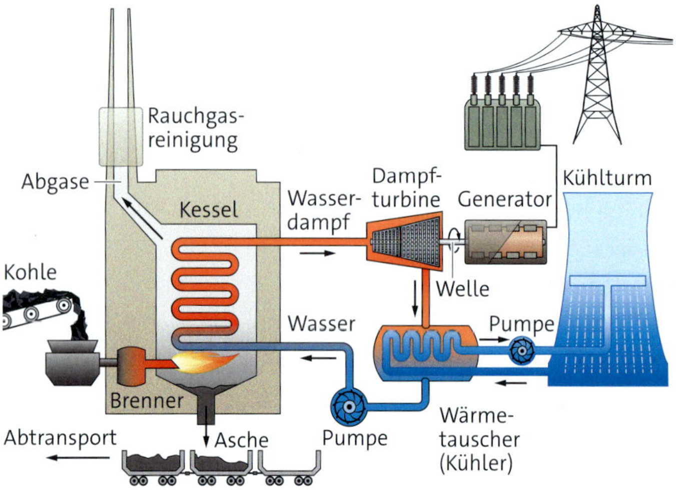

1 *Kohlekraftwerk (Funktionsschema)*

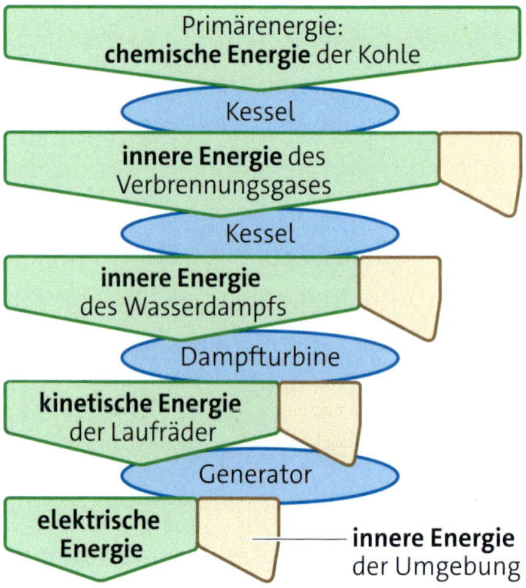

2 *Energieumwandlungen*

Kohlekraftwerk

Zunächst werden Temperatur und Druck eines Arbeitsmediums und damit seine innere Energie erhöht. Beim Kohlekraftwerk wird Wasser in einem Kessel durch Verbrennung von Stein- oder Braunkohle verdampft. Im nächsten Schritt wandelt eine Wärmekraftmaschine die innere Energie des Arbeitsmediums teilweise in kinetische Energie um. Bei Kohlekraftwerken setzt der Wasserdampf die Laufräder einer Dampfturbine in Bewegung. Dadurch wird über eine Welle ein Generator angetrieben, der die kinetische Energie in elektrische Energie umwandelt. Der Wasserdampf wird nach dem Antrieb der Turbine in einen Wärmetauscher geleitet, wo die innere Energie des Wasserdampfs auf ein anderes Trägermedium übertragen wird. Der Wasserdampf wird beispielsweise von außen mit kaltem Wasser eines Flusses oder durch einen Kühlturm abgekühlt und kondensiert dabei zu Wasser. Dieses wird wieder in den Kessel gepumpt, und der Prozess beginnt von Neuem.

Weitere Kraftwerksarten

Im Unterschied zu Kohlekraftwerken wird in Ölkraftwerken zum Verdampfen des Wassers Heiz- oder Schweröl verbrannt.
In Kernkraftwerken werden Atomkerne gespalten. Das Wasser wird mit der dabei abgegebenen Wärme verdampft. ↗ 3
Bei Gaskraftwerken wird Erd- oder Biogas in einer Gasturbine zur Explosion gebracht und deren Laufräder so in Rotation versetzt. Diese Bewegung wird über eine Welle auf den Generator übertragen. ↗ 4

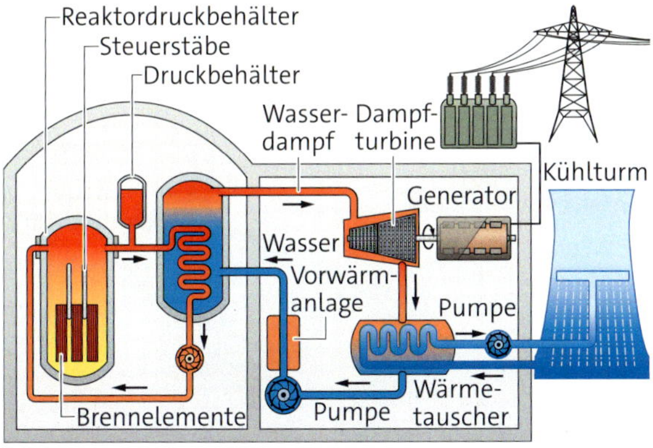

3 *Kernkraftwerk (Funktionsschema)*

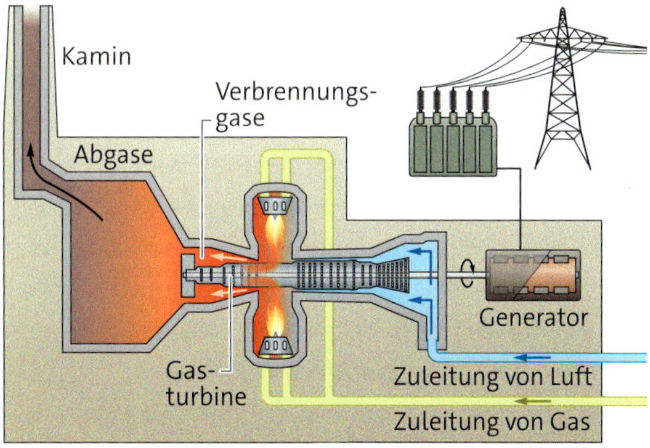

4 *Gaskraftwerk (Funktionsschema)*

- **Wärmekraftwerke wandeln die in einem Stoff gespeicherte Primärenergie in elektrische Energie um.**
- **In Wärmekraftwerken werden Temperatur und Druck eines Arbeitsmediums erhöht. Eine Wärmekraftmaschine wandelt die innere Energie des Arbeitsmediums dann teilweise in kinetische Energie um. Ein Generator wandelt diese in elektrische Energie um.**

Erneuerbare Energieträger werden unter anderem in Windkraftwerken, Fotovoltaikanlagen und Biogasanlagen genutzt. Diese bilden einen wesentlichen Baustein der Energiewende, die in Deutschland etwa im Jahr 2011 eingeleitet wurde. Fossile und nukleare Energieträger sollen dabei durch erneuerbare abgelöst werden.
Wie können erneuerbare Energieträger energetisch genutzt werden?

5.5 Erneuerbare Energieträger

Zu den erneuerbaren (auch: regenerativen) Energieträgern zählt man alle Energieträger, die durch ihre Nutzung im Hinblick auf einen relativ kurzen Zeitraum nicht verbraucht werden. Da durch Nutzung dieser Energieträger die Kohlenstoffdioxidkonzentration in der Atmosphäre nahezu nicht geändert wird, werden sie als klimaneutral bezeichnet. Der Anteil erneuerbarer Energieträger am Primärenergiemix betrug im Jahr 2020 weltweit etwa 5 % und in Deutschland etwa 17 %. ↗ 1

Die **Strahlung**, die die **Sonne** auf die Erde sendet, ist der wichtigste Energieträger. Auf Meereshöhe beträgt die Strahlungsleistung, die im Sommer bei wolkenlosem Himmel pro Quadratmeter auftrifft, etwa 1 kW. Mit Sonnenkollektoren kann die Strahlungsenergie der Sonne direkt in Wärme und mit Solarzellen in elektrische Energie umgewandelt werden. In solarthermischen Kraftwerken wird die Strahlungsenergie in innere Energie eines Energieträgermediums wie besondere Öle oder Luft umgewandelt. Das erhitzte Trägermedium wird genutzt, um Wasser zu verdampfen und so eine Turbine anzutreiben, die mit einem Generator verbunden ist. Dieser wandelt die kinetische Energie dann in elektrische Energie um.

Die Energieträger Wind, Wasser und Biomasse entstehen indirekt durch die Strahlungsenergie der Sonne. **Wind** entsteht durch Druckunterschiede in der Atmosphäre, die wiederum auf Temperaturunterschiede zurückzuführen sind. Im Wind ist die Energie als kinetische Energie gespeichert. Die gespeicherte Energiemenge ist umso größer, je größer die Masse bzw. die Dichte der Luft ist, und nimmt quadratisch mit der Windgeschwindigkeit zu. In Windkraftanlagen wird die kinetische Energie des Windes in elektrische Energie umgewandelt. ↗ 2 Dabei sollte die Windgeschwindigkeit möglichst häufig

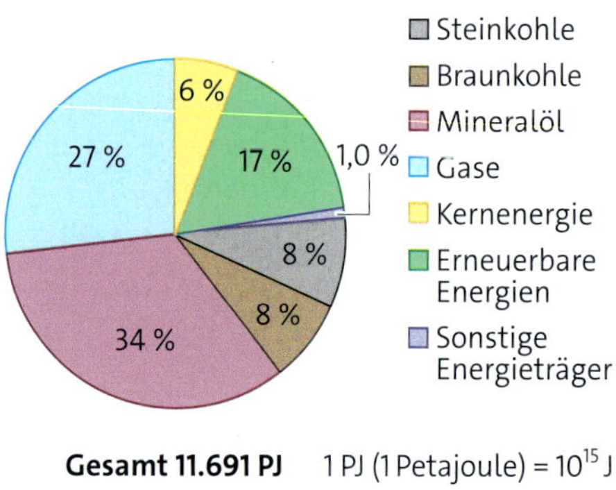

1 *Primärenergiemix in Deutschland 2020 (Quelle: Umweltbundesamt)*

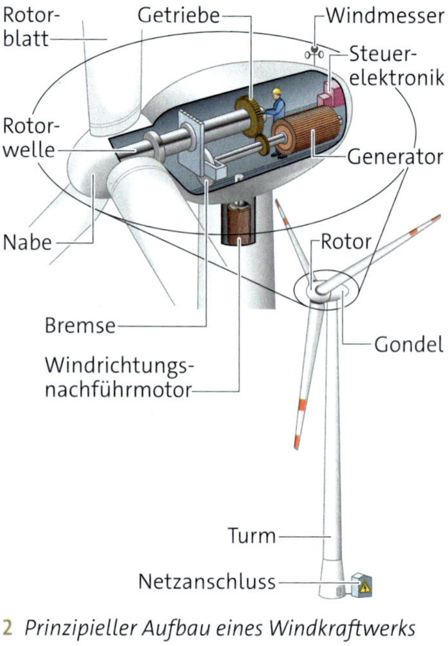

2 *Prinzipieller Aufbau eines Windkraftwerks*

mindestens 5 $\frac{m}{s}$ betragen und es sollten wenige Luftverwirbelungen auftreten. Beide Bedingungen werden auf dem Meer und in relativ großen Höhen die meiste Zeit erfüllt.

Wasser wird dann zum nutzbaren Energieträger, wenn es potenzielle Energie gespeichert hat. Wasser kann diese Energieform auf natürliche Weise erhalten, zum einen durch den Wasserkreislauf, wenn es zum Beispiel in hoch gelegenen Regionen regnet. Zum anderen führt die Wechselwirkung mit dem Mond zu den Gezeiten der Meere. In Laufwasserkraftwerken, Speicherkraftwerken und etwas eingeschränkt in Gezeitenkraftwerken steht die im Wasser gespeicherte potenzielle Energie praktisch immer zur Verfügung. ↗ 3, 4 Sie dienen deshalb dazu, die Grundlast zu decken, also den Energiebedarf, der immer erforderlich ist.

In **Biomasse** wie Holz, Mais oder Raps ist chemische Energie gespeichert, die ähnlich wie die von fossilen Energieträgern zur Umwandlung in elektrische Energie genutzt werden kann. Sie zählen jedoch zu den regenerativen Energieträgern, weil bei ihrer Verbrennung in Biomassekraftwerken oder anderweitiger Zersetzung nur so viel Kohlenstoff freigesetzt wird, wie die Pflanzen in der Gegenwart und nicht vor Jahrmillionen vorher aufgenommen haben.

Erdwärme ist ein erneuerbarer Energieträger, der geringfügig aus der von der Erdoberfläche absorbierten Wärmestrahlung resultiert, an manchen Orten vulkanischen Ursprungs ist, aber zum Großteil auf den natürlichen radioaktiven Zerfall von Uran und Thorium in der Erdkruste zurückzuführen ist. An bestimmten Orten der Erde kann das Grundwasser so stark erhitzt sein, dass es zur Fernwärmeversorgung genutzt oder seine innere Energie in geothermischen Kraftwerken in elektrische Energie umgewandelt werden kann. ↗ 5 Die innere Energie oberflächennaher Erdschichten kann zur Erwärmung von Nutzwasser in Haushalten eingesetzt werden. Dies gelingt mit Wärmepumpen, denen das Funktionsprinzip des Kühlschranks zugrunde liegt, durch Einsatz einer relativ geringen Menge elektrischer Energie. ↗ 6

- **Die Strahlungsenergie der Sonne wird direkt in Sonnenkollektoranlagen, Fotovoltaikanlagen oder solarthermischen Kraftwerken genutzt.**
- **Die Strahlungsenergie der Sonne wird indirekt in Windkraftanlagen, Wasserkraftwerken oder Biomassekraftwerken genutzt.**
- **Die innere Energie der Erde wird in geothermischen Kraftwerken oder Wärmepumpen genutzt.**

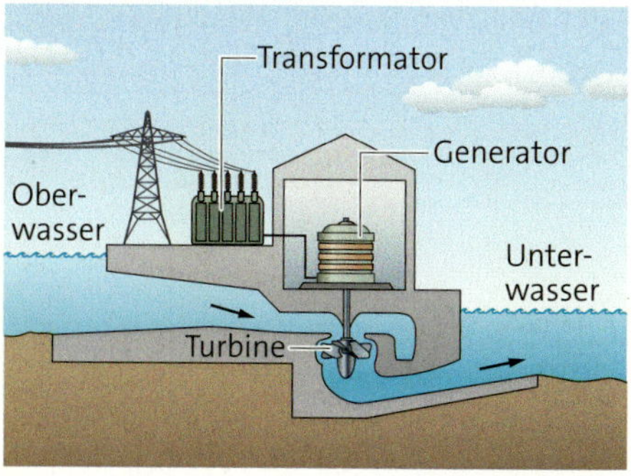

3 *Funktionsprinzip eines Laufwasserkraftwerks*

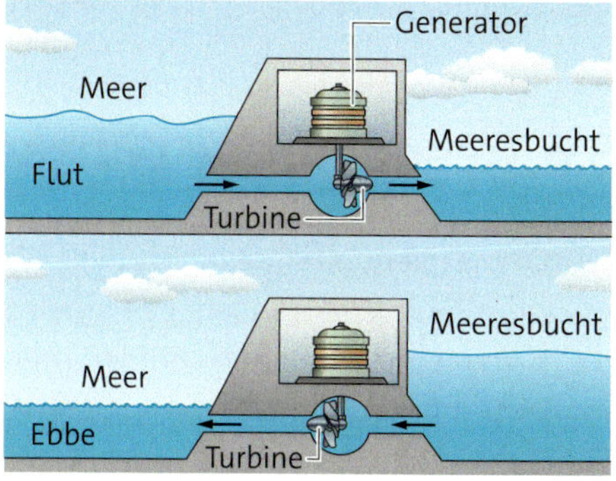

4 *Funktionsprinzip eines Gezeitenkraftwerks*

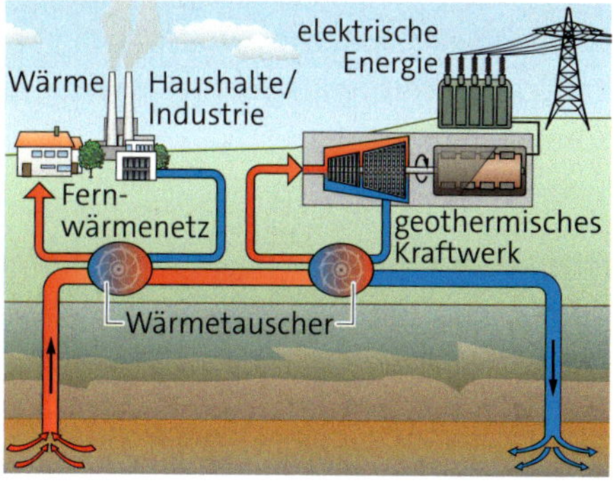

5 *Funktionsprinzip einer Geothermieanlage*

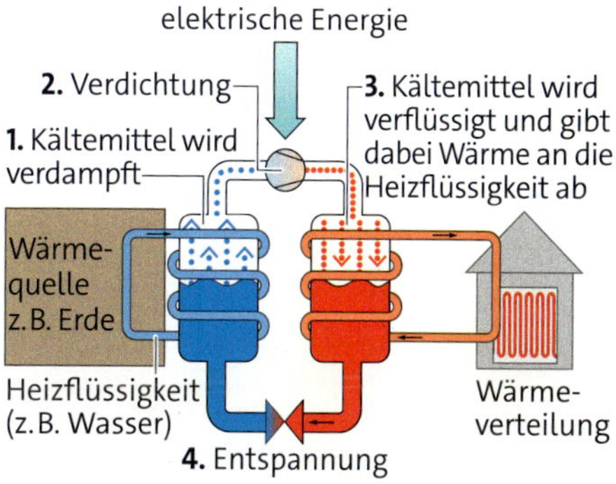

6 *Funktionsprinzip einer Wärmepumpe*

Solarkraftwerke wandeln die von der Sonne ausgesandte Strahlungsenergie in elektrische Energie und Wärme um. Welche regenerativen Wärmekraftwerke gibt es und wie funktionieren diese?

5.6 Regenerative Wärmekraftwerke

Primärenergiequellen regenerativer Wärmekraftwerke

In Zeiten des Klimawandels gewinnen die Wärmekraftwerke, die klimaneutral arbeiten, immer mehr an Bedeutung. Klimaneutral bedeutet, dass diese Kraftwerke insgesamt keinen Einfluss auf den Gehalt von Klimagasen wie Kohlenstoffdioxid in der Atmosphäre haben. Dies ist in der Regel bei Wärmekraftwerken der Fall, die für den Betrieb **regenerative Energieträger** nutzen. Das sind Energieträger, die entweder in relativ kurzer Zeit nachwachsen, wie zum Beispiel Holz, oder beinahe unbegrenzt zur Verfügung stehen wie die Strahlungsenergie der Sonne.

Aufbau und Funktion regenerativer Wärmekraftwerke

Aufbau und Funktion regenerativer Wärmekraftwerke sind im Wesentlichen die gleichen wie bei konventionellen Wärmekraftwerken.

Solarthermische Kraftwerke nutzen als Primärenergie die von der Sonne ausgesandte Strahlungsenergie. Zu ihnen zählen Parabolrinnen- und Solarturmkraftwerke. In diesen wird die Wärmestrahlung der Sonne über Spiegel auf einen Absorber reflektiert. Bei **Parabolrinnenkraftwerken** wird die ausgesendete Wärmestrahlung über parabolisch gekrümmte Spiegel auf ein mit Thermoöl gefülltes Rohr reflektiert. Dadurch erhöht sich die innere Energie des Thermoöls. ↗1 In **Solarturmkraftwerken** wird die Wärmestrahlung über ebene Spiegel auf einen Turm reflektiert, in dem sich ein Salz befindet. Dessen innere Energie wird dabei so weit erhöht, dass es schmilzt. ↗2

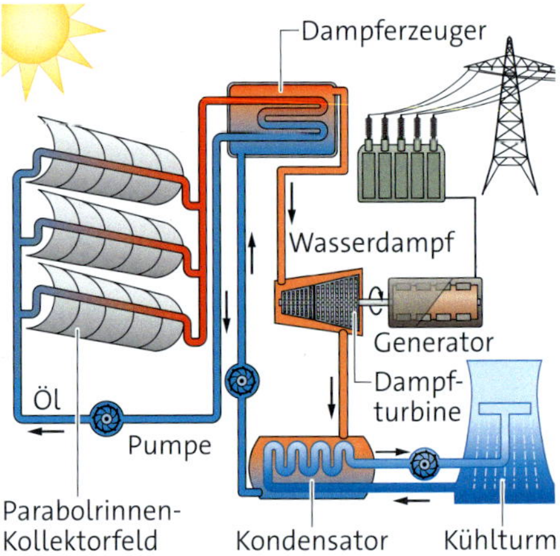

1 *Parabolrinnenkraftwerk (Funktionsschema)*

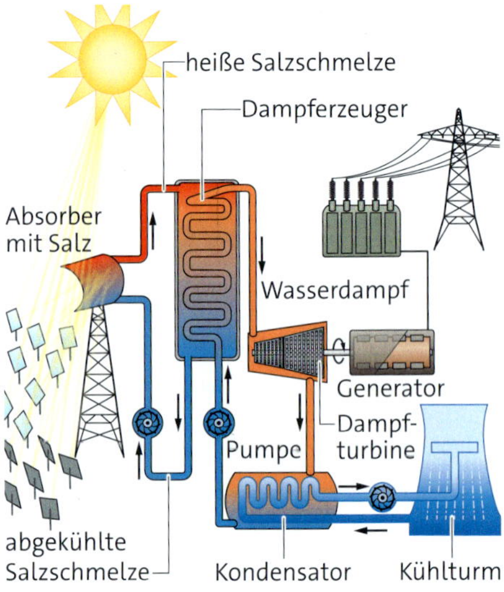

2 *Solarturmkraftwerk (Funktionsschema)*

In beiden Kraftwerktstypen wird in einem Wärmetauscher die innere Energie des absorbierenden Stoffs an Wasser abgegeben, sodass dieses verdampft. Mit dem Wasserdampf wird eine Dampfturbine betrieben.

Biomassekraftwerke nutzen als Primärenergie die chemische Energie nachwachsender Rohstoffe und Reststoffe. Zu ihnen zählen Biogaskraftwerke, die als Primärenergieträger Mais und Raps, aber auch Gülle und Mist verwenden. Werden diese Stoffe in einem Fermenter und Nachgärer vergärt, entsteht Biogas. Mit diesem wird ein Gasmotor betrieben, der einen Generator antreibt. Das Biogas kann mit einem Gasaufbereiter so weit gereinigt werden, dass es als Biomethan in das Erdgasnetz eingespeist werden kann. Die Gärreste werden in der Regel als Dünger in der Landwirtschaft eingesetzt. ↗ 3

Feststoffkraftwerke setzen als Primärenergieträger Holz ein, entweder in Form von grob zerkleinerten Holzstücken, den Hackschnitzel, oder stark zerkleinerten und anschließend zu Zylindern gepressten Holzstücken, den Holzpellets. ↗ 4 Das Holz wird in einer Brennkammer verbrannt. Mit der erhöhten inneren Energie der Verbrennungsgase wird Wasser verdampft. Der Wasserdampf versetzt die Laufräder einer Dampfturbine in Bewegung, die wiederum einen Generator antreibt. ↗ 5

Die für Biomassekraftwerke nötigen Primärenergieträger Holz, Mais, Raps und die Futterpflanzen für die Tiere, die Gülle produzieren, benötigen für ihr Wachstum die von der Sonne ausgesandte Strahlungsenergie. Demnach sind alle Wärmekraftwerke, die regenerative Energieträger nutzen, auf die Strahlungsenergie der Sonne angewiesen: Solarthermische Kraftwerke verwenden die Strahlungsenergie direkt als Primärenergieträger, für den Betrieb von Biomassekraftwerken muss zunächst eine Energieumwandlung der von der Sonne ausgesandten Strahlungsenergie in die chemische Energie der Biomasse stattfinden.

- **Regenerative Wärmekraftwerke nutzen Primärenergieträger, die in relativ kurzer Zeit nachwachsen oder beinahe unbegrenzt zur Verfügung stehen.**
- **Die von der Sonne ausgesandte Strahlungsenergie ist dauerhaft notwendig für den Betrieb von regenerativen Wärmekraftwerken.**

3 *Biogaskraftwerk (Funktionsschema)*

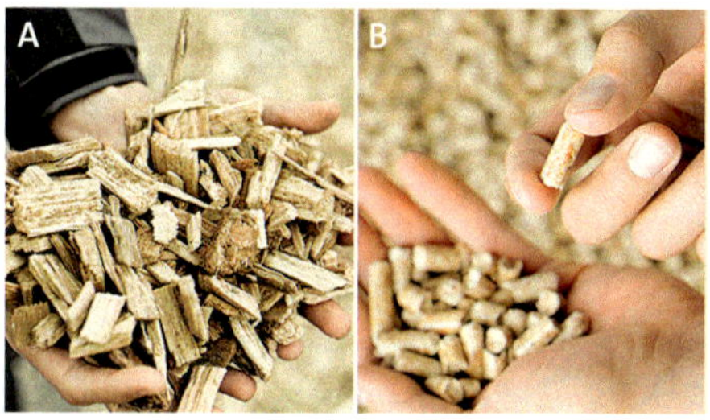

4 *Hackschnitzel (A) und Holzpellets (B)*

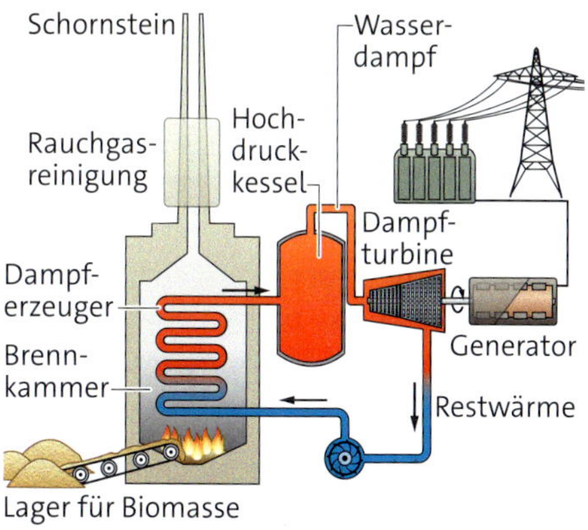

5 *Feststoffkraftwerk (Funktionsschema)*

In Irsching an der Donau steht eines der modernsten Gas- und Dampfturbinenkraftwerke der Welt. Dabei handelt es sich um eine besondere Bauform eines Kombikraftwerks, mit dem Wirkungsgrade von über 60 % erreicht werden können.
Wie kann der Wirkungsgrad eines Kraftwerks gesteigert werden?

5.7 Effiziente Energienutzung in Kraftwerken

Einfache Kraftwerke

In Wärmekraftwerken dient die eingesetzte Primärenergie ausschließlich zur Umwandlung in innere Energie von Wasserdampf, mit dem eine Dampfturbine betrieben wird. Die kinetische Energie der Dampfturbine wird durch einen Generator, der mit dieser verbunden ist, in elektrische Energie umgewandelt. Der Wirkungsgrad dieser Kraftwerke ist verhältnismäßig klein und beträgt maximal etwa 40 %. Dies liegt vor allem daran, dass ein großer Anteil der Wärme ungenutzt an die Umgebung abgegeben wird. ↗1

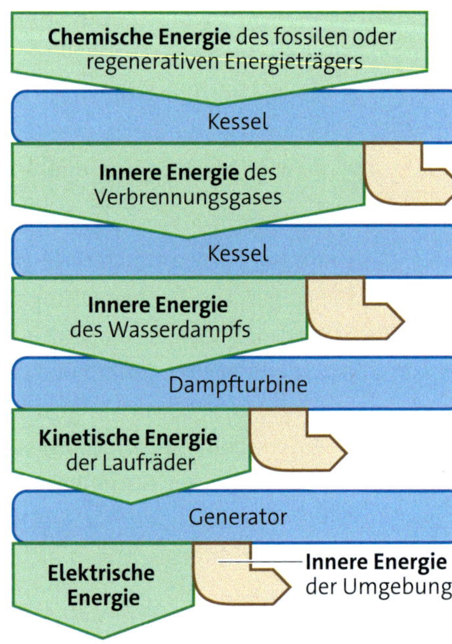

1 *Energieumwandlung in Wärmekraftwerken*

Gekoppelte Kraftwerkssysteme

Mithilfe von **Kombikraftwerken** ist man bestrebt, den Wirkungsgrad von Kraftwerken zu steigern, um aus der Primärenergie mehr Endenergie bereitzustellen. Eine sehr naheliegende Möglichkeit ist es, die zunächst nicht genutzte Wärme eines Wärmekraftwerks zur Beheizung von Gebäuden oder als Prozesswärme in der Industrie für bestimmte Herstellungsvorgänge zu nutzen. Dieses Prinzip nennt man **Kraft-Wärme-Kopplung (KWK).** ↗2 Die Wärme kann über ein Nah- oder Fernwärmenetz zum Zielort transportiert werden, wobei heißes Wasser oder Wasserdampf als Energieträger eingesetzt wird. Der Gesamtwirkungsgrad bezogen auf die eingesetzte Primärenergiemenge steigt dadurch auf Werte von bis zu 70 %. Bis auf Kernkraftwerke lassen sich prinzipiell alle Wärmekraftwerke nach diesem Prinzip betreiben, wenn es für die Abwärme geeignete ortsnahe Abnehmer gibt. Dies ist umso schwieriger, je größer das Kraftwerk und damit die abgegebene Leistung ist, da dann unter Umständen die Wärmeabgabe nicht mehr sinnvoll gesteuert werden kann.

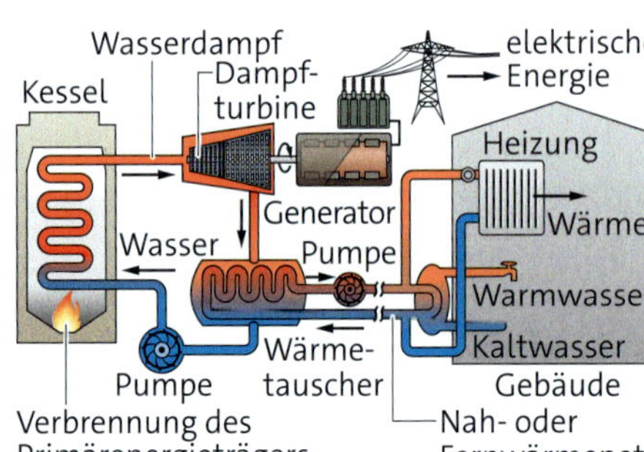

2 *Kraft-Wärme-Kopplung*

In **Blockheizkraftwerken (BHKW)** kann das Prinzip der Kraft-Wärme-Kopplung für kleinere Einheiten wie größere Wohnhäuser oder Schulzentren genutzt werden. Dabei treibt ein Verbrennungsmotor einen Generator an, der die kinetische Energie in elektrische umwandelt. Die Abwärme des Verbrennungsmotors wird zum Heizen genutzt. ↗ 3 Der Wirkungsgrad bezogen auf die abgegebene elektrische Energie liegt je nach Anlagengröße zwischen 25 % und 45 %. Der Gesamtwirkungsgrad bezogen auf die gesamte abgegebene Endenergie liegt je nach Effizienz der Wärmenutzung zwischen 80 % und 90 %.

Bei Wärmekraftwerken, die eine Gasturbine nutzen, kann der Wirkungsgrad durch eine zusätzliche Dampfturbine erhöht werden. Man spricht von **Gas- und Dampfturbinenkraftwerken (GuD).** ↗ 4 In der Gasturbine wird unter Luftzufuhr ein Verbrennungsgas wie Erdgas verbrannt und ihre Laufräder werden durch die innere Energie des Verbrennungsgases angetrieben. Nach dem Austritt aus der Gasturbine ist die innere Energie der Verbrennungsgase noch so groß, dass damit Wasser verdampft werden kann. Mit der inneren Energie des Wasserdampfs wird die Dampfturbine angetrieben. Bezogen auf die elektrische Energie sind dabei Wirkungsgrade von über 60 % möglich. Bei Nutzung der restlichen Abwärme steigt er auf bis zu 90 %.

In **Hybridkraftwerken** werden gleichzeitig verschiedene Primärenergieträger genutzt, um Energie als elektrische Energie, chemische Energie und Wärme bereitzustellen. Dabei können erneuerbare Primärenergieträger wie Wind und Sonnenstrahlung mit fossilen Primärenergieträgern oder mit einer Biogasanlage verknüpft werden. ↗ 5 In Zeiten, in denen zu wenig Energie eines erneuerbaren Energieträgers zur Verfügung steht, kann die mit fossilen Energieträgern oder Biogas betriebene Einheit zugeschaltet werden. Sobald mehr Energie eines erneuerbaren Energieträgers zur Verfügung steht, als gerade benötigt wird, kann mit ihr Wasserstoff oder Methan erzeugt werden. In diesen Energieträgern ist die Energie dann als chemische Energie zwischengespeichert.

- **Bei der Kraft-Wärme-Kopplung wird nicht nur die elektrische Energie, sondern auch die von einem Wärmekraftwerk abgegebene überschüssige Wärme genutzt.**
- **Bei Gas- und Dampfturbinenkraftwerken wird die innere Energie von Verbrennungsgasen und die innere Energie ihrer Abgase zum Antrieb von Turbinen genutzt.**
- **Bei Hybridkraftwerken werden verschiedene Primärenergieträger dazu genutzt, elektrische Energie, chemische Energie und Wärme bereitzustellen.**

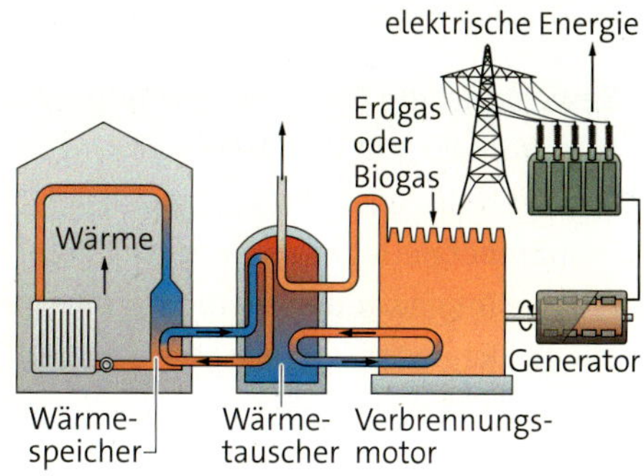

3 *Blockheizkraftwerk*

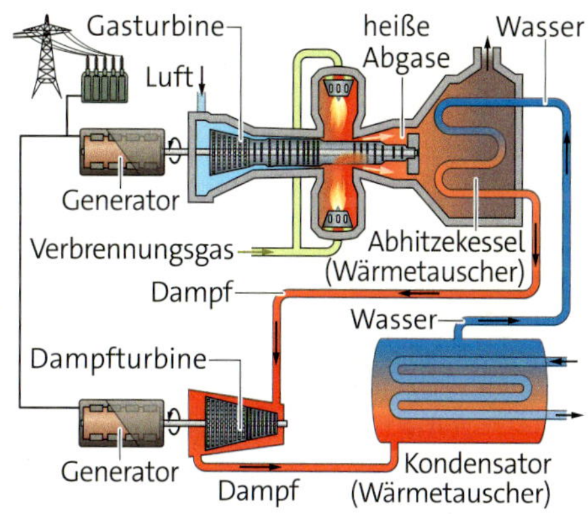

4 *Gas- und Dampfturbinenkraftwerk*

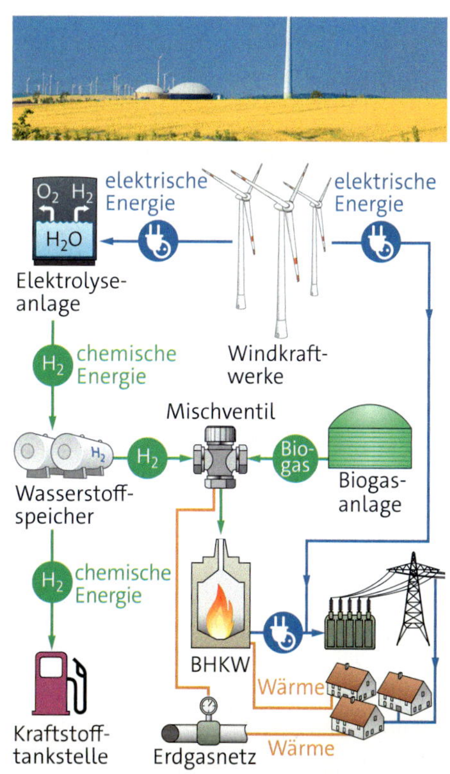

5 *Regeneratives Hybridkraftwerk in Prenzlau (oben) und dessen prinzipieller Aufbau (unten)*

Bewertung von Energiewandlungssystemen

Forschungen und Weiterentwicklungen haben dazu geführt, dass die Energie aus verschiedenen Primärenergieträgern immer effizienter in Nutzenergie umgewandelt werden kann. Dies führte in einigen Regionen zur Verbesserung des Lebensstandards der dort lebenden Menschen. ↗ 1

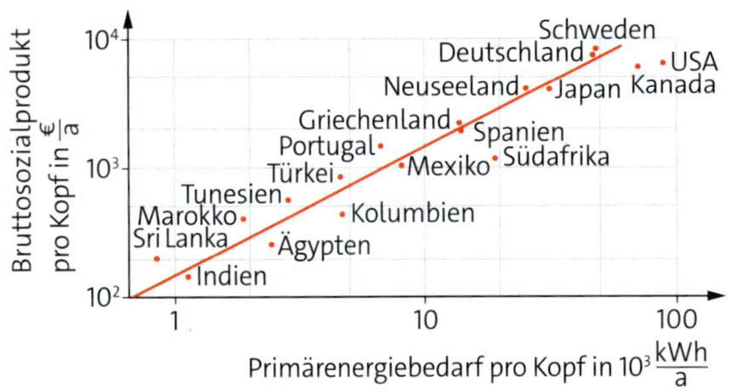

1 *Zusammenhang zwischen Bruttosozialprodukt und Primärenergiebedarf* (Quelle: BHKS)

Gleichzeitig führt der steigende Einsatz von Energiewandlungssystemen zu einer teilweise dramatischen Verringerung der Lebensqualität – nicht nur am Ort einzelner Systeme, sondern überall auf der Erde. Dies zeigt, dass Energiewandlungssysteme nicht nur unter physikalischen Gesichtspunkten bewertet werden sollten.

Physikalische Vergleichsgrößen

Aus physikalischer Sicht beurteilt man Energiewandlungssysteme über geeignete Vergleichsgrößen, wie den **Wirkungsgrad**, die **Leistung** oder die **Energiedichte** der entsprechenden Primärenergieträger. Zudem ist die Zeit entscheidend, nach der die für die Herstellung, Nutzung und Entsorgung der Anlage eingesetzte Primärenergie gleich der bereitgestellten Sekundär- oder Endenergie ist. Diese bezeichnet man als **energetische Amortisationszeit** T_a. Eine T_a von 0,25 a bedeutet, dass es 0,25 Jahre dauert, bis die Anlage die Energiemenge zur Verfügung gestellt hat, die zu ihrer Herstellung, Nutzung und Entsorgung erforderlich war. Eine weitere wichtige Größe ist der **Energieerntefaktor (EF)**. Dies ist der Quotient aus der Energierendite und dem Energieaufwand. Die Energierendite ist die Energiemenge, die über die komplette Laufzeit des Kraftwerks verfügbar gemacht wird.

Ein EF von 5 bedeutet, dass die Anlage 5-mal mehr Endenergie zur Verfügung stellt, als zu ihrer Herstellung, Nutzung und Entsorgung erforderlich ist. ↗ 2

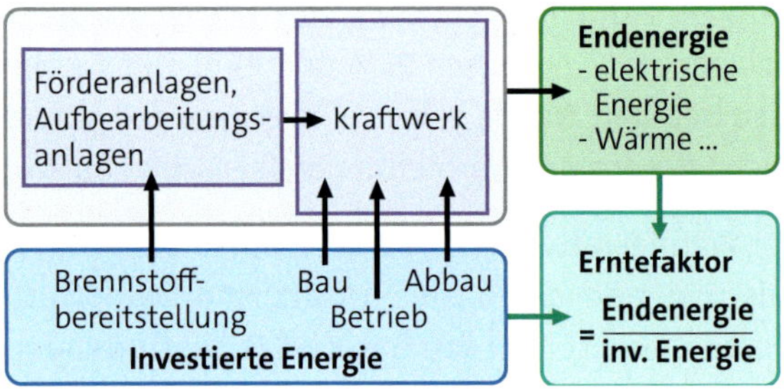

2 *Energieerntefaktor*

Wirtschaftliche Vergleichsgrößen

Energiewandlungssysteme sind aus wirtschaftlicher Sicht positiv zu bewerten, wenn unter anderem die **Kosten,** die für die bereitgestellte Endenergie zu entrichten sind, relativ niedrig sind. Diese werden häufig auf eine Energiemenge von 1 kWh bezogen. Üblicherweise sind darin jedoch keine ökologischen Folgekosten berücksichtigt. Wenn beispielsweise durch den Klimawandel gehäuft Schäden durch Hochwasser auftreten, werden die Reparaturkosten nicht durch die Kraftwerksbetreiber beglichen, die durch die CO_2-Emission einen Beitrag zum Klimawandel liefern.

Ökologische Vergleichsgrundlagen

Alle Energiewandlungssysteme bringen immer Eingriffe in die Umwelt mit sich, die sich auf Lebewesen auswirken. Eine besondere Bedeutung hat hierbei die Emission von Abgasen, insbesondere von **Kohlenstoffdioxid**. Dieses Gas ist Hauptverursacher des Treibhauseffekts, der zu einer Veränderung des Klimas auf der Erde führt. Ein Energiewandlungssystem, das pro zur Verfügung gestellter Energieeinheit möglichst wenig Kohlenstoffdioxid emittiert, ist demnach positiv zu bewerten.

Vergleich der Nutzbarkeit

Es ist wünschenswert, wenn ein System möglichst ortsunabhängig zu jedem Zeitpunkt zur Verfügung steht.

↗ NEWTON AKTIV Seite 139, 141 Aufgabe 11, 14–17

Energiewandlungssystem	Physikalische Daten[1]	Wirtschaftliche Daten[2]	Ökologische Daten[4]	Nutzungsdaten
Kohlekraftwerk	$\eta \approx 40\,\%$ $P \approx 100\,\text{MW} - 1\,\text{GW}$ EF ≈ 30 $T_a \approx 2$ Monate	Energiekosten ca. $5 - 10\,\frac{\text{ct}}{\text{kWh}}$	CO_2-Ausstoß: ca. $1000\,\frac{\text{g}}{\text{kWh}}$; starke Landschaftsveränderung durch Kohletagebau; Erwärmung von Flusswasser durch Kühlung	relativ hohe Verfügbarkeit; relativ geringe Importabhängigkeit; Rohstoff nur begrenzt verfügbar
Gaskraftwerk (GuD)	η bis zu ca. 60 % $P \approx 100\,\text{kW} - 350\,\text{MW}$ EF ≈ 28 $T_a \approx 10$ Tage	Energiekosten ca. $8 - 10\,\frac{\text{ct}}{\text{kWh}}$	CO_2-Ausstoß: ca. $400\,\frac{\text{g}}{\text{kWh}}$; starke Importabhängigkeit	relativ hohe Verfügbarkeit; relativ schnell einsatzbereit; Rohstoff nur begrenzt verfügbar
Kernkraftwerk	$\eta \approx 40\,\%$ $P \approx 1\,\text{GW}$ EF ≈ 75 – 107 $T_a \approx 2$ Monate	Energiekosten ca. $50 - 100\,\frac{\text{ct}}{\text{kWh}}$[3]	CO_2-Ausstoß: ca. $32\,\frac{\text{g}}{\text{kWh}}$; Erwärmung von Flusswasser durch Kühlung; bei Unfällen werden große Landstriche unbewohnbar; radioaktive Abfälle schwer zu lagern	relativ hohe Verfügbarkeit; abhängig von Rohstoffimporten aus dem Ausland
Laufwasserkraftwerk, Speicherkraftwerk	$\eta \approx 95\,\%$ P bis zu 5 MW EF ≈ 36 – 50 $T_a \approx 1$ Jahr	Energiekosten ca. $5 - 20\,\frac{\text{ct}}{\text{kWh}}$	CO_2-Ausstoß: ca. $40\,\frac{\text{g}}{\text{kWh}}$; Verringerung der Fließgeschwindigkeit von Gewässern; Fischsterben durch Turbinen; Hochwassergefahr durch Flussausbauten; Veränderung des Mikroklimas durch große Speicherseen; Landschaftsveränderung durch Talsperren	keine Importabhängigkeit; relativ hohe Verfügbarkeit; kaum noch neue Orte für Wasserkraftwerke
Windkraftwerk	$\eta \approx 50\,\%$ $P \approx 1 - 4\,\text{MW}$ EF ≈ 16 – 51 $T_a \approx 5$ Monate – 1 Jahr (stark standortabhängig)	Energiekosten ca. $4 - 14\,\frac{\text{ct}}{\text{kWh}}$	CO_2-Ausstoß: ca. $24\,\frac{\text{g}}{\text{kWh}}$; Schallemissionen; Schattenwurf („Diskoeffekt"); Tötung von Vögeln und Fledermäusen; starke Veränderung des Landschaftsbilds	keine Importabhängigkeit; Leistung stark abhängig vom Wetter; nicht immer verfügbar
Fotovoltaikanlage	$\eta \approx 15\,\% - 22\,\%$ P max. 1 kW EF ≈ 1,5 – 3,8 $T_a \approx 2 - 10$ Jahre (stark typabhängig)	Energiekosten ca. $4 - 12\,\frac{\text{ct}}{\text{kWh}}$	CO_2-Ausstoß: ca. $100\,\frac{\text{g}}{\text{kWh}}$; großer Flächenbedarf; unter Umständen Veränderung des Landschaftsbilds	Leistung sehr stark abhängig von der Stärke der auftreffenden Strahlung; keine Energie bei Verschattung und Verdunkelung
Biomassekraftwerk	$\eta \approx 30\,\% - 40\,\%$ P bis zu 20 MW EF ≈ 0,5 – 2	Energiekosten ca. $12 - 54\,\frac{\text{ct}}{\text{kWh}}$	großer Flächenbedarf; Entstehung großer Monokulturen mit Verringerung der Artenvielfalt; Konkurrenz zur Lebensmittelproduktion	relativ hohe Verfügbarkeit; relativ geringe Importabhängigkeit

3 *Verschiedene Kraftwerkstypen im Vergleich*

[1] Wirkungsgrade bezogen auf rein elektrische Energie; [2] Energiekosten: Quelle: Frauenhofer ISE, Stand 2018; [3] Rückbau und Endlagerung berücksichtigt, sonst: ca. $13\,\frac{ct}{kWh}$; [4] CO_2-Ausstoß: Quelle: IPCC (2014)

Die Nutzung von Pumpspeicherkraftwerken ist eine von zahlreichen Möglichkeiten, um die zu bestimmten Zeiten überschüssige Wind- oder Strahlungsenergie zu speichern. In wind- oder strahlungsarmen Zeiten kann diese dann wieder als elektrische Energie zur Verfügung gestellt werden. Welche Möglichkeiten der Speicherung elektrischer Energie gibt es?

5.8 Energiespeichertechniken

Elektrische Energie kann man in verschiedenen Energieformen speichern:

Speicherung als elektrische Energie

Elektrische Energie lässt sich in **Superkondensatoren** speichern. Dabei wird durch Zufuhr elektrischer Energie entgegengesetzte Ladung an zwei räumlich getrennten Flächenelektroden angesammelt. ↗1 Die Energie ist dann im elektrischen Feld zwischen den Elektroden gespeichert. Die gespeicherte Energiemenge kann sehr groß sein, aber nur über einen relativ kurzen Zeitraum genutzt werden. Der Wirkungsgrad ist mit über 95 % sehr hoch. Im Zusammenhang mit der Nutzung regenerativer Energieträger können sie eingesetzt werden, um die erforderlichen Zeiträume zu überbrücken, um andere, träger reagierende Energiespeicher hochfahren zu können.

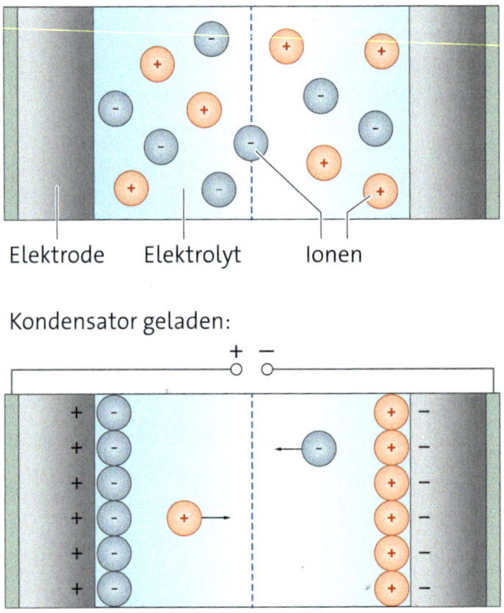

1 *Aufbau eines Superkondensators*

Speicherung als mechanische Energie

Elektrische Energie kann in mechanische Energieformen umgewandelt und so gespeichert werden. Allen mechanischen Speichersystemen gemeinsam ist die schnelle Verfügbarkeit elektrischer Energie.

In **Pumpspeicherkraftwerken** wird elektrische Energie in potenzielle Energie von Wasser umgewandelt. Dazu wird das Wasser mithilfe eines Elektromotors und einer Pumpe in einen höher gelegenen Stausee gepumpt. Bei Bedarf strömt das Wasser zurück in ein Unterbecken. Dabei dient die Pumpe als Turbine und der Elektromotor wird als Generator betrieben. ↗2 Pumpspeicherkraftwerke haben einen Wirkungsgrad von etwa 80 % und können relativ große Energiemengen über einen längeren Zeitraum zur Verfügung stellen.

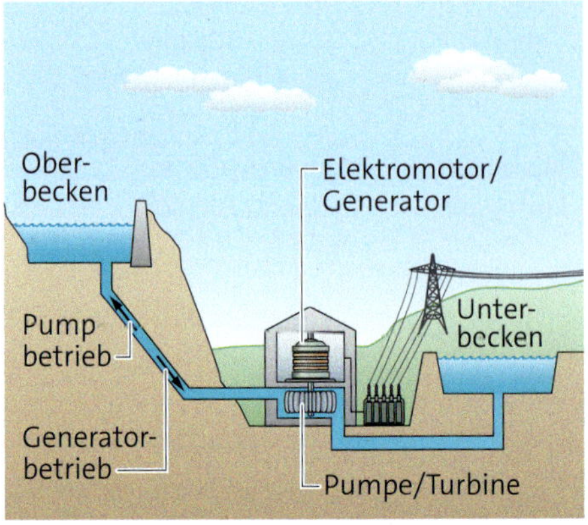

2 *Aufbau eines Pumpspeicherkraftwerks*

In **Schwungradspeichern** wird elektrische Energie als kinetische Energie gespeichert. ↗ 3 Ein massereiches Schwungrad wird über einen Elektromotor in Drehung versetzt. Soll die gespeicherte Energie wieder abgegeben werden, wird der Elektromotor als Generator genutzt. Dieser Speichertyp ist ein Kurzzeitspeicher und hat mit 95 % einen hohen Wirkungsgrad.

In **Druckluftspeichern** wird Luft mithilfe elektrischer Energie durch Kompressoren komprimiert und in unterirdischen Hohlräumen gespeichert. Bei Bedarf an elektrischer Energie wird mit der komprimierten Luft eine Turbine mit angeschlossenem Generator angetrieben. ↗ 4 Wirkungsgrade von etwa 70 % sind möglich. Dabei ist entscheidend, wie viel der Wärme, die bei der Kompression an die Umgebung abgegeben wird, wieder genutzt werden kann.

Speicherung als innere Energie

Ein Beispiel für die Speicherung elektrischer Energie als innere Energie sind **elektrothermische Energiespeicher**. ↗ 5 Zur Energiespeicherung eignen sich Stoffe mit hoher spezifischer Wärmekapazität wie beispielsweise Wasser oder bestimmte Gesteine. Über eine Dampfturbine, an die ein Generator angeschlossen ist, kann die Energie für einen längeren Zeitraum wieder in elektrische Energie umgewandelt werden. Der Wirkungsgrad gegenwärtiger Anlagen beträgt etwa 20 %. Eine Steigerung auf bis zu 40 % wird als möglich betrachtet.

Speicherung als chemische Energie

Elektrische Energie kann dazu genutzt werden, durch Elektrolyse aus Wasser Wasserstoff zu gewinnen. Diese Technik bezeichnet man auch als **Power-to-Gas**. ↗ 6 Die chemische Energie des Wasserstoffs kann mit Brennstoffzellen wieder in elektrische Energie umgewandelt werden. Durch die Reaktion von Wasserstoff mit Kohlenstoffdioxid lässt sich alternativ Methangas als Langzeitenergiespeicher gewinnen. In Versuchsanlagen konnte ein Wirkungsgrad für die Herstellung des Methangases von etwa 76 % erreicht werden, in konventionellen Industrieanlagen betrug er zur selben Zeit etwa 58 %.

Speicherung als elektrochemische Energie

Akkumulatoren sind elektrochemische Energiespeicher, bei denen die elektrische Energie als chemische Energie auch über lange Zeit gespeichert werden kann und wieder direkt als elektrische Energie zur Verfügung steht. Ihr Wirkungsgrad kann daher bis zu 90 % betragen. Mit fortschreitender Entwicklung steigt auch die Energiespeichermenge.

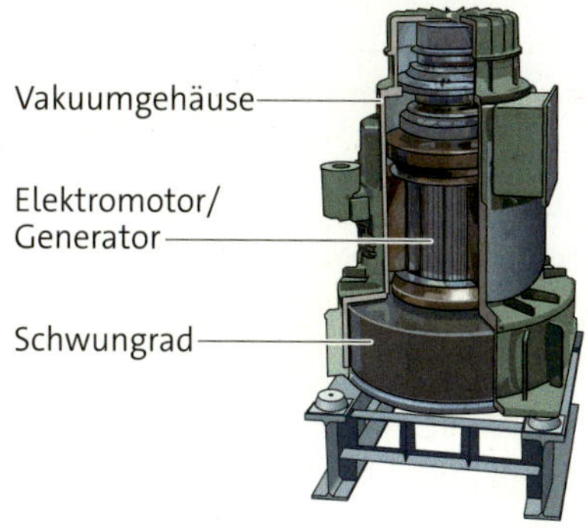

3 Aufbau eines Schwungradspeichers

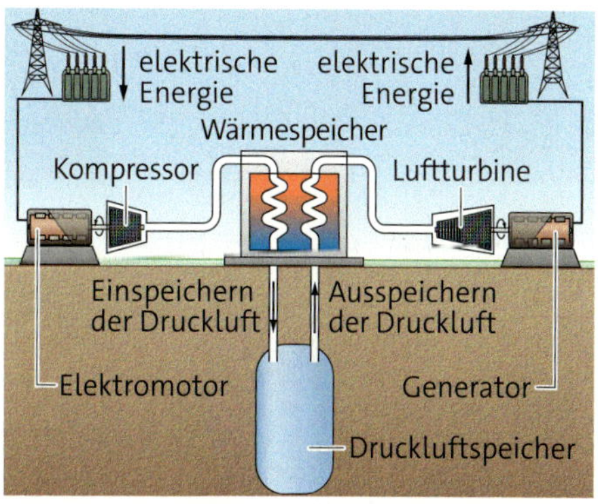

4 Aufbau eines Druckluftspeichers

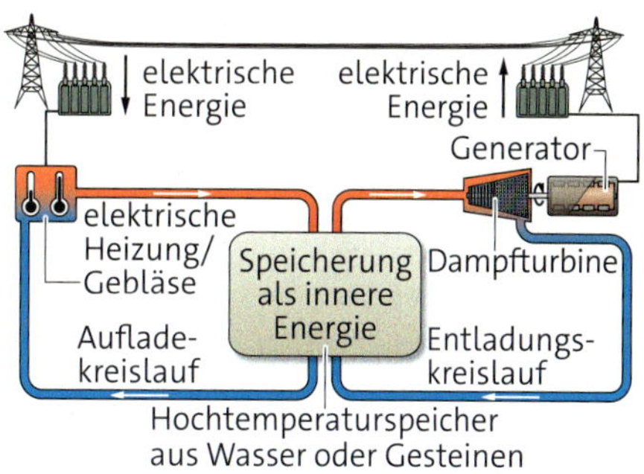

5 Aufbau eines elektrothermischen Speichers

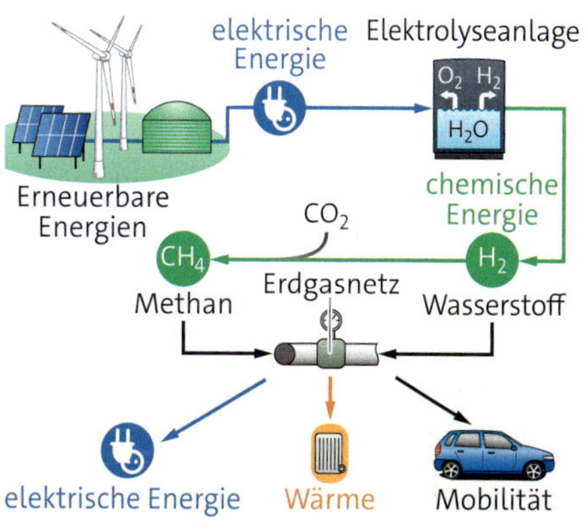

6 Power-to-Gas-Technologie

↗ NEWTON AKTIV Seite 139, 141 Aufgabe 9, 10, 20

Nachdenken & Kombinieren

1 Müllheizkraftwerk ↗ S. 132/133

Im täglich anfallenden Müll ist chemische Energie gespeichert, die in Müllkraftwerken genutzt wird. Wird zusätzlich Kraft-Wärme-Kopplung angewendet, spricht man von Müllheizkraftwerken. Folgendes Bild zeigt den prinzipiellen Aufbau:

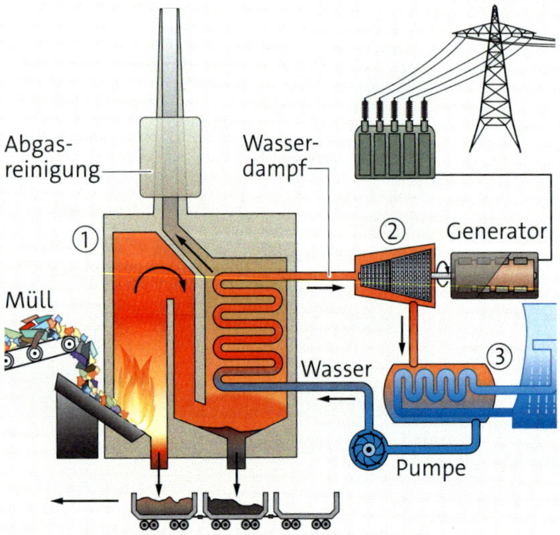

a ☑ Benennen Sie die nummerierten Bauteile.

b ☑ Beschreiben Sie die Funktionsweise eines Müllheizkraftwerks als Wärmekraftwerk.

c ☑ Nennen Sie zwei Vor- und zwei Nachteile, die Müll als Energieträger mit sich bringt.

d ☑ Stellen Sie die Energieumwandlungskette eines Müllheizkraftwerks auf.

2 Kraft-Wärme-Kopplung ↗ S. 132/133

Informieren Sie sich über das Prinzip der Kraft-Wärme-Kopplung.

a ☐ Erklären Sie den Begriff Kraft-Wärme-Kopplung.

b ☑ Begründen Sie, warum man in der Regel Wasser als Wärmespeicher einsetzt.

c ☑ Bei großen Anlagen, die Kraft-Wärme-Kopplung nutzen, versorgt man Gebäude mit Fernwärme. Begründen Sie, für welche Abnehmer eine solche Wärmelieferung sinnvoll ist.

d ☑ Erklären Sie, warum der Gesamtwirkungsgrad eines Wärmekraftwerks auch mit Kraft-Wärme-Kopplung niemals 100 % betragen kann.

3 GuD-Kraftwerke ↗ S. 132/133

Informieren Sie sich über Gas-und-Dampf-Kombikraftwerke (GuD-Kraftwerke).

a ☐ Erstellen Sie eine prinzipielle Skizze vom Aufbau eines GuD-Kraftwerks.

b ☑ Stellen Sie die Energieumwandlungskette eines GuD-Kraftwerks auf.

c ☑ Vergleichen Sie den Wirkungsgrad eines GuD-Kraftwerks mit dem eines reinen Gaskraftwerks und begründen Sie den Unterschied.

4 Energie für ein Kraftwerk ↗ S. 126/127

In Wärmekraftwerken werden Primärenergieformen in elektrische Energie umgewandelt. Für das Kraftwerk selbst muss jedoch auch Energie aufgewendet werden, z. B. für dessen Bau.

a ☑ Nennen Sie zwei weitere Prozesse, bei denen man Energie für das Kraftwerk und nicht für die oben genannte Energieumwandlung aufwenden muss.

b ■ Die Energiemenge, die über die komplette Laufzeit des Kraftwerks verfügbar gemacht werden kann, nennt man Energierendite. Zusätzlich definiert man den Energieerntefaktor wie folgt:

$$\text{Energieerntefaktor} = \frac{\text{Energierendite}}{\text{nötiger Energieaufwand}}$$

Der Energieerntefaktor von regenerativen Wärmekraftwerken ist in der Regel größer als 1, der Energieerntefaktor von konventionellen Wärmekraftwerken in der Regel kleiner als 1. Begründen Sie dies.

Lösungen finden

5 Energieeinheiten

Die von Kraftwerken bereitgestellte und vom Nutzer umgewandelte Energie wird in der Regel nicht in der Einheit Joule (J) angegeben, sondern in Kilowattstunden (kWh).

☐ Rechnen Sie eine Energiemenge von 1 kWh in J um.

In Worte fassen

6 Fossile Energieträger ↗ S. 124/125; 128/129

Tom behauptet, dass fossile Energieträger doch eigentlich auch zu den erneuerbaren Energieträgern gezählt werden müssten, da diese auch aus pflanzlichen Resten bestehen, die durch Zufuhr von Strahlungsenergie der Sonne entstanden sind. Nehmen Sie begründet Stellung zu dieser Aussage.

7 Wellenkraftwerk ↗ S. 128/129

Im Bild ist der Aufbau einer bestimmten Art eines Wellenkraftwerks dargestellt:

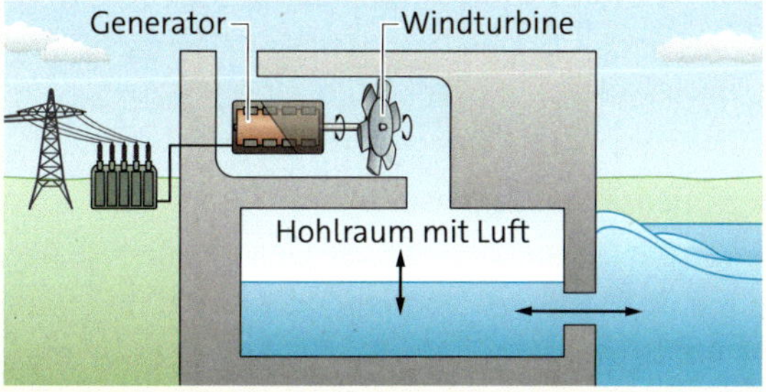

a ◪ Beschreiben Sie die Funktionsweise des Wellenkraftwerks.

b ◪ Beschreiben Sie die Energieumwandlungen in diesem Kraftwerk mithilfe einer Energieumwandlungskette.

8 Aufwindkraftwerk ↗ S. 128/129

Im Bild ist der Aufbau eines Aufwindkraftwerks dargestellt:

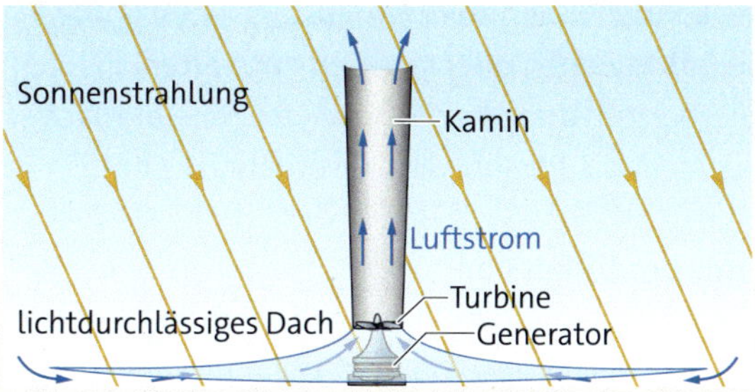

a ◪ Beschreiben Sie die Funktionsweise eines Aufwindkraftwerks.

b ◪ Beschreiben Sie die Energieumwandlungen in diesem Kraftwerk mithilfe einer Energieumwandlungskette.

9 Kugelpumpspeicher ↗ S. 136/137

Zur Speicherung von Energie, die etwa von Windkraftwerken in Offshore-Windparks zur Verfügung gestellt wird, gibt es Planungen, diese in Hohlkugeln aus Beton zwischenzuspeichern. Das folgende Bild zeigt das Funktionsprinzip:

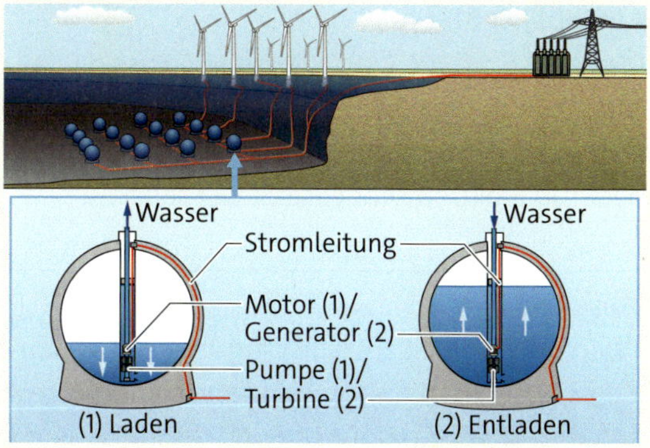

a ◪ Beschreiben Sie die Funktion dieser Speichertechnik für einen Lade- und Entladezyklus.

b ☐ Erstellen Sie für die Energieumwandlungen beim Entladen des Kugelpumpspeichers eine Energieumwandlungskette.

10 Bedeutung von Energiespeichern ↗ S. 136/137

■ Erläutern Sie auch anhand des Diagramms, warum Energiespeicher bedeutsam sind und einen wichtigen Beitrag zur Energiewende liefern.

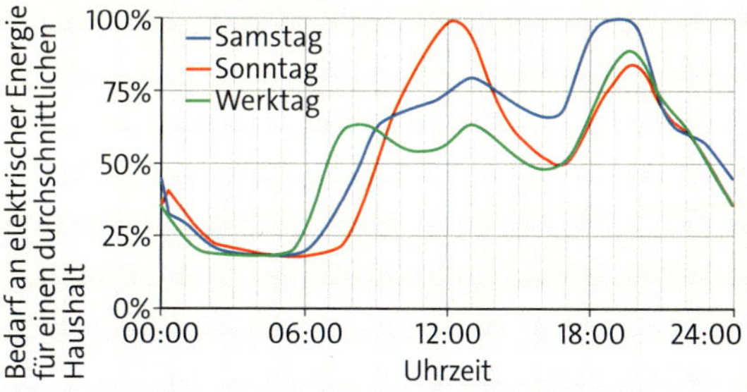

Recherchieren

11 Grüne Energietechnik ↗ S. 134/135

Recherchieren Sie nach innovativen Möglichkeiten der Nutzung regenerativer Energieformen. Beschreiben Sie jeweils die Funktionsweise des Systems und geben Sie eine Energieumwandlungskette an. Beschreiben Sie auch Vor- und Nachteile.

Einen Standpunkt einnehmen und eine Diskussion führen

Das Ziel einer Diskussion ist es, entweder eine Einigung zu finden oder das Gegenüber von der eigenen Meinung zu überzeugen.

Aufgabenstellung

Ihre Klasse hat die Aufgabe, eine Diskussion darüber zu führen, ob beim Personenverkehr in Deutschland auf Autos mit Verbrennungsmotor oder mit Elektromotor gesetzt werden soll.

Vorgehen

Überlegen Sie sich zunächst Argumente für den eigenen Standpunkt. Unterstützen Sie dabei Ihre Argumente durch Erklärungen und Beispiele. Bücher, Fachzeitschriften, Internetartikel oder Ähnliches können mögliche Quellen für Argumente sein. Überprüfen Sie bei der Recherche auch, wie seriös die Quelle ist. Folgende Fragen helfen bei der Einschätzung:

- Was ist die Quelle der genannten Information? (Zeitung? Internetartikel? Wer ist der Verfasser? ...)
- Welche Ziele könnte die Quelle durch die Verbreitung der Information verfolgen?
- Lassen sich die genannten Inhalte mit allgemeingültigen Prinzipien erklären? (Energieerhaltungssatz? ...)
- Existieren für die genannten Inhalte Zahlenbelege oder Statistiken? (Statistisches Bundesamt ...)
- Gibt es zu den genannten Inhalten Forschungsergebnisse oder Aussagen anerkannter Fachleute?

Außerdem ist es hilfreich, sich zu überlegen, welche Argumente die Gegenseite in der Diskussion bringen könnte und wie man auf diese reagieren könnte.

Durchführung der Diskussion

Gesprächsregeln

Wichtig bei einer Diskussion ist, dass Sie sich an entsprechende Gesprächsregeln halten:

- Bleiben Sie freundlich.
- Lassen Sie Ihr Gegenüber ausreden und fallen Sie niemandem ins Wort.
- Verzichten Sie auf Zwischenrufe.
- Bleiben Sie beim Thema.
- Bleiben Sie sachlich und reagieren Sie nicht emotional.

Darstellung der eigenen Argumente

- Sprechen Sie in der „Ich-Form" bzw. „Wir-Form".
- Begründen Sie Ihr Argument.
- Bringen Sie idealerweise Belege ein, z. B. Zeitungsartikel oder Statistiken.

Beispiel: „Ich finde, dass man auf Verbrennungsmotoren setzen sollte, da die Versorgung mit Kraftstoff vielerorts schnell möglich ist. Laut einem Artikel in der ‚Neuen Post' gibt es in Deutschland durchschnittlich alle 15 km eine Tankstelle."

Argumente der Gegenseite

Hören Sie genau zu, wenn die Gegenseite ihre Argumente vorbringt. Überlegen Sie sich dabei, wie stichhaltig die Argumente sind. Bei dieser Überlegung helfen die gleichen Kriterien wie bei der Vorbereitung der eigenen Argumente.
Überprüfen Sie außerdem, ob die durchgeführten Gedankengänge logisch sind, also ob die Schlüsse, die die Gegenseite mit dem Argument zeigen will, überhaupt damit gezeigt werden.

Erwiderung der Argumente der Gegenseite

Gehen Sie bei der Erwiderung auf den Redebeitrag der Gegenseite auf die genannten Argumente ein. Sie können ihnen zustimmen, aus ihnen andere Schlüsse ziehen oder sie auch entkräften.
Hierbei gilt stets der Grundsatz: Greife die Sache an, nicht die Person, die sie vorgebracht hat.

Ende der Diskussion

Nicht immer wird es Ihnen gelingen, Ihr Gegenüber in einer Diskussion von Ihrem Standpunkt zu überzeugen. Es ist jedoch möglich, dass alle zu einem Kompromiss finden, zu einer Lösung, mit der beide Seiten zufrieden sind. Ist eine solche Einigung nicht möglich, weil die Positionen zu weit voneinander liegen, so haben Sie sich zumindest gegenseitig alternative Sichtweisen eröffnet.

Bewerten

12 Umweltverträglichkeit ↗ S. 126/127

a ☐ Begründen Sie, warum Wärmekraftwerke mit fossilen Energieträgern umweltschädlich sind.

b ◪ Kernkraftwerke werden immer wieder als klimafreundlich bezeichnet. Nehmen Sie Stellung zu dieser Ansicht.

13 Regenerative Wärmekraftwerke ↗ S. 130/131

Die in Biomassekraftwerken verwendeten Primärenergieträger Mais, Raps oder Holz benötigen für ihr Wachstum die Strahlungsenergie der Sonne. Die Pflanzen wandeln diese in chemische Energie um. Dies gilt auch für die Futterpflanzen der Tiere, die Gülle produzieren.

a ☐ Begründen Sie, warum alle regenerativen Wärmekraftwerke für ihren Betrieb auf die von der Sonne ausgesandte Strahlungsenergie angewiesen sind.

b ◪ Stellen Sie die Energieumwandlungskette eines Biogaskraftwerks auf.

c ◪ Begründen Sie, warum insbesondere die Verwendung von Mais als Primärenergieträger in Biogaskraftwerken kritisch zu sehen ist.

d ■ Biomassekraftwerke gelten als weitestgehend klimaneutral, obwohl sie im Betrieb Treibhausgase, insbesondere CO_2, emittieren. Begründen Sie dies.

e ◪ Nennen Sie je zwei Vorteile und Probleme, die Solarthermiekraftwerke mit sich bringen.

14 Diskussion zum Bau eines Kohlekraftwerks ↗ S. 134/135

In einem Industriegebiet einer Kleinstadt soll ein Kohlekraftwerk gebaut werden. Das Gebiet befindet sich in der Nähe eines Braunkohletagebaus und direkt an einem Fluss. Eine Bürgerinitiative befürwortet den Bau des Kraftwerks und eine andere lehnt ihn ab.

Teilen Sie sich in zwei Gruppen auf, die die Positionen der jeweiligen Bürgerinitiativen vertreten. Recherchieren Sie dann nach Argumenten für Ihre jeweilige Position. Führen Sie anschließend eine inhaltlich begründete Diskussion darüber, ob das Kohlekraftwerk gebaut werden soll.

15 Beurteilungsgrundlagen ↗ S. 134/135

Eine Kenngröße zur Beurteilung von Kraftwerkssystemen ist die Energierücklaufzeit, auch energetische Amortisationszeit genannt.

a ☐ Erläutern Sie, was man darunter versteht.

b ☐ Nennen Sie zwei weitere physikalische Kenngrößen zur Beurteilung von Kraftwerkssystemen.

c ☐ Nennen Sie mindestens vier nicht physikalische Kenngrößen zur Beurteilung von Kraftwerken, die elektrische Energie bereitstellen.

16 Kein Vorteil ohne Nachteil ↗ S. 134/135

Nehmen Sie Stellung zu folgenden Aussagen:

a ☐ „Wasserkraft ist umweltfreundlich!"

b ☐ „Fotovoltaikanlagen stoßen kein CO_2 aus!"

17 Kontroverse ↗ S. 134/135

a ☐ Nennen Sie mindestens jeweils zwei Vorteile und zwei Nachteile dafür, ein Kohlekraftwerk durch eine Windkraftanlage zu ersetzen.

b ◪ Philip meint, dass durch eine Windkraftanlage im Unterschied zu einem Dieselkraftwerk kein CO_2 ausgestoßen wird. Paulina meint, dass die Aussage so nicht ganz zutreffend ist. Nennen Sie zwei mögliche Gründe, die Paulina Philip entgegnen könnte.

Einfach lernen

18 Fossile Energieträger ↗ S. 124/125

a Was sind fossile Energieträger?

b Welche Vorteile und welche Nachteile haben fossile Energieträger?

19 Erneuerbare Energieträger ↗ S. 128/129

a Welche Vorteile und welche Nachteile haben regenerative Energieträger?

b In welchen Kraftwerkstypen werden erneuerbare Energieträger genutzt?

20 Energiespeichertechniken ↗ S. 136/137

a In welchen Energieformen kann elektrische Energie gespeichert werden?

b Mit welchen Energiespeichern kann elektrische Energie gespeichert werden?

Energieversorgung

Von der Primär- zur Nutzenergie

Energie ist zunächst in Stoffen oder Körpern gespeichert, die in der Natur vorkommen. Man nennt sie **Primärenergieträger.** Die Primärenergie wird in Energiewandlungssystemen über Zwischenschritte umgewandelt, bis sie dem Verbraucher als **Endenergie** zur Verfügung steht und als **Nutzenergie** eingesetzt werden kann. Durch Energiewandlungssysteme wie Kraftwerke kann praktisch jede Energieform in die für uns bedeutsame Endenergieform elektrische Energie umgewandelt werden. Die Menge der Energie, die vor einer Umwandlung vorliegt, ist genauso groß wie die Energiemenge danach. Energie wird also **nicht erzeugt** und **nicht verbraucht,** sie kann nur umgewandelt werden.

Wärmekraftmaschinen

Wärmekraftmaschinen sind Maschinen, die die **innere Energie** eines Arbeitsmediums **teilweise in kinetische Energie** umwandeln.

Verbrennungsmotoren

Häufig genutzte Verbrennungsmotoren sind der Ottomotor und der Dieselmotor. Sie wandeln die innere Energie eines Verbrennungsgases teilweise in kinetische Energie um.

Dampfturbine

Eine Dampfturbine wandelt die innere Energie von Wasserdampf teilweise in kinetische Energie von Laufrädern um.

Vier Takte eines Ottomotors:

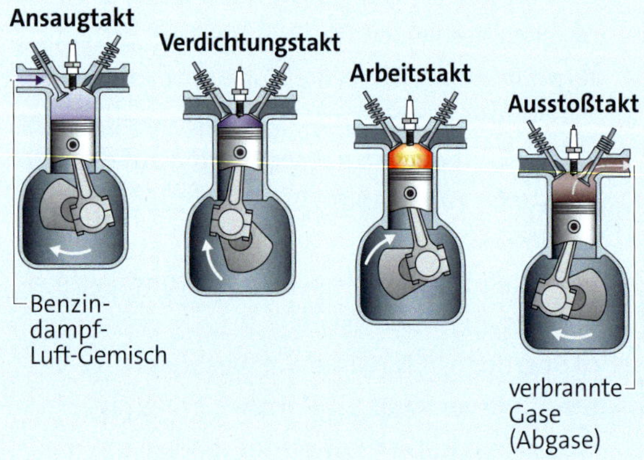

Wärmekraftwerke

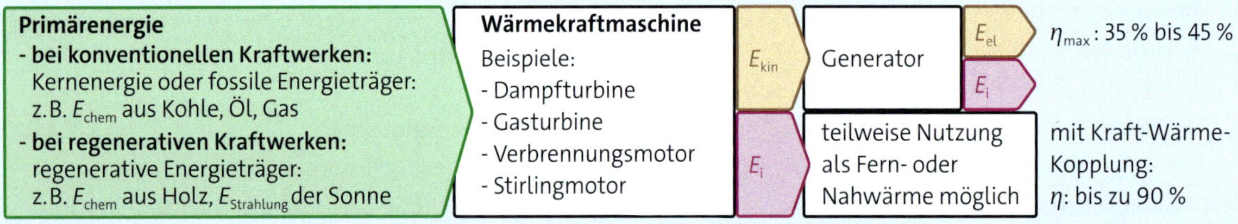

Gekoppelte Kraftwerkssysteme

Mithilfe von Kombikraftwerken ist man bestrebt, den Wirkungsgrad von Kraftwerken zu steigern.

Kraft-Wärme-Kopplung (KWK): Nutzung auch der von einem Wärmekraftwerk abgegebenen überschüssigen Wärme

Gas- und Dampfturbinenkraftwerk (GuD): Nutzung der inneren Energie eines Verbrennungsgases und der inneren Energie ihrer Abgase zum Antrieb von Turbinen

Hybridkraftwerk: Bedarfsabhängige Nutzung verschiedener Primärenergieträger, um elektrische oder chemische Energie oder Wärme bereitzustellen

Energiespeichertechniken

Die von einem Energiewandlungssystem zu einem bestimmten Zeitpunkt überschüssige bereitgestellte elektrische Energie kann man in verschiedenen Energieformen speichern, um sie in Zeiten mit erhöhtem Bedarf wieder als elektrische Energie zur Verfügung zu stellen. Dies ist besonders sinnvoll für Energiewandlungssysteme, die mit regenerativen Energieträgern betrieben werden. Zur Bewertung verschiedener Energiespeicher sind aus physikalischer Sicht ihr Wirkungsgrad, ihre Speicherkapazität und die Geschwindigkeit der Energieabgabe von Bedeutung.

1 Wärmekraftmaschinen
Wärmekraftmaschinen werden für den Antrieb vieler Fahrzeuge und Maschinen verwendet.

a ☐ Geben Sie die erwünschte Energieumwandlung bei Wärmekraftmaschinen an.

b ◪ Begründen Sie, warum für eine Wärmekraftmaschine stets gilt: $\eta < 100\,\%$.

c ☐ Nennen Sie vier grundsätzlich verschiedene Beispiele für Wärmekraftmaschinen.

2 Verbrennungsmotoren
Die in Deutschland fahrenden Pkws und Lkws werden zum größten Teil von einem Verbrennungsmotor angetrieben.

a ☐ Benennen Sie die nummerierten Bauteile im Querschnitt eines Viertakt-Ottomotors.

b ☐ Nennen Sie die Ventilstellungen im Arbeitstakt und beschreiben Sie dann seinen Ablauf für einen Viertakt-Ottomotor.

c ◪ Nennen Sie drei Unterschiede in der Funktion von Viertakt-Dieselmotor und Viertakt-Ottomotor.

d ☐ Geben Sie den Wirkungsgrad eines Viertakt-Ottomotors an und erkläre, was er bedeutet.

e ☐ Nennen Sie drei Gründe für die Umweltschädlichkeit von Verbrennungsmotoren.

3 Dampfturbine
Dampfturbinen werden in vielen Wärmekraftwerken eingesetzt.

a ☐ Erstellen Sie eine beschriftete Skizze einer Dampfturbine.

b ◪ Beschreiben Sie die bei der Dampfturbine stattfindenden Energieumwandlungen in Worten. Gehen Sie hierbei auf die Energien der Dampfteilchen ein.

4 Wärmekraftwerke
Wärmekraftwerke wandeln eine Primärenergieform in elektrische Energie um.

a ☐ Benennen Sie die grundlegenden Bauteile, die jedes Wärmekraftwerk besitzt.

b ◪ Begründen Sie, warum man mit einer Kraft-Wärme-Kopplung den Wirkungsgrad eines Wärmekraftwerks deutlich erhöhen kann.

c ■ Begründen Sie, warum Schwimmbäder ideale Einsatzorte für Blockheizkraftwerke sind.

5 Kernkraftwerke
Kernkraftwerke nehmen unter den Wärmekraftwerken eine Sonderstellung ein.

a ◪ Begründen Sie, warum Kernkraftwerke weder fossilen noch regenerativen Wärmekraftwerken zugeordnet werden können.

b ◪ Stellen Sie die Energieumwandlungskette eines Kernkraftwerks dar.

c ■ Bei Kernkraftwerken wird die abgegebene Leistung über Steuerstäbe geregelt, die mehr oder weniger tief in den Reaktorkern eingefahren werden. Begründen Sie, warum eine solche Möglichkeit zur Regelung der Leistungsabgabe absolut notwendig ist.

6 Fossile Energieträger

a ☐ Erklären Sie, was man unter fossilen Energieträgern versteht, und nennen Sie drei Beispiele.

b ◪ Nennen Sie zwei Vorteile, die die Deckung des Energiebedarfs mit fossilen Wärmekraftwerken hat, und zwei Gründe, warum ihr Betrieb auch kritisch zu sehen ist.

7 Regenerative Energieträger

a ☐ Nennen Sie vier Beispiele für regenerative Energieträger.

b ◪ Stellen Sie die Energieumwandlungskette eines Parabolrinnenkraftwerks dar.

c ◪ Erläutern Sie an einem Beispiel, warum Energiespeichertechniken insbesondere für regenerative Energieumwandlungssysteme relevant sind.

Wiederholung wichtiger Methoden

Sinnvoller Umgang mit Messwerten

Messwerte sind mit Messunsicherheiten behaftet, die sich in der letzten Ziffer äußern:

sinnvolle Ziffern

$\bar{l} = 2{,}64$

sichere Ziffern unsichere Ziffer

Runden Sie das Ergebnis einer Rechnung immer auf so viele sinnvolle Ziffern, wie der eingesetzte Wert mit der geringsten Anzahl an sinnvollen Ziffern hat.

Beispiel: Berechnen Sie den Flächeninhalt einer Postkarte, die 13,8 cm lang und 9,9 cm breit ist.
Rechnung: $13{,}8\ \text{cm} \cdot 9{,}9\ \text{cm} = 1{,}4 \cdot 10^2\ \text{cm}^2$

Rechnen mit einer Größengleichung

Sie sollen eine physikalische Größe berechnen.

1 Schreiben Sie gegebene und gesuchte Größen heraus.
2 Geben Sie die Größengleichung an.
3 Formen Sie wenn nötig die Größengleichung nach der gesuchten Größe um.
4 Setzen Sie in die Größengleichung die Zahlenwerte der gegebenen Größen mit ihren Einheiten ein.
5 Passen Sie wenn nötig die Einheiten an.
6 Geben Sie das Ergebnis als Gleichung mit Einheit an.
7 Formulieren Sie einen Antwortsatz.

Beispielaufgabe:
Berechnen Sie die Masse von 10 l Wasser bei 20 °C.

① Geg.: $\varrho = 0{,}998\ \frac{\text{g}}{\text{cm}^3}$; $V = 10\ \text{l}$ Ges.: m

② $\varrho = \frac{m}{V} \quad | \cdot V$

$\varrho \cdot V = m$

③ $m = \varrho \cdot V$

④ $m = 0{,}998\ \frac{\text{g}}{\text{cm}^3} \cdot 10\ \text{l}$

⑤ $m = 0{,}998\ \frac{\text{kg}}{\text{dm}^3} \cdot 10\ \text{dm}^3$

⑥ $m = \underline{\underline{10\ \text{kg}}}$

⑦ 10 l Wasser haben eine Masse von 10 kg.

Komplexe Rechenaufgaben

Sie sollen eine Rechenaufgabe lösen, bei der mehr als eine Größengleichung zur Lösung nötig ist. Die Schrittabfolge bleibt die gleiche wie bei Aufgaben mit nur einer Größengleichung. Neben dem Hauptproblem sind jedoch weitere Teilprobleme zu lösen. Beginnen Sie zuerst mit dem Hauptproblem und lösen Sie nach und nach die Teilprobleme.

Beispielaufgabe
Bei den Niagarafällen stürzen pro Sekunde ($t = 1{,}0$ s) durchschnittlich 5750 m³ Wasser in den 57 m tiefer gelegenen Ontariosee. Kanada zweigt davon etwa 1800 m³ pro Sekunde zur Umwandlung in elektrische Energie ab. Berechnen Sie die dem Kraftwerk zugeführte Leistung unter der Annahme, dass die Dichte des Wassers $1{,}0\ \frac{\text{g}}{\text{cm}^3}$ beträgt.

Gleichung für das Hauptproblem:

$P = \frac{W}{t}$

Gleichung für das 1. Teilproblem:

$W = m \cdot g \cdot \Delta h$

Gleichung für das 2. Teilproblem:

$\rho = \frac{m}{V}$
$m = \rho \cdot V$

$m = 1{,}0\ \frac{\text{t}}{\text{m}^3} \cdot 1800\ \text{m}^3$
$m = 18 \cdot 10^2\ \text{t}$

$W = 18 \cdot 10^5\ \text{kg} \cdot 9{,}81\ \frac{\text{N}}{\text{kg}} \cdot 57\ \text{m}$
$W = 10 \cdot 10^8\ \text{Nm}$

$P = \frac{10 \cdot 10^8\ \text{Nm}}{1{,}0\ \text{s}}$
$P = 1{,}0 \cdot 10^9\ \text{W}$

Ein Experiment planen und durchführen

1 Fragestellung
Formulieren Sie in wenigen Sätzen, was Sie mit dem Experiment herausfinden möchten.

2 Messgrößen
Notieren Sie die zu messenden Größen. Basisgrößen können Sie direkt messen. Für abgeleitete Größen messen Sie erst Basisgrößen und berechnen dann die gesuchte Größe.

3 Versuchsaufbau
Erstellen Sie eine beschriftete Skizze, die alle wichtigen Gegenstände und Messgeräte enthält, oder erstellen Sie einen Schaltplan.

4 Versuchsdurchführung
Beschreiben Sie die Durchführung des Versuchs in wenigen Worten.
Überlegen Sie dazu:
Welche Größe verändern Sie?
Welche Größe verändert sich dann?
Welche Größe bleibt immer gleich?
Werden Messungen mehrmals durchgeführt?

5 Messwerte oder Beobachtungen notieren
Notieren Sie die Messwerte mit Einheiten in einer Tabelle und/oder schreiben Sie die Beobachtungen auf.

6 Auswertung
Werten Sie die Messreihe rechnerisch und/oder grafisch aus (siehe rechte Spalte).

7 Ergebnis
Formulieren Sie das Ergebnis in wenigen Sätzen. Beantworten Sie die anfangs gestellte Frage.

8 Fehlerbetrachtung
Benennen Sie mögliche Messunsicherheiten und Verbesserungsvorschläge.

Auswerten einer Messreihe

Beispiel: Sie messen in Abhängigkeit von der Zeit t (unabhängige Größe) die zurückgelegte Strecke s (abhängige Größe).

t in s	0	1,0	2,0	3,0	4,0	5,0	6,0
s in m	0	0,11	0,22	0,33	0,43	0,52	0,64

Grafische Auswertung:
Zeichnen Sie ein Koordinatensystem und beschriften Sie die x-Achse mit der unabhängigen Größe und die y-Achse mit der abhängigen Größe. Notieren Sie jeweils auch die Einheit. Tragen Sie die Wertepaare als Bildpunkte ein. Liegen alle Punkte näherungsweise auf einer Ursprungsstrecke, sind die beiden Größen direkt proportional zueinander:

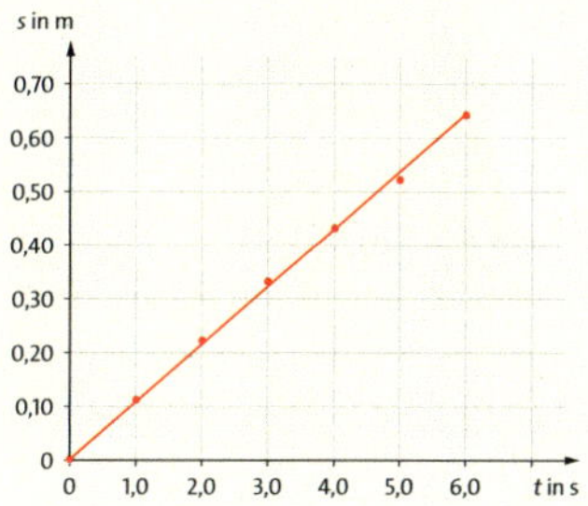

Rechnerische Auswertung:
Sie berechnen den Proportionalitätsfaktor, indem Sie den Quotienten $\frac{y}{x}$ für jedes Wertepaar ermitteln und anschließend den Mittelwert bilden. Teilen Sie die Summe aller Quotientenwerte dafür durch die Anzahl der Messungen. In unserem Beispiel beschreibt der Proportionalitätsfaktor eine neue Größe, die Geschwindigkeit:

t in s	0	1,0	2,0	3,0	4,0	5,0	6,0
s in m	0	0,11	0,22	0,33	0,43	0,52	0,64
$\frac{s}{t}$ in $\frac{m}{s}$	–	0,11	0,11	0,11	0,11	0,10	0,11

$$\overline{\left(\frac{s}{t}\right)} = \frac{0{,}11 + 0{,}11 + 0{,}11 + 0{,}11 + 0{,}10 + 0{,}11}{6}\,\frac{m}{s}$$

$$\overline{\left(\frac{s}{t}\right)} = 0{,}11\,\frac{m}{s}$$

Recherchieren

1 Orientieren
Überlegen Sie zunächst: Worum geht es? Was wissen Sie schon? Machen Sie sich Notizen.

2 Suchen und Dokumentieren
Suchen Sie in verschiedenen Quellen, zum Beispiel Schulbüchern, Fachzeitschriften und im Internet. Notieren Sie sich während der Recherche wichtige Schlagwörter, Teilbereiche und Fragen. So ergeben sich wieder neue Suchbegriffe. Speichern Sie interessante Seiten in Ihrem Browser als Favorit oder Lesezeichen ab.

3 Auswerten
So erkennen Sie seriöse Quellen:
- Sie stammen von allgemein bekannten seriösen Einrichtungen, Verbänden, Vereinen oder Unternehmen.
- Die Quelle ist aktuell und der Urheber ist angegeben, der idealerweise Experte ist.
- Die Quelle lässt keine zweifelhaften Absichten erkennen, z. B. Verkaufsabsichten oder Stimmungsmache.
- Informationen stützen sich auf nachprüfbare Fakten, Daten oder Zahlen.

Übernehmen Sie nur solche Informationen, die Sie wirklich verstehen. Kopieren Sie keine langen Texte. Fassen Sie das Wesentliche mit eigenen Worten zusammen. Geben Sie die Quellen an, denen Sie etwas entnommen haben.

Präsentation erstellen und halten

1 Thema formulieren

2 Recherchieren

3 Informationen ordnen
Überlegen Sie sich eine sinnvolle Gliederung für Ihren Vortrag. Ordnen Sie die gefundenen Informationen den passenden Unterüberschriften zu.

4 Präsentation erstellen
Präsentationsprogramme eignen sich dazu, Ihre Informationen zu veranschaulichen.
- Gestalten Sie eine Titelseite mit Angabe des Themas, des Vortragsdatums und Ihrem Namen.
- Vermeiden Sie vollgeschriebene Seiten und benutzen Sie stattdessen aussagekräftige Stichwörter, Bilder und Diagramme.
- Achten Sie darauf, dass das Layout Ihrer Folien einheitlich ist.
- Verwenden Sie eine gut leserliche und ausreichend große Schrift.
- Benutzen Sie die Animationsmöglichkeiten des Programms sparsam und nur wenn sie für Ihre Informationen sinnvoll sind.
- Nummerieren Sie Ihre Folien durch und geben Sie Ihre verwendeten Quellen auf der letzten Seite an.

5 Handout erstellen
Ein Handout erleichtert Ihren Mitschülern das Zuhören. Es bildet den roten Faden der Präsentation ab. Die Zuhörer können im Handout Fragen, Anmerkungen oder Ähnliches notieren.
Das Handout enthält Ihren Namen, das Datum des Vortrags und Ihr Vortragsthema. Listen Sie am Ende alle genutzten Quellen auf.

6 Präsentation üben
Üben Sie Ihren Vortrag ein- oder zweimal im Vorfeld, dann werden Sie sich vor Ihrer Klasse sicherer fühlen.

Arbeiten mit Modellen

Vorgänge in der Natur, die sehr klein, sehr weit weg oder sehr groß sind, können wir mit unseren Sinnesorganen nicht direkt wahrnehmen. Zur Erklärung dieser Vorgänge oder zur besseren Vorstellbarkeit schaffen wir uns eine Modellwelt.

- Modelle sind starke Vereinfachungen und zeigen oft nur sehr wenige Aspekte der Wirklichkeit.
- Modelle sind anders. Wir dürfen die Eigenschaften der Objekte unserer Erfahrungswelt nicht auf die Modellwelt übertragen.
- Modelle haben Grenzen. Nur bestimmte Vorgänge und Beobachtungen können mit dem Modell erklärt werden.

Schaltpläne zeichnen

Um den Aufbau eines Stromkreises wiederzugeben, zeichnet man einen Schaltplan:

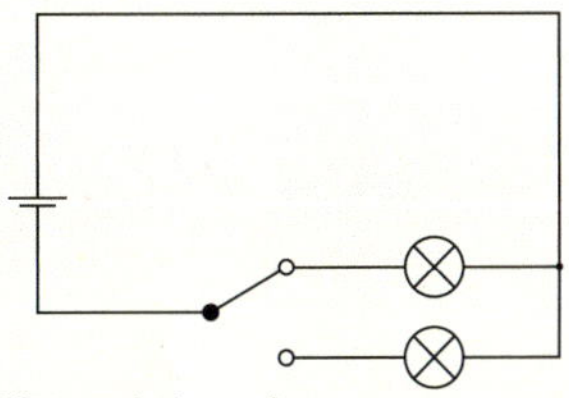

Beachten Sie dabei:
- Zeichnen Sie mit Bleistift und Lineal.
- Geräte werden durch Schaltsymbole dargestellt.
- Stellen Sie Leitungsdrähte durch waagerechte oder senkrechte Strecken dar.
- Elektrizitätsquellen und elektrische Geräte haben immer zwei Anschlüsse.
- Zeichnen Sie die Schaltsymbole nicht in die Ecken.
- Vermeiden Sie Kreuzungen von Leitungen.

Schaltsymbole

Batterie	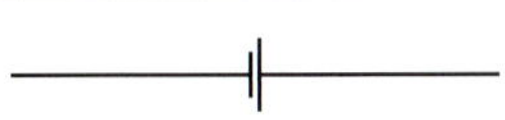
Diode	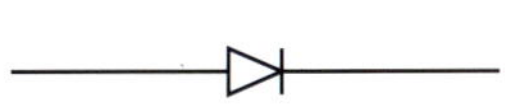
Erdung	
Generator	
Glühlampe	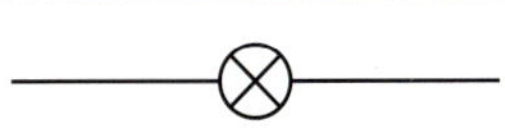
Heißleiter (NTC)	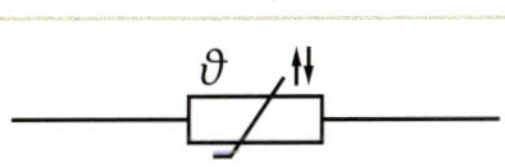
Lautsprecher	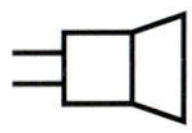
Leuchtdiode	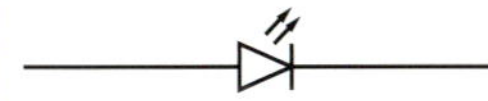
Motor	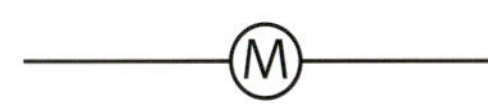
ohmscher Widerstand	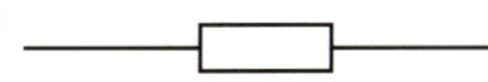
regelbare Elektrizitätsquelle (Netzgerät)	
Schalter (offen)	
Schiebewiderstand mit Schleifkontakt	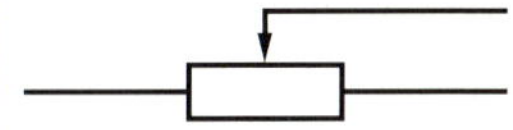
Sicherung	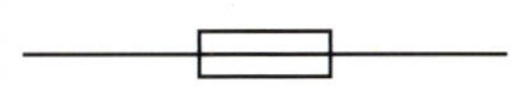
Spannungsmessgerät	
Spule	
Spule mit Weicheisenkern	
Stromstärkemessgerät	
Transformator mit Weicheisenkern	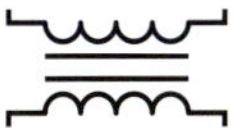
veränderbarer Widerstand	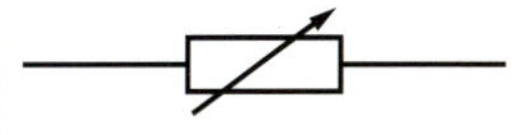
Verzweigung	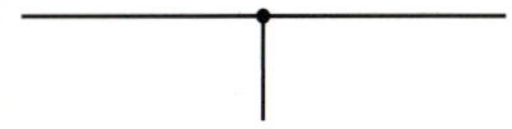

Elektrische Spannung und Stromstärke messen

Sie sollen in einem Stromkreis eine Spannungs- oder Stromstärkenmessung durchführen.
Hinweis: Oft werden Spannung und Stromstärke mit einem **Multimeter** gemessen. Dies ist ein Messgerät für mehrere elektrische Größen. Es gibt analoge Multimeter mit Zeiger und Skala sowie digitale Multimeter mit einer elektronischen Anzeige.

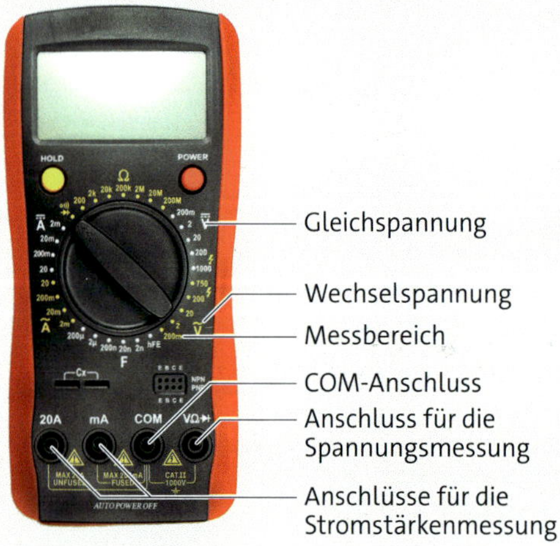

1 Schaltung aufbauen
Bauen Sie den für die Aufgabenstellung notwendigen Stromkreis auf, zunächst ohne das Messgerät.

2 Messgerät vorbereiten
Stecken Sie eine Messleitung in den COM-Anschluss und bei einer Spannungsmessung eine zweite in den V-Anschluss. Wählen Sie über den Hauptwahlschalter V= oder VDC (engl. *Direct Current:* Gleichstrom) für eine Messung in einem Gleichstromkreis. Wählen Sie V~ oder VAC (engl. *Alternating Current:* Wechselstrom) für eine Messung in einem Wechselstromkreis. Für die Messung der Stromstärke wählen Sie den jeweiligen A-Anschluss. Stellen Sie zunächst den größten Messbereich ein.

3 Messgerät anschließen
Zur Messung von Spannungen wird das Multimeter parallel zur jeweiligen Elektrizitätsquelle oder dem jeweiligen Energiewandler geschaltet. Zur Messung der Stromstärke wird es jeweils in Reihe dazugeschaltet.

Messung von Spannungen:

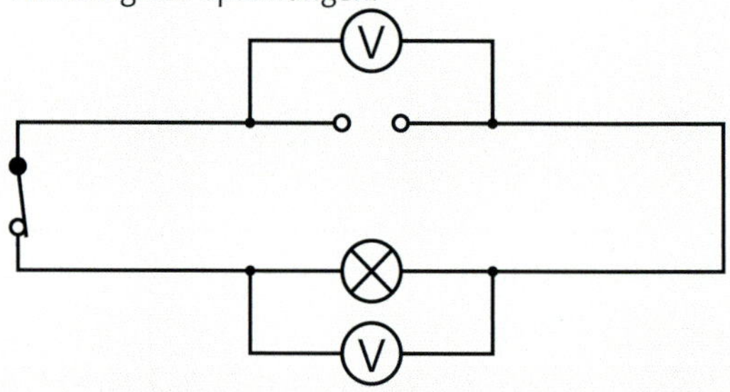

Messung von Stromstärken:

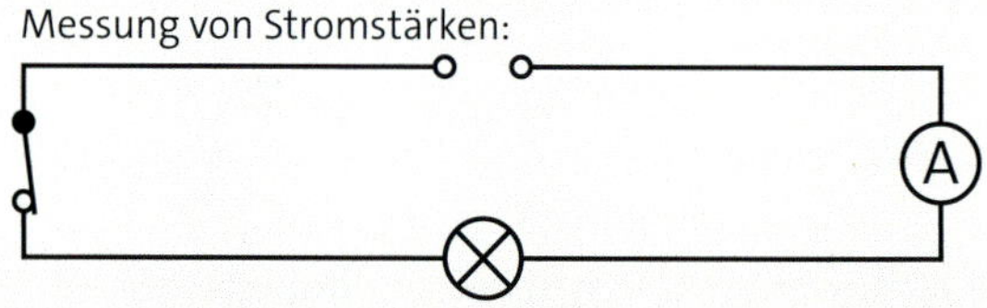

4 Messwert ablesen
Bei einem **digitalen Messgerät** können Sie den Zahlenwert und seine Einheit direkt ablesen. Wird im Display ein Minuszeichen angezeigt, wurden die Anschlussstellen für den Plus- bzw. Minuspol vertauscht. Dies ist für die meisten Anwendungen ohne nennenswerte Bedeutung.

Beachten Sie bei einem **analogen Messgerät**:
- Bewegt sich der Zeiger nach links, müssen Sie die Anschlüsse der Messleitungen vertauschen, wenn der Skalennullpunkt links ist.
- Ist die Anzeige zu nahe am Nullpunkt der Skala, dann wählen Sie den nächstkleineren Messbereich.
- Schauen Sie beim Ablesen senkrecht von vorne auf den Zeiger. Steht der Zeiger zwischen zwei Skalenstrichen, dann lesen Sie den näheren ab.
- Beachten Sie den eingestellten Messbereich.

Lösungen der Teste-dich-Aufgaben

Bewegung – S. 29

1 a, b Vermutung: $s \sim t^2$

t in s	0,29	0,41	0,49	0,57	0,63
s in m	0,40	0,80	1,20	1,60	2,00
t^2 in s^2	0,084	0,17	0,24	0,32	0,40
$\frac{s}{t^2}$ in $\frac{m}{s^2}$	4,8	4,8	5,0	4,9	5,0

(Die Quotienten in der Tabelle wurden mit den ungerundeten Werten für t berechnet.)

c $\overline{\left(\frac{s}{t^2}\right)} = \frac{(4{,}8 + 4{,}8 + 5{,}0 + 4{,}9 + 5{,}0)\,\frac{m}{s^2}}{5}$; $\overline{\left(\frac{s}{t^2}\right)} = 4{,}9\,\frac{m}{s^2}$

$s = \frac{1}{2} \cdot g \cdot t^2$; $g = 2 \cdot \frac{s}{t^2}$; $g = 2 \cdot \overline{\left(\frac{s}{t^2}\right)}$; $g = 2 \cdot 4{,}9\,\frac{m}{s^2}$;
$g = 9{,}8\,\frac{m}{s^2}$

2 a Bis zu einer Zeit von 10 s bewegt sich der Fallschirmspringer vermutlich gleichmäßig beschleunigt. Dann öffnet er den Fallschirm und bewegt sich mit gleichbleibender Geschwindigkeit weiter.

b Geg.: $\Delta t = 10\,s$; $\Delta s = 50$ m; Ges.: v
$v = \frac{\Delta s}{\Delta t}$; $v = \frac{50\,m}{10\,s}$; $v = 5{,}0\,\frac{m}{s}$

3 a Geg.: $V = 500$ l; $\rho = 1{,}0\,\frac{kg}{dm^3}$; $\Delta h = 140$ m
Ges.: E_{pot}

$m = V \cdot \rho$; $m = 500\,dm^3 \cdot 1{,}0\,\frac{kg}{dm^3}$; $m = 50 \cdot 10^1\,kg$

$E_{pot} = m \cdot g \cdot \Delta h$

$E_{pot} = 50 \cdot 10^1\,kg \cdot 9{,}81\,\frac{N}{kg} \cdot 140\,m$

$E_{pot} = 0{,}69$ MJ

b Geg.: $E_{pot} = 0{,}69$ MJ; $m = 50 \cdot 10^1$ kg; Ges.: v

$E_{kin} = \frac{1}{2} \cdot m \cdot v^2$; $v = \sqrt{\frac{2 \cdot E_{kin}}{m}}$; $v = \sqrt{\frac{2 \cdot 0{,}69 \cdot 10^6\,\frac{kg\,m^2}{s^2}}{50 \cdot 10^1\,kg}}$;

$v = 53\,\frac{m}{s}$; $v = 19 \cdot 10^1\,\frac{km}{h}$

Die Geschwindigkeit, mit der das Wasser aus den Düsen gespritzt wird, muss tatsächlich höher sein als der berechnete Wert. Das liegt daran, dass beim Hochspritzen des Wassers ein Luftwiderstand auftritt. *Alternativ:* Das liegt daran, dass beim Hochspritzen des Wassers ein Teil der Energie in innere Energie der Umgebung umgewandelt wird.

c

$P_{zu} = 1000$ kW → [Pumpen: $\eta = ?$] → $V = 500$ l

$\rho = 1{,}0\,\frac{kg}{dm^3}$

$v = 200\,\frac{km}{h}$

$t = 1{,}0$ s

$\eta = \frac{P_{nutz}}{P_{zu}}$

$P_{nutz} = \frac{E_{pot}}{t}$

$E_{pot} = E_{kin}$; $E_{kin} = \frac{1}{2} \cdot m \cdot v^2$;
$m = \rho \cdot V$; $m = 1{,}0\,\frac{kg}{dm^3} \cdot 500\,dm^3$; $m = 50 \cdot 10^1\,kg$

$E_{kin} = \frac{1}{2} \cdot 50 \cdot 10^1\,kg \cdot \left(\frac{200}{3{,}6}\,\frac{m}{s}\right)^2$; $E_{kin} = 77 \cdot 10^3\,kg\,\frac{m^2}{s^2}$

$P_{nutz} = \frac{77 \cdot 10^3\,Nm}{1{,}0\,s}$; $P_{nutz} = 0{,}77 \cdot 10^3\,kW$

$\eta = \frac{0{,}77 \cdot 10^3\,kW}{1000\,kW}$; $\eta = 77\,\%$

4 a Man sieht, dass der Pfeil zu Beginn in gleichen aufeinanderfolgenden Zeiten jeweils eine größere Strecke zurücklegt. Somit wird der Pfeil in dieser Phase immer schneller. Er wird also beschleunigt.

b

$\frac{s}{t}$ in $\frac{m}{s}$	–	48	46	48	47

In der Flugphase führt der Pfeil eine gleichförmige Bewegung aus, da die Geschwindigkeit $\left(\frac{s}{t}\right)$ im Rahmen der Messgenauigkeit konstant ist.

c Geg.: $v = 47\,\frac{m}{s}$; $m = 30$ g; Ges.: Δh

$E_{pot} = m \cdot g \cdot \Delta h$; $\Delta h = \frac{E_{pot}}{m \cdot g}$

$E_{pot} = E_{kin}$; $E_{kin} = \frac{1}{2} \cdot m \cdot v^2$

$E_{kin} = \frac{1}{2} \cdot 0{,}030\,kg \cdot \left(47\,\frac{m}{s}\right)^2$; $E_{kin} = 33$ Nm

$\Delta h = \frac{33\,Nm}{0{,}030\,kg \cdot 9{,}81\,\frac{N}{kg}}$; $\Delta h = 1{,}1 \cdot 10^2\,m$

Alternativ: Wird der Pfeil von $47\,\frac{m}{s}$ auf $0\,\frac{m}{s}$ abgebremst, ist dies für die zurückgelegte Strecke das Gleiche, wie wenn er von $0\,\frac{m}{s}$ auf $47\,\frac{m}{s}$ beschleunigt wird.

$h = \frac{1}{2} \cdot g \cdot t^2 \wedge t = \frac{v}{g} \rightarrow h = \frac{v^2}{2 \cdot g}$; $h = \frac{\left(47\,\frac{m}{s}\right)^2}{2 \cdot 9{,}81\,\frac{m}{s^2}} = 1{,}1 \cdot 10^2\,m$

Energiewandler in Stromkreisen – S. 43

1 a Geg.: $\rho_{St} = 0{,}20 \frac{\Omega\,mm^2}{m}$; $\rho_{Al} = 0{,}027 \frac{\Omega\,mm^2}{m}$ (Angabe aus Tabelle S. 157); $A_{St} = 60\ mm^2$; $A_{Al} = 257\ mm^2$; $l = 40\ km$

$R = \rho \cdot \frac{l}{A}$

$R_{St} = 0{,}20 \frac{\Omega\,mm^2}{m} \cdot \frac{40 \cdot 10^3\ m}{60\ mm^2}$; $R_{St} = 1{,}3 \cdot 10^2\ \Omega$

$R_{Al} = 0{,}027 \frac{\Omega\,mm^2}{m} \cdot \frac{40 \cdot 10^3\ m}{257\ mm^2}$; $R_{Al} = 4{,}2\ \Omega$

b Geg.: $R_{St} = 1{,}3 \cdot 10^2\ \Omega$; $R_{Al} = 4{,}2\ \Omega$; Ges.: R_g

$\frac{1}{R_g} = \frac{1}{R_{St}} + \frac{1}{R_{Al}}$; $\frac{1}{R_g} = \frac{1}{1{,}3 \cdot 10^2\,\Omega} + \frac{1}{4{,}2\,\Omega}$; $\frac{1}{R_g} = 0{,}25 \frac{1}{\Omega}$

$R_g = 4{,}1\ \Omega$

2 a

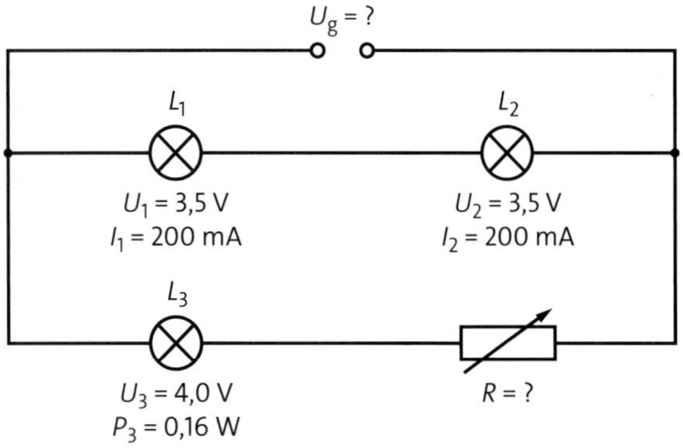

$U_g = U_1 + U_2$; $U_g = 3{,}5\ V + 3{,}5\ V$; $U_g = 7{,}0\ V$

$R = \frac{U_R}{I_R}$

$U_{3,R} = U_3 + U_R$; $U_R = U_{3,R} - U_3$; $U_R = 7{,}0\ V - 4{,}0\ V$; $U_R = 3{,}0\ V$

$I_R = I_3$; $P_3 = U_3 \cdot I_3$; $I_3 = \frac{P_3}{U_3}$; $I_3 = \frac{0{,}16\ W}{4{,}0\ V}$; $I_3 = 0{,}040\ A$

$R = \frac{3{,}0\ V}{0{,}040\ A}$; $R = 75\ \Omega$

b

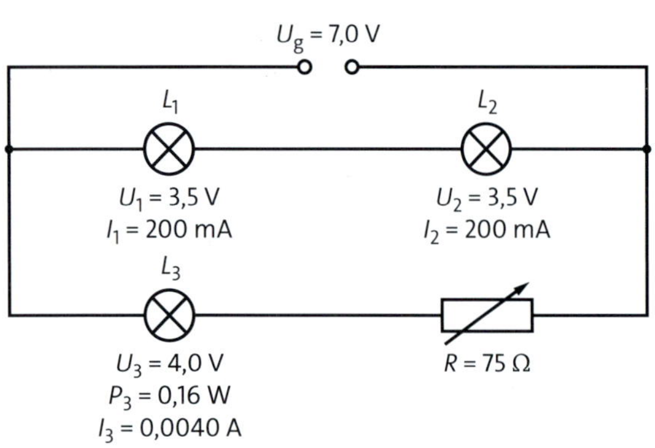

$\frac{1}{R_g} = \frac{1}{R_{1,2}} + \frac{1}{R_{3,R}}$

$R_{1,2} = R_1 + R_2$

$R_1 = \frac{U_1}{I_1}$; $R_1 = \frac{3{,}5\ V}{0{,}200\ A}$; $R_1 = 18\ \Omega$; $R_2 = 18\ \Omega$

$R_{1,2} = 18\ \Omega + 18\ \Omega$; $R_{1,2} = 36\ \Omega$

$R_{3,R} = R_3 + R_R$

$R_3 = \frac{U_3}{I_3}$; $R_3 = \frac{4{,}0\ V}{0{,}040\ A}$; $R_3 = 1{,}0 \cdot 10^2\ \Omega$

$R_{3,R} = 1{,}0 \cdot 10^2\ \Omega + 75\ \Omega$; $R_{3,R} = 1{,}8 \cdot 10^2\ \Omega$

$\frac{1}{R_g} = \frac{1}{36\ \Omega} + \frac{1}{1{,}8 \cdot 10^2\ \Omega}$; $R_g = 30\ \Omega$

$U_g = R_g \cdot I_g$; $I_g = \frac{U_g}{R_g}$; $I_g = \frac{7{,}0\ V}{30\ \Omega}$; $I_g = 0{,}23\ A$

3 a B – C – A

b Bei einer Parallelschaltung ist der Gesamtwiderstand kleiner als der kleinste Teilwiderstand. Da im Schaltplan A ein Widerstand parallel zu zwei anderen geschaltet ist, ist der Betrag des daraus resultierenden Gesamtwiderstands kleiner als der eines einzelnen Teilwiderstands. Damit ist die Gesamtstromstärke in diesem Stromkreis am größten und die Lampe leuchtet am hellsten.

4 a *schwach:* Beide Widerstandsspiralen sind in Reihe geschaltet (Widerstand maximal); *mittel:* Eine Widerstandsspirale ist allein geschaltet; *stark:* Die Widerstandsspiralen sind parallel zueinander geschaltet.

b Sind beide Widerstandsspiralen parallel geschaltet, dann ist der Gesamtwiderstand kleiner als der kleinste Teilwiderstand, also kleiner als 1,8 kΩ. Die Stromstärke und die Leistung sind demnach im Vergleich zu den anderen möglichen Schaltungen am größten.

c Geg.: $U = 230\ V$; $R_1 = R_2 = 1{,}8\ k\Omega$; Ges.: P

$P = U \cdot I$

$R = \frac{U}{I}$; $I = \frac{U}{R}$

$\frac{1}{R_g} = \frac{1}{R_1} + \frac{1}{R_2}$

$\frac{1}{R_g} = \frac{1}{1{,}8\ k\Omega} + \frac{1}{1{,}8\ k\Omega}$; $\frac{1}{R_g} = 0{,}90\ k\Omega$

$I = \frac{230\ V}{0{,}90 \cdot 10^3 \frac{V}{A}}$; $I = 0{,}26\ A$

$P = 230\ V \cdot 0{,}26\ A$; $P = 60\ W$ ($P = 59\ W$ ohne Zwischenrunden)

Elektromagnetische Induktion – S. 85

1 a Durch das Kunststoffrohr wird ein Magnet fallen gelassen. Wenn der Magnet in die Öffnung einer Spule fällt, wird diese von einem stärker werdenden Magnetfeld durchsetzt. Wenn sich der Magnet von einer Spule entfernt, nimmt die Magnetfeldstärke wieder ab. Dies führt zwischen den Enden der Spulen jeweils zu einer Induktionsspannung. Die Polarität dieser Spannung hängt davon ab, ob die Magnetfeldstärke zu- oder abnimmt.

b Der Magnet wurde im Testlauf 2 mit dem anderen Pol voraus durch das Rohr fallen gelassen. Das erkennt man daran, dass die Polarität der Induktionsspannung entgegengesetzt zu vorher ist. Die Polarität der Induktionsspannung hängt von der Richtung des Magnetfelds ab, dessen Stärke geändert wird.

Man erkennt außerdem, dass die Geschwindigkeit des Magneten beim Vorbeifallen an den Spulen in Testlauf 2 höher ist als in Testlauf 1. In Testlauf 2 folgen die Spannungsimpulse in kürzerer Zeit aufeinander und die induzierte Spannung ist größer.

c Die dritte Spule ist in die entgegengesetzte Richtung gewickelt wie die ersten beiden.

Nach der Regel von Lenz hat die Induktionsspannung eine solche Polarität, dass der Induktionsstrom in die Richtung fließt, in die sein Magnetfeld seiner Ursache entgegenwirkt. Fällt der Magnet beispielsweise mit dem Nordpol voran durch die Röhre, bildet sich auf der Oberseite einer jeden Spule ein Nordpol. Ist die Spule andersherum gewickelt, wird die gleiche Polarität des Magnetfelds wie bei den anderen Spulen erreicht, wenn der Induktionsstrom in die entgegengesetzte Richtung fließt.

d Man müsste die Windungszahl von der obersten zur untersten Spule immer kleiner werden lassen.

2 a Wenn sich der Plattenteil A in das Magnetfeld hineinbewegt, wird dieser von einem sich zeitlich ändernden Magnetfeld durchsetzt. Die Stärke des Magnetfelds, das den Plattenteil durchsetzt, nimmt zu. Im Plattenteil bilden sich wirbelförmige Induktionsströme aus. Diese induzierten Ströme sind so gerichtet, dass deren Magnetfeld ihrer Entstehungsursache, also der Bewegung der Platte, entgegengerichtet sind. Diese wird dadurch abgebremst.

b Wirbelströme sind in den Eisenkernen von Generatoren, Elektromotoren oder von Transformatoren nicht erwünscht. Dort verwendet man geblätterte Eisenkerne, also Eisenkerne, die durch elektrisch gegeneinander isolierte Eisenbleche aufgebaut sind.

3 a

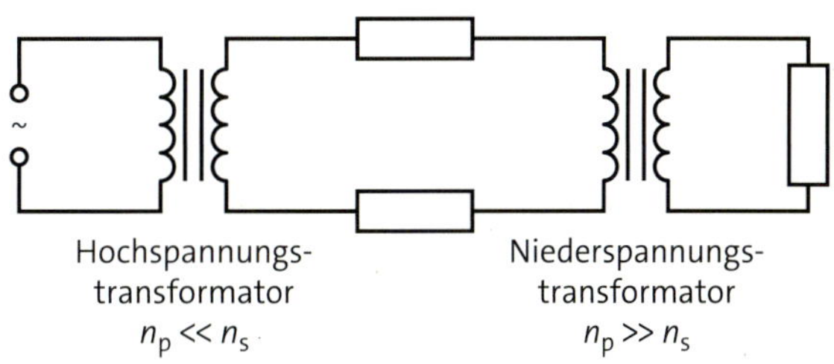

b Durch den ersten Transformator wird die Spannung hochtransformiert und gleichzeitig die Stromstärke stark verringert. Durch diese Maßnahme erwärmt sich die Leitung nicht so stark. Die Leistungsverluste ($P_V = R \cdot I^2$) sind dadurch relativ klein. Die Verringerung der Stromstärke um den Faktor n führt zu einer Verringerung der Leistungsverluste um den Faktor n^2.

c

$P_V = R \cdot I^2$; $I = \sqrt{\frac{P_V}{R}}$

$P_V = 0{,}012 \cdot P_{ab}$

$\eta = \frac{P_{ab}}{P_{zu}}$; $P_{ab} = \eta \cdot P_{zu}$; $P_{ab} = 0{,}98 \cdot 72$ MW;

$P_{ab} = 71$ MW

$P_V = 0{,}012 \cdot 71$ MW; $P_V = 0{,}85$ MW

$I = \sqrt{\frac{0{,}85 \cdot 10^6\ \text{W}}{3{,}0\ \Omega}}$; $I = 5{,}3 \cdot 10^2$ A

d

Ursache	Gegenmaßnahme
Erwärmung der Spulendrähte und Erwärmung des Eisenkerns durch Ummagnetisierung	Kühlung der Spulendrähte und des Eisenkerns
Wirbelströme	Verwendung geblätterter Weicheisenkerne
Streuung des Magnetfelds	Ummantelung aus Eisen (Manteltransformator)

Atom- und Kernphysik – S. 113

1 a α-Strahlung und γ-Strahlung

b Beim spontanen Zerfall von U-234-Kernen wird ein Heliumatomkern herausgeschleudert (α-Strahlung). Der Kern ist danach noch energetisch angeregt. Beim Übergang vom angeregten Zustand in den Grundzustand wird Energie als γ-Strahlung an die Umgebung abgegeben.

c Man stellt das Präparat in kleinem Abstand vor ein Geiger-Müller-Zählrohr (GMZ) und misst die Impulsrate. Bringt man ein Stück Pappe zwischen GMZ und Präparat, so nimmt die Impulsrate deutlich ab. Dies zeigt, dass das Präparat α-Strahlung emittiert. Anschließend bringt man ein Stück Aluminium zwischen Präparat und GMZ. Sinkt die Impulsrate weiter und ist diese aber immer noch deutlich höher als die Nullrate, zeigt dies, dass auch γ-Strahlung emittiert wird. β-Strahlung würde durch die Aluminiumplatte abgeschirmt werden.
Alternativ ist es auch möglich, zu untersuchen, ob die Strahlung beim senkrechten Eintritt in ein homogenes Magnetfeld abgelenkt wird. α-Strahlung wird entgegengesetzt zur UVW-Regel abgelenkt und γ-Strahlung wird nicht abgelenkt.

d

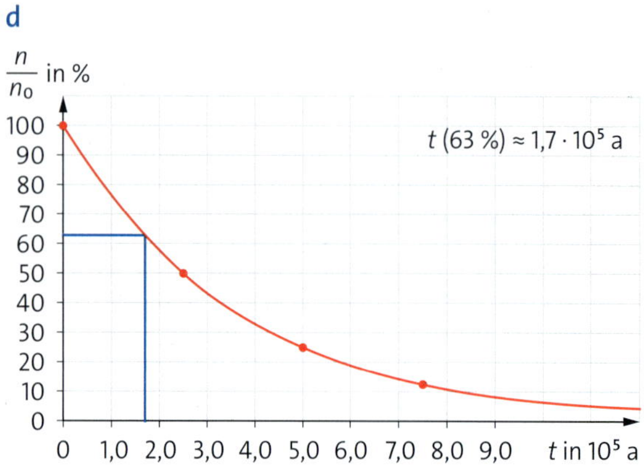

e Das Verfahren heißt C-14- oder Radiokarbonmethode. Lebende Organismen nehmen über die Nahrung, die Atmung oder durch Fotosynthese radioaktive C-14-Isotope auf. Durch Aufnahme und Zerfall von C-14-Isotopen stellt sich ein Gleichgewichtszustand ein, sodass die Konzentration im lebenden Organismus etwa gleich bleibt. Stirbt der Organismus, findet nur noch der Zerfall des C-14-Isotops statt. Durch Vergleich des C-14-Gehalts eines aktuell noch nicht abgestorbenen vergleichbaren Organismus mit dem des vorliegenden kann man mithilfe des Zerfallsgesetzes das Alter der Probe bestimmen.

2 a Hier wurde die Nullrate gemessen. Diese ist auf kosmische und terrestrische Strahlung zurückzuführen.

b Trotz deutlicher Schwankungen der Messwerte ist zu erkennen, dass die Impulsraten bei Verwendung der unterschiedlichen Abschirmmaterialien jeweils deutliche Veränderungen aufweisen. Dies lässt den Schluss zu, dass die Asche alle drei Strahlenarten aussendet. Durch die Pappe wird α-Strahlung und durch die Aluminiumplatte wird β-Strahlung abgeschirmt. Die γ-Strahlung wird durch die Bleiplatte geschwächt.

c Beim Zerfall von Pollonium in Blei entsteht α-Strahlung. *Begründung:* Die Kernladungszahl nimmt dabei von 84 (Po) auf 82 (Pb) ab. Dies resultiert daher, dass ein Heliumkern (bestehend aus 2 Protonen und 2 Neutronen) aus dem Atomkern emittiert wird.

d α-Strahlung kann bereits durch Papier abgeschirmt werden. Das menschliche Gewebe reicht also aus, um diese Strahlenart abzuschirmen.

e keine Aufnahme (durch bspw. Rauchen);
großer Abstand (bspw. zu Rauchern);
möglichst kurze Aufenthaltszeit in der Nähe von Rauchern

f *Somatische Schäden*: Verbrennungen, Krebs, Leukämie, Sterilität
Genetische Schäden: Missbildungen und Erbkrankheiten bei Nachkommen

Energieversorgung – S. 143

1a Bei Wärmekraftmaschinen wird die innere Energie eines Gases teilweise in kinetische Energie eines Bauteils der Wärmekraftmaschine umgewandelt.

b Bei der in Aufgabenteil **a** genannten Energieumwandlung findet immer auch eine Umwandlung in innere Energie aller beteiligten Körper statt. Die Energiemenge, die hierdurch nicht nutzbar ist, ist größer als die, die zum Antrieb der Wärmekraftmaschine verwendet werden kann.

c Verbrennungsmotor, Dampfturbine, Gasturbine, Stirlingmotor

2a 1: Kolben, 2: Pleuelstange, 3: Kurbelwelle

b Ein- und Auslassventil sind geschlossen. Kurz vor dem oberen Totpunkt zündet die Zündkerze mit einem Zündfunken das verdichtete Benzindampf-Luft-Gemisch. Dieses verbrennt explosionsartig zu einem Verbrennungsgas, wobei Druck und Temperatur stark zunehmen. Der Kolben wird nach unten gedrückt.

c Beim Dieselmotor wird statt des Benzindampf-Luft-Gemischs reine Luft angesaugt. Die Verdichtung ist im Verdichtungstakt deutlich höher. Zudem endzündet sich der Dieselkraftstoff in der verdichteten heißen Luft selbst, nicht durch einen Zündfunken.

d Der Wirkungsgrad beträgt 35 %. Das bedeutet, dass nur 35 % der zugeführten Energie des Kraftstoffs für die Bewegungsenergie des Motors genutzt wird.

e Fossile Energieträger werden verbrannt. Dabei entstehen Stickstoffoxide und Feinstaub sowie Kohlenstoffdioxid. Dies begünstigt den Treibhauseffekt.

3a

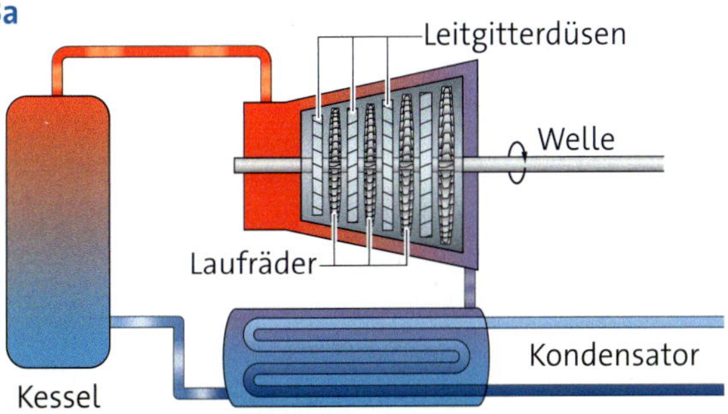

b Im Kessel werden durch Zufuhr von Wärme die mittlere kinetische Energie der Dampfteilchen und damit die innere Energie des Dampfs erhöht. Wenn der Dampf durch die Leitgitterdüsen geleitet wird, nehmen diese Energien nochmals zu. Trifft der Dampf auf die Laufräder, geben die Dampfteilchen einen Teil ihrer kinetischen Energie an die Laufräder ab, deren kinetische Energie dadurch steigt. Die innere Energie des Dampfs sinkt, die der Laufräder nimmt zu.

4a Wärmekraftmaschine, Generator

b Bei der Kraft-Wärme-Kopplung wird die Abwärme, die bei den Energieumwandlungen in Wärmekraftmaschine und Generator entsteht und sonst nicht nutzbar ist, verwendet, um damit zu heizen. Folglich sind der Anteil der Primärenergie, der tatsächlich genutzt werden kann, und damit der Wirkungsgrad der gesamten Anlage deutlich höher.

c In Schwimmbädern muss das Wasser in den Schwimmbecken beheizt werden. Wird dort ein Blockheizkraftwerk verwendet, so kann dies durch die Abwärme des BHKW geschehen. Da sich das BHKW im Schwimmbad befindet, wird beim Wärmetransport vom BHKW zur Abgabe der Wärme an das Wasser aufgrund des kurzen Wegs wenig Energie an die Umgebung abgegeben.

5a Die in Kernkraftwerken genutzte Primärenergie ist die in Atomkernen gespeicherte Kernenergie. Die hierbei verwendeten Stoffe sind weder Abbauprodukte von toten Tieren und Pflanzen, noch wachsen sie nach oder stehen unbegrenzt zur Verfügung.

b

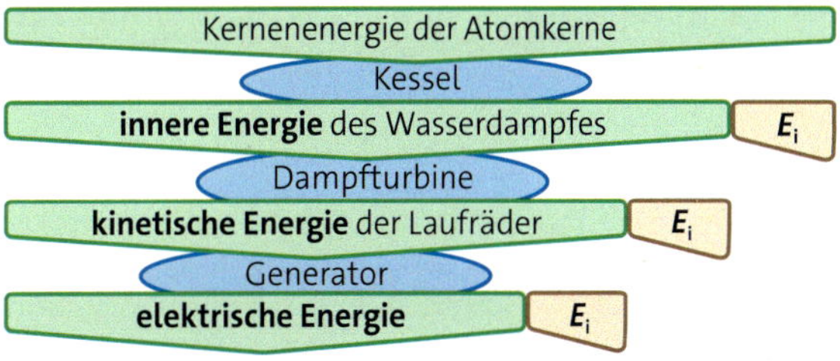

c Die Leistungsabgabe von Kraftwerken muss regulierbar sein, da der Energiebedarf in Deutschland nicht immer gleich hoch ist. So ist er in der Nacht beispielsweise deutlich geringer als am Tag. Zudem erhält man an sonnigen Tagen mehr elektrische Energie über Solarthermie.

6a Fossile Energieträger sind Stoffe, die vor langer Zeit aus Abbauprodukten toter Tiere oder Pflanzen entstanden sind. Beispiele: Braunkohle, Erdgas, Erdöl

b *Vorteile:* Fossile Wärmekraftwerke sind bereits in großer Zahl in Deutschland vorhanden, Primärenergieträger werden teilweise in Deutschland abgebaut. *Nachteile:* Bei fossilen Wärmekraftwerken werden fossile Energieträger verbrannt. Hierbei entstehen Feinstaub, der gesundheitsschädlich ist, und Kohlenstoffdioxid, das den menschengemachten Klimawandel unterstützt.

7a Mais, Gülle, Holz, Strahlung der Sonne

b

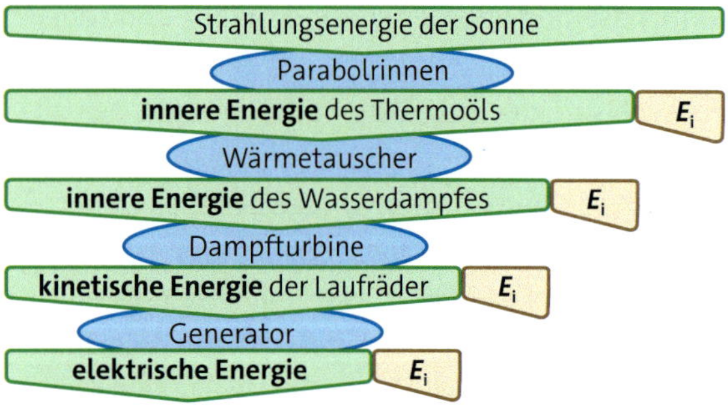

c Energiespeichersysteme können elektrische Energie, die aus regenerativen Energiequellen stammt, in Zeiten des Überangebots (z. B. gleichzeitig viel Sonne und viel Wind) speichern und in Zeiten großen Energiebedarfs (abends, mittags) in sehr kurzer Zeit zur Verfügung stellen. Das ist insbesondere für Energieumwandlungssysteme wichtig, die zur Bereitstellung elektrischer Energie auf Bedingungen angewiesen sind (z. B. Sonne, Wind), die nicht immer vorhanden sind.

Periodensystem der Elemente

Nukleonenzahl im häufigsten natürlichen Isotop → 12
Ordnungszahl → 6
C ← Elementsymbol
Elementname → Kohlenstoff

Nukleonenzahl im langlebigsten Isotop → (222)* ← alle Isotope radioaktiv
Rn
86
Radon

Periode	I. Hauptgruppe	II. Hauptgruppe	III. Nebengruppe	IV. Nebengruppe	V. Nebengruppe	VI. Nebengruppe	VII. Nebengruppe	VIII. Nebengruppe	VIII. Nebengruppe	VIII. Nebengruppe	I. Nebengruppe	II. Nebengruppe	III. Hauptgruppe	IV. Hauptgruppe	V. Hauptgruppe	VI. Hauptgruppe	VII. Hauptgruppe	VIII. Hauptgruppe
1	1 H 1 Wasserstoff																	4 He 2 Helium
2	7 Li 3 Lithium	9 Be 4 Beryllium											11 B 5 Bor	12 C 6 Kohlenstoff	14 N 7 Stickstoff	16 O 8 Sauerstoff	19 F 9 Fluor	20 Ne 10 Neon
3	23 Na 11 Natrium	24 Mg 12 Magnesium											27 Al 13 Aluminium	28 Si 14 Silicium	31 P 15 Phosphor	32 S 16 Schwefel	35 Cl 17 Chlor	40 Ar 18 Argon
4	39 K 19 Kalium	40 Ca 20 Calcium	45 Sc 21 Scandium	48 Ti 22 Titan	51 V 23 Vanadium	52 Cr 24 Chrom	55 Mn 25 Mangan	56 Fe 26 Eisen	59 Co 27 Cobalt	58 Ni 28 Nickel	63 Cu 29 Kupfer	64 Zn 30 Zink	69 Ga 31 Gallium	74 Ge 32 Germanium	75 As 33 Arsen	80 Se 34 Selen	79 Br 35 Brom	84 Kr 36 Krypton
5	85 Rb 37 Rubidium	88 Sr 38 Strontium	89 Y 39 Yttrium	90 Zr 40 Zirconium	93 Nb 41 Niob	98 Mo 42 Molybdän	(98) Tc 43 Technetium	102 Ru 44 Ruthenium	103 Rh 45 Rhodium	106 Pd 46 Palladium	107 Ag 47 Silber	114 Cd 48 Cadmium	115 In 49 Indium	120 Sn 50 Zinn	121 Sb 51 Antimon	130 Te 52 Tellur	127 I 53 Iod	132 Xe 54 Xenon
6	133 Cs 55 Caesium	138 Ba 56 Barium	* 57–71	180 Hf 72 Hafnium	181 Ta 73 Tantal	184 W 74 Wolfram	187 Re 75 Rhenium	192 Os 76 Osmium	193 Ir 77 Iridium	195 Pt 78 Platin	197 Au 79 Gold	202 Hg 80 Quecksilber	205 Tl 81 Thallium	208 Pb 82 Blei	209 Bi 83 Bismut	(209)* Po 84 Polonium	(210)* At 85 Astat	(222)* Rn 86 Radon
7	(223) Fr 87 Francium	(226) Ra 88 Radium	** 89–103	(267)* Rf 104 Rutherfordium	(270)* Db 105 Dubnium	(271)* Sg 106 Seaborgium	(272)* Bh 107 Bohrium	(270)* Hs 108 Hassium	(276)* Mt 109 Meitnerium	(282)* Ds 110 Darmstadtium	(280)* Rg 111 Roentgenium	(285)* Cn 112 Copernicium	(287)* Nh 113 Nihonium	(285)* Fl 114 Flerovium	(291)* Mc 115 Moscovium	(293)* Lv 116 Livermorium	(292)* Ts 117 Teness	(293)* Og 118 Oganesson

* Elemente der Lanthanreihe	139 La 57 Lanthan	140 Ce 58 Cer	141 Pr 59 Praseodym	144 Nd 60 Neodym	(147)* Pm 61 Promethium	152 Sm 62 Samarium	153 Eu 63 Europium	158 Gd 64 Gadolinium	159 Tb 65 Terbium	164 Dy 66 Dysprosium	165 Ho 67 Holmium	166 Er 68 Erbium	169 Tm 69 Thulium	174 Yb 70 Ytterbium	175 Lu 71 Lutetium
** Elemente der Actiniumreihe	(227)* Ac 89 Actinium	(232)* Th 90 Thorium	(231)* Pa 91 Protactinium	(238)* U 92 Uran	(237)* Np 93 Neptunium	(244)* Pu 94 Plutonium	(243)* Am 95 Americium	(247)* Cm 96 Curium	(247)* Bk 97 Berkelium	(251)* Cf 98 Californium	(252)* Es 99 Einsteinium	(257)* Fm 100 Fermium	(258)* Md 101 Mendelevium	(259)* No 102 Nobelium	(262)* Lr 103 Lawrencium

Tabellen mit wichtigen Größen

Physikalische Größen

Größe	Symbol	Einheit		Andere Einheiten		Mathematische Umrechnung
Länge	l, s	Meter	1 m			
Flächeninhalt	A	Quadratmeter	1 m^2	Hektar	1 ha	1 ha = 10 000 m^2
Volumen	V	Kubikmeter	1 m^3	Liter	1 l	1 l = 1 dm^3 = 0,001 m^3
Masse	m	Kilogramm	1 kg	Tonne	1 t	1 t = 1000 kg
Dichte	ρ	Kilogramm pro Kubikmeter	$1\frac{kg}{m^3}$	Gramm pro Kubikzentimeter	$1\frac{g}{cm^3}$	$1\frac{g}{cm^3} = 1000\frac{kg}{cm^3}$
Zeit	t	Sekunde	1 s			
Geschwindigkeit	v	Meter pro Sekunde	$1\frac{m}{s}$	Kilometer pro Stunde	$1\frac{km}{h}$	$1\frac{km}{h} = 0{,}28\frac{m}{s}$
Beschleunigung	a	Meter pro Quadratsekunde	$1\frac{m}{s^2}$			
Energie	E	Joule	1 J	Kilowattstunde	1 kWh	1 kWh = $3{,}6 \cdot 10^6$ J
Leistung	P	Watt	1 W	Joule pro Sekunde	$1\frac{J}{s}$	$1\frac{J}{s} = 1$ W
Wirkungsgrad	η	–				
Temperatur	ϑ	Grad Celsius	1 °C	Kelvin	1 K	$[T]_K = [\vartheta]_{°C} + 273{,}15$
Ladungsmenge	Q	Coulomb	1 C	Amperestunde	1 Ah	1 Ah = 3600 C
elektrische Stromstärke	I	Ampere	1 A	Coulomb pro Sekunde	$1\frac{C}{s}$	$1\frac{C}{s} = 1$ A
elektrische Spannung	U	Volt	1 V	Joule pro Coulomb	$1\frac{J}{C}$	$1\frac{J}{C} = 1$ V
elektrische Leistung	P_{el}	Watt	1 W			
elektrische Arbeit	W_{el}	Wattsekunde	1 Ws	Joule	1 J	1 J = 1 Ws
elektrischer Widerstand	R	Ohm	1 Ω			
elektrischer Leitwert	G	Siemens	1 S			
Frequenz	f	Hertz	1 Hz	Anzahl pro Sekunde	$\frac{1}{s}$	$\frac{1}{s} = 1$ Hz

Schallgeschwindigkeit

Stoff	v_{Schall} in $\frac{m}{s}$
Luft bei 0 °C	331
Luft bei 20 °C	343
Wasser bei 15 °C	1460

Lichtgeschwindigkeit

Optisches Medium	c in $\frac{km}{s}$
Vakuum	299 792
Luft	299 706
Wasser	225 000

Spezifischer Widerstand

Stoff bei 20 °C	ρ in $\frac{\Omega \cdot mm^2}{m}$
Aluminium	0,027
Eisen	0,10
Gold	0,022
Graphit	8,0
Konstantan	0,50
Kupfer	0,017
Wolfram	0,055

Dichte

Stoff	ρ in $\frac{g}{cm^3}$
Feststoffe bei 20 °C	
Aluminium	2,702
Blei	11,34
Eis (bei 0 °C)	0,917
Eisen	7,9
Gold	19,32
Kupfer	8,933
Flüssigkeiten bei 20 °C	
Benzin*	0,78
Ethanol	0,789
Spiritus*	0,83
Wasser	0,998
Wasser (bei 4 °C)	1,00
Gase bei 0 °C und 1013 hPa	
Kohlenstoffdioxid	0,001 98
Luft*	0,001 29
Sauerstoff	0,001 43

* durchschnittlicher Wert

Spezifische Wärmekapazität

Stoff	c in $\frac{kJ}{kg°C}$
Aluminium	0,896
Eis	2,1
Eisen	0,452
Kupfer	0,382
Ethanol (Spiritus)	2,43
Wasser	4,182
Luft	1,005
Sauerstoff	0,917

Halbwertszeit

Isotop	T
Cäsium Cs-137	30,08 a
Cobalt Co-60	5,711 a
Iod I-131	8,0228 d
Kalium K-40	$1{,}248 \cdot 10^9$ a
Kohlenstoff C-14	5730 a
Phosphor P-32	14,268 d
Plutonium Pu-239	$2{,}411 \cdot 10^4$ a
Polonium Po-210	138,38 d
Protactinium Pa-234m	70,2 s
Radium Ra-226	1600 a
Radon Rn-220	55,6 s
Radon Rn-222	3,825 d
Stickstoff N-13	9,96 min
Strontium Sr-90	28,90 a
Technetium Tc-99m	6,0 h
Thorium Th-232	$1{,}405 \cdot 10^{10}$ a
Tritium H-3	12,312 a
Uran U-235	$7{,}038 \cdot 10^8$ a
Uran U-238	$4{,}468 \cdot 10^9$ a

Qualitätsfaktor

Strahlungsart	q
Röntgen-, β- und γ-Strahlung	1
langsame Neutronen	2 – 5
schnelle Neutronen, Protonen	10
α-Strahlung	20

Stichwortverzeichnis

Bildquellenverzeichnis

Illustrationen
Cornelsen: Hannes von Goessel: S. 8/1, S. 9/alle, S. 10/alle, S. 11/5, S. 12/alle, S. 13/1–2, S. 14/alle, S. 15/alle, S. 17/2, S. 19/o.r.-m.r., S. 20/1–2, S. 21/4, S. 22/m.r., S. 23/alle, S. 24/1, S. 25/3, S. 26/m.l., S. 27, S. 28/alle, S. 29/o.l.-m.l., S. 38/m.r., S. 88/1, S. 90/1, S. 91/alle, S. 92/1,3, S. 93/4,7, S. 93/4, S. 94/u., S. 95, S. 98/1,3, S. 99/7, S. 100/u.r., S. 102/1, S. 103/6, S. 105/m.l., S. 106/1–2, S. 107/5, S. 108/3, S. 109/7–8, S. 112/o.r.- m.r., S. 113, S. 116/1–2, S. 117/alle, S. 118/1–3, S. 119/alle, S. 120/alle, S. 121/alle, S. 122/2,5, S. 123/o.r., S. 124/m.r., S. 125/alle, S. 126/1–2, S. 127/alle, S. 128/1–2, S. 129/alle, S. 130/1–2, S. 131/3–4, S. 132/1–2, S. 133/3–5, S. 134/alle, S. 136/1–2, S. 137/alle, S. 138, S. 139/alle, S. 142/alle, S. 142, S. 148/o.l., S. 153/u.l., S. 153/u.r., S. 154; Gregor Mecklenburg: S. 6/ m.l., m.u.l., u.l., S. 17/1, S. 21/7, S. 110, S. 146; Matthias Pflügner: S. 78/1; Walther-Maria Scheid: S. 6/u.r.- u.m.-m.r.-m., S. 7/alle, S. 29/m.r., S. 32/1–2, S. 33/alle, S. 34/alle, S. 35/alle, S. 36/alle, S. 37/alle, S. 38/o.r., S. 40/o.r., S. 40/u.l., S. 41/alle, S. 42/alle, S. 43/alle, S. 46/alle, S. 47/alle, S. 48/alle, S. 49/alle, S. 50/1, S. 51/alle, S. 52/1 u., S. 52/4–6, S. 54/alle, S. 55/alle, S. 56/1–2, S. 57/3,5, S. 58/1–3, S. 59/alle, S. 60/1 r., S. 60/2–3, S. 61/4–5, S. 62/alle, S. 63/alle, S. 64/2–3, S. 65/alle, S. 65/, S. 66/1, S. 67/3–4, S. 68/1–2, S. 69/4, S. 70/1,3, S. 71/6–7, S. 73/m.l.-o.r., S. 74/1, S. 75/3, S. 76/2, S. 77, S. 79/3, S. 80/m., S. 83, S. 84/alle, S. 85/alle, S. 89/3–5, S. 90, S. 93/6, S. 96/1–4, S. 97/alle, S. 99/5, S. 103/5, S. 103/4, S. 105/u.l., S. 111/m.l., S. 111/o.l., S. 112/o.l., S. 144–145, S. 147/alle, S. 148/o.r., S. 150–152; Detlef Seidensticker: S. 155

Fotos
Cover: Shutterstock.com/Sky Antonio, klein&halm GbR
akg-images GmbH: Album/Oronoz: S. 94/2; bpk: S. 81; Bridgeman Images: Avant-Demain: S. 94/1; Cornelsen: Experimenta: Jürgen Klebbe: S. 72, Markus Gaa: S. 71/5, SPI Technologies India: S. 2/o.l., S. 3; dpa Picture-Alliance: Martin Bosch: S. 74/o., S. 82, CSH/Shotshop: S. 100/o.l., PHANIE: S. 108/1, ASSOCIATED PRESS: S. 116/o.; imago stock&people GmbH: Westend61: S. 32/o., NorGa: S. 53/8, YAY images/ambroz: S. 64/1, Ralph Peters: S. 71/4, Jürgen Schwarz: S. 79/4, Thomas Lebie: S. 90/o., Panthermedia/forsaken-art: S. 102/2; INTERFOTO e.k.: Friedrich: S. 94/3, Science&Society: S. 48/o., S. 88/o., S. 106/o.; mauritius images GmbH: alamy stock photo: KPixMining: S. 3/3, S. 44, Jaap Bleijenberg: S. 39, Charles Stirling: S. 53/7, Opreanu Roberto Sorin: S. 61/7, Nigel Cattlin: S. 109/6, Stocksnapper: S. 131/4 A., Science Source: S. 58/o., S. 106/3, Bruno Kickner: S. 10/o., Pitopia: S. 123/B., STOCK4B: S. 131/4 B., Stefan Kiefer: S. 132/o.; Panther Media GmbH: Mario Kelichhaus: S. 128/o.; PEFC Deutschland e.V.: S. 2/u.l.; Peter Wirtz: S. 19/o.l.; Shutterstock GmbH: Yongqiang: S. 3/2, S. 30, Canetti: S. 20/o., Denis Sarbashev: S. 26/o.r., sirtravelalot: S. 26/m.r., lovelypeace: S. 34/o., Olga Popova: S. 43/u.r., nalinratphi: S. 46/o., Ivelin Radkov: S. 50/o., Eric Strand: S. 52/3, Bohbeh: S. 52/o., 2p2play: S. 64/o., S. 67/5, eAlisa: S. 70/2, Dragana Gordic: S. 71/8, Vlyaks: S. 75/4, KANITHAR AIUMLAOR: S. 76/o., IMG Stock Studio: S. 100/o.m.l., MikhailSh: S. 102/3, Alexander Kirch: S. 105/u.r., freezeframe71: S. 109/9, FCG: S. 113/o.l., Captain Wang: S. 130/o., jannoon028: S. 143; stock.adobe.com: Maridav: S. 3/1, francescodemarco: S. 4/, S. 86, S. 96/o., Reinhard Tiburzy: S. 5/, Maridav: S. 6/, Britta und Ralph Hoppe - www.FooTToo.de/fottoo: S. 8/o.m., Matt Lincoln 2018/Image Source: S. 8/o.r., SakisPagonas: S. 13/o., muratart: S. 22/m.l., bruno: S. 24/o., Miguel Moreno: S. 29/u., EmDali: S. 40/o.l., Popova Olga: S. 52/3 r., Mihail: S. 52/2, linjerry: S. 53/7 r., johnmerlin: S. 56/o., Oleg Zhukov: S. 57/6, stockphoto-graf: S. 57/4, Grispb: S. 60/1, Fobosvobos: S. 61/6, pit24: S. 66/o., Renate Promitzer: S. 68/o., davit85: S. 69/5, rupbilder: S. 73/o.l., bidaya: S. 78/2, DIETRICH LEPPERT/focus finder: S. 78/2 r., vschlichting: S. 79/5, Björn Wylezich: S. 80/o., bilderzwerg: S. 89/6, Panumat: S. 89/6 r., TebNad: S. 92/o., Milosz Maslanka: S. 98/o., Copyright:vvetc/Vladimir Kolesnikov: S. 101/, Gerry Thoenen/fototrm12: S. 102/o., peshkov: S. 107/7, Gorodenkoff Productions OU/Gorodenkoff: S. 107/7 r., Mandic Jovan/Mediteraneo: S. 108/2, 9dreamstudio: S. 108/4, DenisProduction.com: S. 109/5, sukan: S. 111/u.r., chollacholla: S. 113/o.r., Reinhard Tiburzy: S. 114/, Korn V./Quality Stock Arts: S. 118/o., FF-FOTODESIGN.DE/ff-fotodesign: S. 123/A., Michael Stroppe: S. 124/o., Aufwind-Luftbilder: S. 126/o., www.tilo-grellmann.de/Tilo Grellmann: S. 133/m.r., Aufwind-Luftbilder: S. 136/o.; sciencephotolibrary: Giphotostock: S. 75/5; Südtiroler Archäologiemuseum www.iceman.it: S. 99/6; Martin Zimmer bearbeitet von Volker Minkus: S. 88/2, S. 90/2, Volker Minkus: S. 122/o.r.

Modelle

In der Physik nutzen wir Modelle, um uns Vorgänge besser vorzustellen oder um sie zu erklären.

Modell	Teilchenmodell	Lichtstrahl	Elementarmagnete
Das Modell beschreibt/veranschaulicht …	**… den Aufbau der Stoffe und Körper.** Alle Stoffe bestehen aus kleinsten unter sich gleichen Bausteinen, den Teilchen. Diese befinden sich in ständiger Bewegung. Sie bewegen sich umso heftiger, je höher die Temperatur des Körpers ist.	**… die Ausbreitung des Lichts.** Licht breitet sich in Luft mit einer Geschwindigkeit von etwa 300 000 $\frac{km}{s}$ geradlinig aus. Ein sehr schmales, parallel verlaufendes Lichtbündel nennt man Lichtstrahl.	**… den Aufbau ferromagnetischer Körper.** Ferromagnetische Körper bestehen aus kleinsten Elementarmagneten, die jeweils einen Nord- und einen Südpol besitzen und bereichsweise gleichsinnig orientiert sind.
Was man mit dem Modell erklären kann:	Unter anderem die unterschiedlichen physikalischen Eigenschaften der drei Aggregatzustände	Die Entstehung von Schatten Den Lichtweg durch Linsen	Das Magnetisieren und Entmagnetisieren von ferromagnetischen Stoffen
Bildliche Darstellung des Modells	fest: 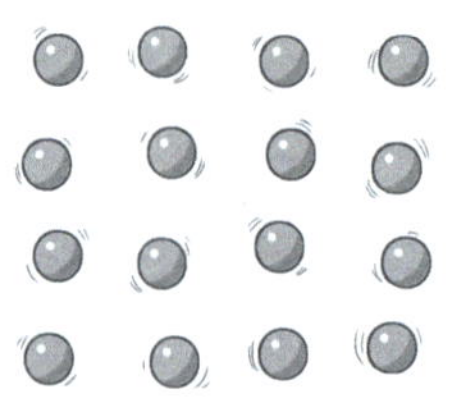 flüssig: 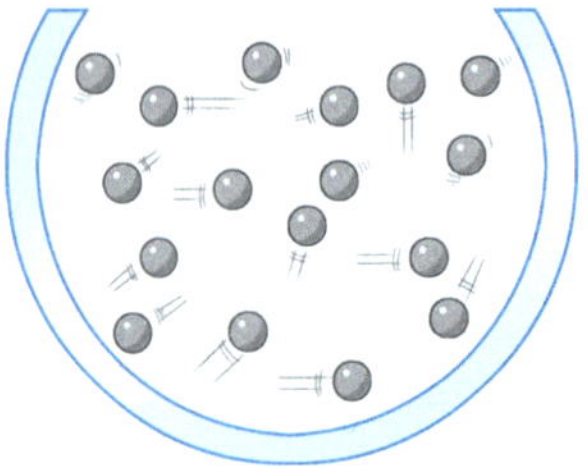 gasförmig: 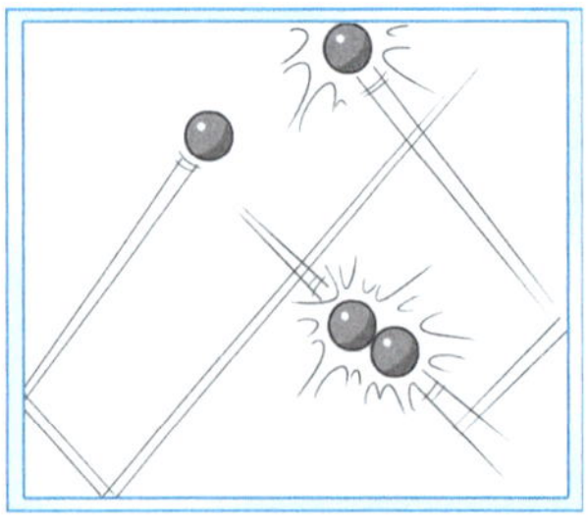	Schattenbildung: 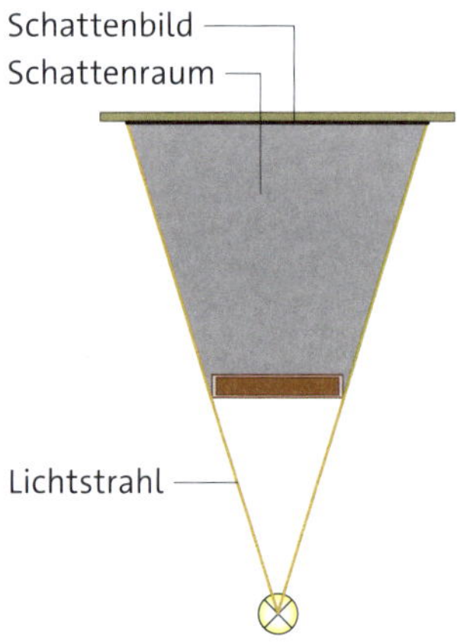 Lichtweg durch Linsen: 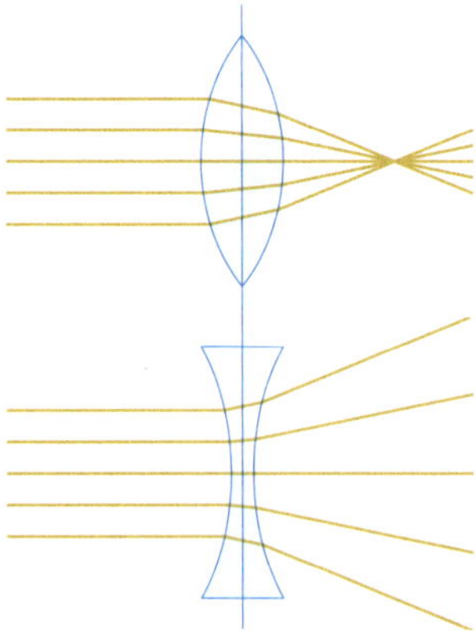	Unmagnetisierter Eisennagel … 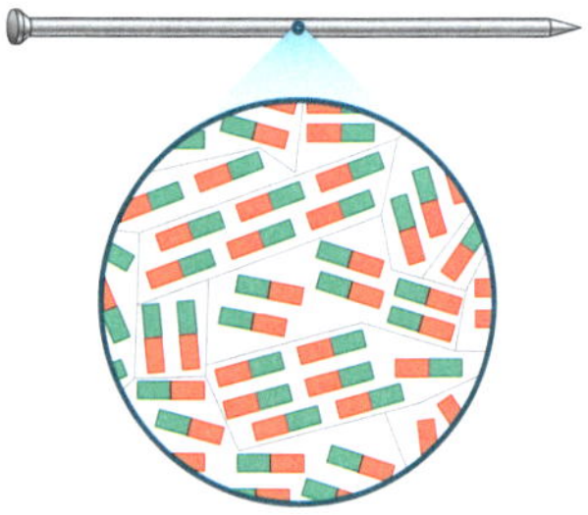 … wird magnetisiert: 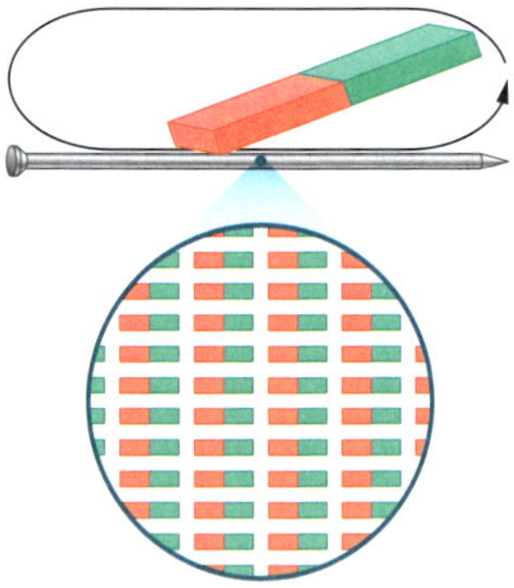